KB184373

2026 임용 물리교육론 Master Key 시리즈

P
H
Y
S
I
C
S

정승현
물리교육론
기본서

정승현 편저

박문각 임용 동영상강의 www.pmg.co.kr

박문각

인류는 끊임없이 지식을 축적해 왔으며 그와 함께 진화하게 되었습니다. 개인적인 미래의 가치관에 있어 바라는 것이 있다면 과학과 인류가 올바른 방향으로 무한히 나아가는 것입니다. 우리는 태어나면서부터 세상을 호기심 가득한 눈으로 바라보고 익힙니다. 나아가 초, 중, 고등 교육을 거치면서 선택에 따라 대학 교육 전공까지 초기 인생의 대부분을 교육에 임합니다. 이러한 면을 보더라도 교육이 우리에게 얼마나 중요한지를 가늠할 수 있습니다. 틈이 없을 거 같은 유리에 빛이 통하고 전혀 예상하기 힘든 사실을 이해하는 과정에서 우리의 인식과 생각의 틀이 한층 더 발전하게 됩니다. 우리가 만지고 보는 물질 그 자체로 두지 않고 원소들이라는 작은 구조적 집합체로 이해하듯, 그 지식의 가치를 공유하고 발전해 나가는 과정에서 결국에는 우리는 근원적인 질문을 하게 됩니다.

한 예로, 저명한 물리학자이자 천문학자 칼 세이건(Carl Edward Sagan, 1934~1996)은 '생명의 기원, 지구의 기원, 우주의 기원, 외계 생명과 문명의 탐색, 인간과 우주와의 관계 등을 밝혀내는 일이 인간 존재의 근원과 관계된 인간 정체성의 근본 문제를 다루는 일'이라고 했습니다. 밤하늘의 별을 바라보는 일이 한편의 낭만적인 일에 지나는 것이 아니라, 별을 바라보면서 고향을 떠올리는 향수를 지니는 사람이 있을지 의문이지만 말입니다. 사실 우리의 고향은 '별'입니다. 별 속에서 핵융합으로 이루어진 원소들이 우리 몸을 구성하고 있는 것입니다. 별들이 죽고 사는 시간 속에서 유기체를 구성하는 물질이 만들어지고 또 특정한 조건이 맞아 생명체가 탄생되며, 이것이 진화 과정에서 현재 인류까지 왔다니 시간의 흐름이라는 것이 실로 대단하기만 합니다.

나아가 모든 학문은 철학으로 귀결된다는 말이 있습니다. 그 학문이 나아가는 방향, 목적, 공리, 특성 등은 그 결국 그 학문적 틀 안의 근원적 체계가 될 것이기 때문입니다. 역사에서는 위대한 철학자들이 많았습니다. 그들이 고민하는 주제는 결국엔 인간 존재의 근원, 실체성 또는 자연과의 관계성 등의 문제가 많았으며, 그러한 문제를 해결하는 과정에서 우리가 나아가야 할 방향에 대한 지표가 제시되기도 하였습니다. 즉 철학은 우리가 앞으로 무한한 발전을 해나감에 있어 중요히 다루어야 할 부분이고 올바른 방향성의 지침표가 될 것임에 분명합니다. 앞으로 우리가 맞이할 사회가 어떠한 방향으로 나아갈지는 아무도 모릅니다.

그 무한한 방향성을 제시함에 있어 탄탄한 철학적 기초가 사회에 만연하여 사회적 문제가 도출되었을 때 그 해결 과정의 열쇠가 존재하길 바랄 뿐입니다.

교육에 대한 근원적인 문제를 고민하고 후대에 올바른 방향으로 지식을 전달하는 방식과 방향에 대한 것이 과학 교육론입니다. 앞에서 언급한 것처럼 자연스럽게 철학적인 부분과 발전 과정 그리고 배움과 가르침의 방식에 대해 선각자들이 고민하고 연구했던 산물을 학습하게 됩니다. 교육 현장에서 가르침을 전수하고 역으로 배우게 되는 과정을 겪는 당사자로서 집필 과정 중 많은 것을 느끼게 되었습니다. '교육'이라는 짧지만, 인생의 많은 부분을 차지하는 단어도 드물 것입니다. 자녀 교육에 열정을 다하시는 이 시대의 부모님들과 배움에 구슬땀을 흘리는 여러분께 존경과 경의를 표하며 이 책을 바칩니다.

감사합니다.

편저자 정승현

역대 물리교육론 기출 오개념 표

년도	파트	오개념
2002	역학	물체에 힘은 운동 방향으로 작용한다.
2003	전기	전류가 저항에서 소모되어 뒤쪽이 어두워진다.
2004	전기	전류는 저항에서 소모된다.
2004	역학	운동을 지속하지 못하는 이유는 마찰보다 운동을 지속시키는 힘의 감소 때문이다.
2005	역학	물체에 작용하는 힘은 물체의 속력에 비례하고 작용한 힘의 방향과 운동 방향이 같다.
2006	역학	물체는 일정한 힘이 작용하면 등속운동한다. 정지한 물체에는 작용한 힘이 없다.
2008	빛	그림자는 광원의 모양에 관계없이 물체의 모양에 의해 결정된다.
2010	역학	무거운 물체가 가벼운 물체보다 먼저 떨어진다.
2010	역학	물체에 힘이 작용하지 않으면, 그 물체는 멈춘다. 이동 방향으로 언제나 힘이 작용한다.
2012	현대	유한 퍼텐셜 장벽에서 전자의 크기가 작아 장벽을 통과한다. 에너지가 퍼텐셜 장벽보다 작아 통과하지 못한다.
2013	전기	전구를 병렬연결 할 때, 건전지에 연결되는 전구의 개수가 적을수록 전구에 보다 많은 전류가 흐르므로 밝아진다.
2013	역학	정지한 물체에는 작용한 힘이 없다.
2014	전기	모든 물체는 양전기와 음전기 중 하나의 성질만을 가진다.
2014	역학	지구 주위를 도는 우주 정거장 내부에서는 중력이 없다.
2015	열	물질이 뜨겁거나 차가운 것은 물질 고유의 성질이다.
2016	역학	정지한 물체는 힘이 작용하지 않는다.
2019	빛	그림자는 광원의 모양과 관계없이 물체의 모양에 의해 결정된다.
2020	역학	운동 방향(접선방향)으로 힘이 존재한다. 관성 좌표계에서 원심력이 실제 작용하는 힘이다.
2022	열	열전도도가 높은 물질이 보냉에 유리하고, 열전도도가 낮은 물질이 보온에 유리하다

※ 공통 연도
역학(2002년, 2020년): 물체에 힘은 운동 방향(접선)으로 작용한다.
역학(2006년, 2013년, 2016년): 정지한 물체는 힘이 작용하지 않는다.
전기(2003년, 2004년): 전류는 저항에서 소모된다.
빛(2008년, 2019년): 그림자는 광원의 모양에 관계없이 물체의 모양에 의해 결정된다.

과학교육론의 핵심과 의의

과학교육론은 과학 지식의 발전과 교육에 대한 학문이다. 현재 우리가 받아들이고 있는 과학지식이 어떠한 과정을 통해 발전해왔으며, 그에 대해 철학적, 사상적 분류로 더 짜임새 있게 이해하려 한다. 그리고 상아탑으로 쌓아 올려진 지식을 어떻게 가르치는 것이 효율적이고 가치가 있는지에 대한 고민의 산물이다.

이를 큰 부류로 나누면 과학교육론은 발전, 이론, 모형 및 전략, 평가 4가지로 나뉜다.

첫째, 발전은 인류의 과학지식이 어떠한 방식으로 진행되어왔는지를 배운다. 반복된 경험이나 임팩트있는 단 한 번의 경험으로도 알 수 있는 '불이 뜨겁다', '맹독을 먹으면 죽는다' 등의 경험주의적 관점에의한 발전이 있고, 인간은 사회적 동물로서 사회 유기적 관계 즉, 개인과 사회와의 관계를 중요시하는 구성주의적 관점이 있다. 또한 기존 지식에 반하는 사건들로 인해 지식이 변화 및 발전한다는 반증주의적 관점이 있다. '균은 무조건적 해롭다'라는 발상의 전환 즉, 때론 예방접종이 이로움을 가져온다는 면역체계의 지식 발전이 하나의 예다. 그리고 어떠한 뉴턴이나 아인슈타인 등 천재적 발상으로 기존의 인식구조 전체에 변화를 일으킨다는 관점이 있다. 바라보는 시점 등의 차이는 있지만 모두 과학 지식이 어떻게 발전해 왔는지에 대해 알아보는 것이다.

둘째, 이러한 지식이 어떻게 하면 사회에 통용되어 보다 가치있고 발전적인 사회가 되길 바라는가에 대한 고민이다. 즉, 교육의 이론이다. 이론은 상황 및 목적에 따라 다양한 관점이 있다.

셋째, 이론 체계를 표현하기 위한 도구가 교수·학습의 모형 및 전략이다. 아무리 이론이 좋아도 어떠한 도구를 사용하느냐에 따라 전달이 달라질 수 있다. 스파르타식의 이론에 적합한 것은 강제 단체 합숙 훈련일 것이다. 그리고 사회적 관계를 중요시하는 이론이라면 토론 발표 수업이 하나의 도구가 된다.

넷째, 교육이 얼마나 잘되었는지 그리고 집단의 성향을 파악하여 피드백하기 위한 평가가 필요하다. 아무리 의지가 있고 올바른 이론 체계 및 도구를 갖추더라도 너무 쉬웠는지 반대로 어려웠는지 혹은 과정에 무엇이 문제가 있었는지를 파악하는 것이 중요하다. 효과적으로 지식이 전달되었는지에 대한 확인 척도로써 평가가 이뤄진다. 그리고 교육적 상황에 맞게 적절한 평가 방식이 제안된다.

과학교육론은 사상과 방식을 나타내는 개념 및 용어의 의미가 매우 중요하다. 이에 대한 명확한 정의가 되어있지 않으면 학습에 큰 어려움이 있고, 전체를 바라보기 보다 근시안적이고 표면적인 학습을 할 우려가 있다. 그래서 본 책에서는 용어의 정의를 최대한 쉽게 표현하고자 한다. 그리고 쉬운 예시나 주로 등장하는 예시 등을 들어 암기식보다 이해를 바탕으로 과학교육론을 학습하는데 목적이 있다.

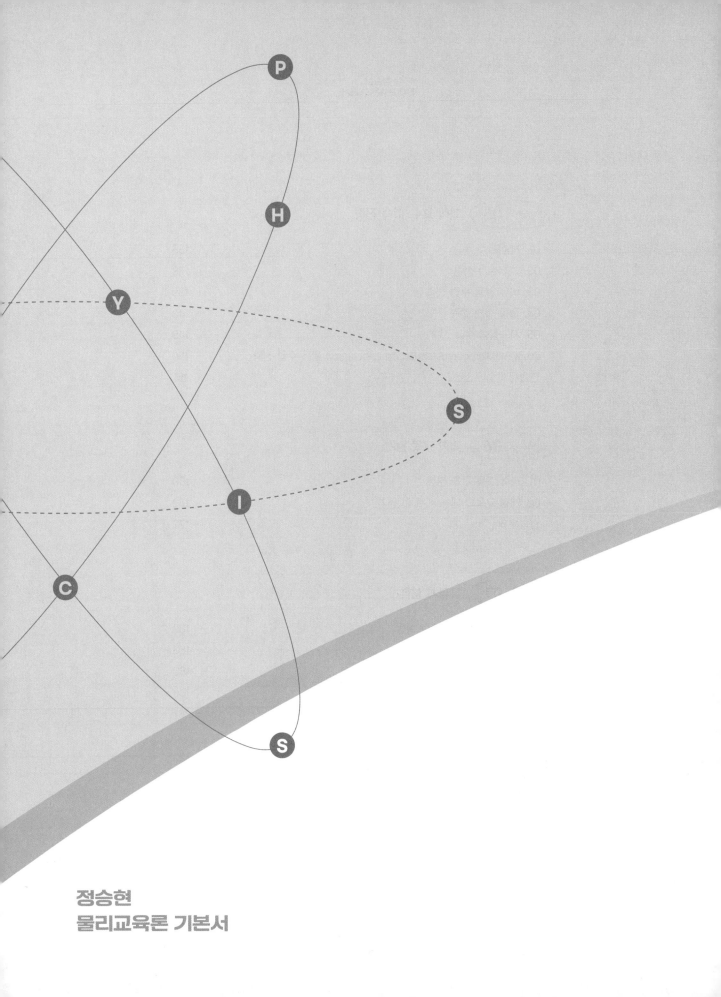

정승현
물리교육론 기본서

과학 지식의 형성 과정과 변화

Chapter

01

과학 지식의
형성 과정과 변화

과학 지식의 형성 과정과 변화

사물과 인간을 바라보는 철학적 관점은 과학 발달에 큰 영향을 미친다. 그리고 과학이 어떠한 방식으로 바뀌었는지에 대한 변화를 이러한 과학 철학적 관점으로 이해하려는 시도가 있었다.

과학 지식은 논리적 틀에서 형성되고 발전된다. 논리적 공리 체계에서 기본이 되는 것이 가설이다.

가설(Hypothesis)은 두 개 이상의 변수나 현상 간의 관계를 검증 가능한 형태로 서술하여 변수 간의 관계를 예측하려는 진술과 문장이다. 즉 가설은 조사 과정에서의 검증을 통해 연구 문제를 검증하게끔 하는 역할을 수행하는 것이라 할 수 있다.

※ 과학적 가설의 조건
  ① 탐구 문제에 대한 잠정적인 답의 형태로 기술 : '전자가 파동성을 가진다면 회절무늬 현상이 관찰될 것이다'와 같이 완성된 과학적이고 구체적인 명제 형태로 기술되어야 한다.
  ② 변인 또는 현상 간의 관계성 : 조작변인과 종속변인 간의 관계 혹은 두 개 이상의 현상 간의 관계가 명확해야 한다.
  ③ 과학적 근거 기반 : 이를 설명할 수 있는 이론적 근거에 기반하여야 한다.
  ④ 검증 가능성 : 실험적으로 검증이 가능해야 한다.

예 '전자가 파동성을 가진다면 회절무늬 현상이 관찰될 것이다'라는 가설이 있다고 하자.
  잠정적인 답의 형태로 기술되어 있으므로 올바른 가설이다. 그리고 전자의 회절무늬와 파동성 현상인 빛의 회절무늬의 유사성이 두 현상 간의 관계를 특정한다. 나아가 물질파 이론과 파동성을 나타내는 회절무늬라는 과학적 근거에 기반한다. 이는 실험으로 검증이 가능하다.

01 과학 지식 형성의 철학적 관점

사상적 체계는 완벽히 구분하기보다는 무엇을 우선시하느냐로 이해하는 것이 낫다. 고대 플라톤, 아리스토텔레스 사상에서부터 현대 베이컨, 데카르트 사상에 이르기까지 다양한 분야에 걸쳐 서로 영향을 주고받았기 때문이다.

자연 철학을 바라보는 관점을 크게 나누면 이성주의, 경험주의, 반증주의, 실증주의, 구성주의가 있다. 이는 어떠한 점을 핵심 요소로 하는지를 이해하는 것이 중요하다. 이후 이러한 사상적 체계를 바탕으로 과학교육 이론이 발전하게 된다.

1. 이성주의(합리주의)

참된 지식은 경험이 아니라 오직 지성이나 이성의 생각을 통해 이루어진다고 보는 관점이다. 플라톤은 '이데아'처럼 물질이나 사물은 그 자체로 본연의 성질이 존재한다고 생각한다. 관찰과 지각을 바탕으로 하는 경험으로는 이 사물의 본연 성질을 알 수 없고 본연의 표면적 성질, 그림자만 이해한다고 주장한다. 예를 들어

'모든 물질은 끌어당기는 본연의 성질이 있다'라는 만유인력 현상이 자연 본연의 성질이라면 '낙하하는 물체'는 이들이 나타내는 그림자 성질에 해당한다. 이성주의의 과학적 사고방식은 연역적 추론이다. 사고방식에 대해서는 다음 장에서 다루고자 한다.

2. 경험주의

경험주의는 실험과 관찰, 즉 경험에 기초한 과학 지식을 완성하는 데에 목표를 둔다. 경험주의자들은 이성주의자들이 주장한 본연의 성질을 연역 논리의 한계로 증명이 불가능함에 회의를 느꼈다. 연역 논리란 앞에서 설명한 '모든 물질은 끌어당기는 본연의 성질이 있다'라는 것을 맞다고 가정한 것으로, 연역적 추론은 그 가설에 갇혀 대명제에 해당하는 가설 자체가 증명이 불가능하다는 것을 말한다. 따라서 외부 세계에 대한 지식은 우리의 감각을 통해서만 주어진다고 주장했다. 경험주의자들은 이성은 우리의 감각 경험을 평가하고 조직하는 데에 결정적인 역할을 하고 있지만, 지식 자체의 원천이 될 수 있는 것은 오직 감각 경험이라고 생각했다. 경험주의의 과학적 사고방식은 귀납적 추론이 주를 이룬다.

3. 반증주의

이성주의에서 가설을 지지하는 결과가 나오면 보통은 가설이 참이라고 하기 쉽지만, 연역 논리로는 그렇지 않다는 것을 알 수 있다. 가설이나 이론은 관찰이나 실험에 의해 지속적인 확인을 받게 되며 반증된 가설이나 이론은 더 우수한 가설이나 이론으로 대체되어 과학이 발전한다는 과학관이다. 경험주의는 반복된 관찰과 실험에 의해 일반화되어 가는 방식으로 반증보다 축적에 더 무게를 두는 반면, 반증주의는 특정한 변칙 사례를 통한 발전에 더 무게를 둔다.

예를 들어, 발견된 백로가 계속 하얗기 때문에 '백로는 하얗다'라고 일반화된 결론을 내리는 것에 집중하는 것이 경험주의라면 '백로는 하얗다'라는 반증 가능한 가설이 검은 백로가 발견됨으로써 수정되어 '모든 백로가 하얗지는 않고 대부분의 백로가 하얗다'라는 보다 발전된 가설로 변화함에 집중하는 것이 반증주의이다. 반증주의는 과학지식은 검증할 수 없다고 생각하고 오직 반증만 가능하다고 본다. 반증이 가능한 가설을 제시하고 반증의 논리에 따른 과학의 발전을 설명한다. 반증주의에서는 가설-연역적 추론 방식이 활용된다.

4. 실증주의

감각 경험과 실증적 검증에 기반을 둔 것만이 확실한 지식이라고 보는 관점이다. 과학의 이론과 관찰이 서로 의지한다고 보기 때문에 이성주의, 경험주의의 모든 특성을 가지고 있다. 실증주의는 현재 과학 교과에서 다루는 검증 방식인 변인 통제를 통한 조작변인과 종속변인 간의 관계 파악에 기반을 둔다.

5. 구성주의

구성주의란 지식은 발견되는 것이 아니라 상호작용을 통해 '구성'된다는 관점이다. 인간은 사회적 동물이다. 여기서 '구성'이란 우리가 흔히 말하는 구성원, 제품 구성 등에서 말하는 '구성'이다. 과학 지식이 하나의 커다란 구성 체계라면 개인과 지식 체계 혹은 개인과 다양한 구성원집단의 관계성을 중요시하는 것이다. 상호작용의 대상에 따라 인지적 구성주의와 사회적 구성주의로 나뉜다. 구성주의는 피아제와 비고츠키의 학습이론에 영향을 미친다.

⑴ 인지적 구성주의는 지식이란 개인과 자연현상 사이에 동화(assimilation)와 조절(accommodation)이라는 인지적 작용에 의해 구성된다고 보는 관점이다.

'사탕은 달다'라는 경험을 한 아이가 있다고 하자. 다른 사탕을 먹었는데 달면 기존의 인식이 맞다고 생각하는 동화가 일어난다. 하지만 또 다른 사탕을 먹었는데 신맛이 난다면 기존의 인식에 반하는 사탕의 새로운 신맛을 경험하게 되는 조절이 일어난다. 그리고 결과적으로 사탕은 단맛과 신맛이 있다고 생각하는 평형화 상태로 인지구조가 재구성된다.

⑵ 사회적 구성주의는 인간의 지식 발달에 있어 사회 속에서 인간과 다른 사람의 사회적 상호작용이 중요하다는 관점이다. 사회적 합의가 사회적 구성주의의 관점에서 지식 발전 과정 중 하나의 방법이 될 수 있다.

> 📝 상호작용의 사회적 현상의 예를 들어보자.
> 교장과 신입교사 세 명이 중국집에 갔다. 신입교사 A, B, C는 각각 탕수육, 팔보채, 깐풍기가 먹고 싶다고 하자.
>
> | |
> |---|
> | 교장 : "마음껏 시키세요. 난 짜장면." |
> | 신입교사 A : "저도 짜장면이요." |
> | 신입교사 B : "네, 저도 짜장면이요." |
> | 신입교사 C : "(아...) 저도 짜장면이요." |
>
> 정말 아름다운(?) 사회적 합의가 일어났다. 그렇다면 과학 지식 발전의 예를 들어보자.
> 보어의 원자 모형은 논리적 추론에 의해서가 아니라 '조건' 설정을 통해 러더퍼드 원자모형의 문제를 해결한 것이었다. 그리고 전자기학의 입장에서 약간의 문제점이 있었지만, 당시 과학계는 보어의 모형을 받아들였다.
> 이유 중 하나는 보어가 당시 과학계에서 신화적 인물로서 엄청난 사회적 위상을 가지고 있었기 때문이다.
> 나아가 구성주의는 과학지식이 형성되는 실체의 과정을 구체적으로 제시하지 못한다는 비판을 받았다. 토머스 쿤(Thomas Kuhn)은 이러한 점의 문제점을 파악 후 패러다임의 개념을 도입해 과학 이론의 발전 과정을 설명하였다.

02 과학 지식 발전의 견해

1. 포퍼의 반증주의

포퍼(K. Popper)는 과학 지식의 생성과 변화 과정에 있어서 귀납의 한계를 지적하면서 이론 생성 과정보다는 이론 검증 과정의 중요성을 역설하였다. 포퍼의 과학자들의 탐구 과정에 대한 생각은 다음과 같다.

과학은 문제에서 출발한다. 과학자들은 이 문제를 해결하기 위해 반증 가능한 가설을 내어놓는다. 어떤 가설은 반증 사례가 제시되면 곧 기각되고, 어떤 가설은 엄중한 비판과 검증을 통과하여 기각되지 않는다. 그리고 기각되면 새로운 반증 가능한 가설이 등장한다. 이러한 논리적 과정이 순환하면서 과학은 합리적으로 진보한다고 주장하였다.

(1) 반증주의 과정

> 문제 상황에 맞는 반증 가능한 가설 − 반증 사례 후 기각 − 새로운 가설 등장

A라는 가설이 있었으면 그 가설을 반증하는 더 우월한 B라는 가설이 등장하고 또 그 B라는 가설을 반증하는 더 우월한 C라는 가설이 등장하고 하는 과정을 반복하면서 과학이 발전을 거듭한다는 것이다.

반증주의는 자체적으로 가설이 반증 가능성(Falsifiability)을 내포하고 있기 때문에 반증 사례가 중요하다. 이후에 쿤의 과학 혁명구조에서 변칙 사례가 등장하겠지만 이를 구분하여야 한다. 연역적 추론을 통한 뉴턴 역학으로 설명하지 못하는 '수성의 근일점 이동'은 변칙 사례이다. 하지만 반증주의는 가설 가체가 검증 불가능성을 포함한 연역적 추론을 가설로 인정하지 않기 때문에 기존의 가설에 반하는 사례를 반증 사례라 한다.

(2) 포퍼의 가설에 대한 관점

① 대담한 가설 : 당대 배경지식과 충돌하는 성격을 띠는 가설(일반성이 높고 반증 가능성이 높은 가설, 보어 모형)

② 세심한 가설 : 당대 배경지식에 비추어 그럴듯한 주장을 담는 가설(일반성이 좁고 반증 가능성이 낮은 가설)

예 ① 1913년 보어는 수소 스펙트럼에 대한 관찰 사실을 설명하기 위해 양자 조건과 진동수 조건을 포함한 원자모형을 제안하였다. 양자 조건이란 '전자는 원자핵 주위를 불연속적인 특정한 궤도에서만 안정하게 돌 수 있으며 이때 전자기파를 방출하지 않는다'는 것이다. 진동수 조건이란 '정상상태에 있는 전자가 다른 정상상태로 옮겨갈 때는 두 궤도의 에너지 차이에 해당하는 전자기파(광자)를 방출하거나 흡수한다'는 것이다. 이러한 양자 조건과 진동수 조건을 포함한 그의 원자모형은 기존의 전자기 이론에 의하면 정합적이지 않다는 것을 알면서도 제안된 것이었다.
→ 보어의 원자모형은 그 당시의 배경지식에 비추어 보아 그럴듯하지 않은 주장을 담고 있으며 '대담한 가설'에 해당된다.

② 우리는 아보가드로 법칙을 '모든 기체는 같은 온도, 같은 압력, 같은 부피에서 동일한 입자(분자)수를 갖는다'라고 알고 있다. 만약 실험을 통한 이상 기체에 가까운 특정 기체 즉, '헬륨 기체는 같은 온도, 같은 압력, 같은 부피에서 동일한 입자(분자)수를 갖는다'라는 것은 세심한 가설에 해당하고, 아보가드로 법칙은 일반성이 높아 대담한 가설에 해당한다.

(3) 반증주의가 안고 있는 문제점

① **관찰의 이론 의존성**: 관찰의 이론 의존성이란 관찰이 관찰자가 가지고 있는 이론이나 선행지식, 그리고 기대감에 의존하는 특성을 말한다. 이를 근거로 측정 데이터를 조작하거나 결과를 이론에 끼워 맞추려고 시도하게 된다. 참고로 귀납주의도 이러한 특성을 가지고 있다.

② **반증의 오류 가능성**: 반증된 사실이 이론 또는 보조가설인지 아니면 다른 매개변인인지 진위를 확인할 방법이 불가능 → 이상기체상태 방정식을 따르지 않는 기체가 발견되었을 때, 우리는 이론이 틀렸는지 아니면 특정 조건이 전제되어야 하는지 혹은 장비의 측정오차에서 발생된 것인지 반증주의로는 확인이 어렵다.

③ **과학적 이론이 임시변통적(ad hoc) 가설 때문에 반증되지 않는 문제점**(임시변통 가설 : 과학적 근거가 없거나 반증할 수 없는 가설) → 반증 사례가 나와도 이를 근거로 이론이 폐기되지 않을 수 있다.

예 ① 훅의 법칙을 배운 학생이 용수철을 실험하였는데 실제로 관측한 데이터가 이론과 다르지만 이론 법칙에 의존하여 데이터를 수정, 보완하여 기록한다. 이를 방지하기 위해서는 관찰 결과를 즉시 기록하게 하여 기존 생각의 증거를 왜곡하지 못하게 지도할 필요가 있다.

② "무거운 물체가 가벼운 물체보다 먼저 떨어진다."라는 이론이 물체가 동시에 떨어진 것으로 반증되었다고 하자. 그럼, 이것이 이론 자체가 틀렸는지 아니면 이론은 맞는데 물체의 크기, 부피, 관측장비 오차 등의 매개변인 때문인지 확인할 방법이 없다. 또한 옴의 법칙 실험에서 옴의 법칙에 반하는 실험 결과가 나왔는데 이론이 틀렸는지 아니면 옴의 법칙은 맞았는데 저항이 온도에 따라 변하여 발생된 요인 때문인지 확인할 방법이 어렵다.

③ 빛의 파동성을 설명하기 위해 관측이 불가능한 '에테르'의 존재를 도입한다. 또한 라부아지에 이전에는 물질이 연소할 때 그 물질에서 플로지스톤이 방출된다는 이론이 있었다. 그러나 연소 후에 물질의 무게가 늘어난다는 사실이 발견됨으로써 이 이론은 위협을 받았다. 이러한 반론을 피하기 위해 몇몇 과학자들은 '플로지스톤이 음의 무게를 가진다'라는 임시변통 가설을 주장하였다. 이 가설이 옳은지 틀린지 검증하기 위해서는 오직 물질의 연소 전과 후의 무게를 비교하는 방법밖에 없었는데, 이 방법으로는 가설이 결코 반박될 수 없었다.

과학의 철학적 관점이 지식 형성 자체에 초점을 맞췄다면 이를 기반으로 과학이 역사적으로 어떻게 발전하고 변화하였는지 종합적 과정에 초점을 맞춘 견해가 등장한다.

2. 토머스 쿤(Thomas Kuhn)의 과학 혁명 구조

쿤은 과학을 '체계화된 실험 방법에 의해 착실히 축적되는 지식의 획득'이라고 보는 관점에 의문을 던지며, 모든 진보가 '패러다임'과 관계되었다고 주장했다. 쿤의 이론은 사회적 구성주의와도 연관이 깊다.

(1) 패러다임이란 당시의 과학 사회가 받아들이는 견해나 사고를 근본적으로 규정하고 있는 인식의 체계를 말한다. 쉽게 말해서 과학 사회의 보편적 관념을 말한다. 예를 들어 '천동설', '옴의 법칙', '뉴턴의 중력 법칙' 등이 이에 해당한다.

(2) 쿤의 과학 혁명의 단계

전과학 → 정상과학 → 패러다임 위기 → 과학 혁명 → 새로운 정상과학

전과학 단계는 과학 사회가 일반적으로 합의하는 패러다임이 출현하지 않은 시기, 즉 아직 미성숙한 단계의 과학이다. 공통된 패러다임이 출현함에 따라 정상과학으로 발전한다.

정상과학 단계는 여러 패러다임 중 과학 문제를 쉽고 효과적으로 해결하거나 자연현상을 명료하게 설명하는 가설이 패러다임으로 수용된 단계이다. 그리고 이 시기 정상과학 단계에서 기존 패러다임 내에서 문제를 해결하는 수수께끼 풀이가 실행된다.

수수께끼 풀이 활동에는 사실적 조사, 패러다임 지지, 패러다임 정교화, 이론적 문제 해결이 있다. 정상과학에 위배되는 결정적 실험에 해당하는 변칙 사례가 등장하였다면 기존의 패러다임이 위기를 맞아 기존 이론이 완전히 대체되는 과학 혁명이 일어나거나 기존의 이론 체계를 보완하는 이론이 등장한다. 새로운 이론이 기존의 패러다임으로 해결하지 못한 문제를 해결할 뿐만 아니라 새로운 패러다임 내에서 수수께끼 풀이 활동으로 인해 새로운 정상과학이 탄생한다.

> **예** 변칙 사례 : 기존의 패러다임으로 설명이 어려운 과학 현상을 말한다. 이는 앞의 반증주의의 '반증 사례'와 구별해야 한다. 이유는 반증주의와 다르게 패러다임 이론은 연역적 방법으로 이루어진 과학 이론을 포함하기 때문이다. 반증주의와는 다르게 변칙 사례가 등장하였다고 즉각적으로 패러다임 위기가 찾아오는 것은 아니다. 기존의 패러다임 내에서 이를 해결하기 위해 노력이 가해지는데도 불구하고 실패하였을 경우에 그 변칙 사례는 패러다임 위기를 가져오는 결정적 실험이 된다.

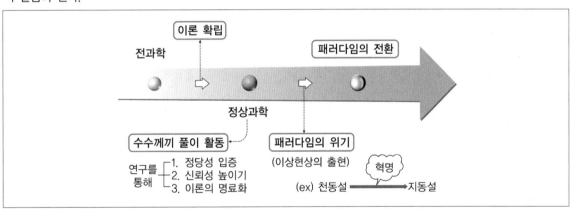

(3) 결정적 실험의 요건과 특징

패러다임 변화를 가져오는 결정적 실험은 과학적 이론이나 관점을 근본적으로 재구성하거나 대체하는 데 중요한 역할을 한다. 이를 위해 필요한 요건과 특징은 다음과 같다.

① 기존 이론의 한계를 명확히 드러내야 한다. 실험은 기존 패러다임으로 설명할 수 없는 현상이나 문제를 명확히 보여줘야 한다.

예 광속 불변성을 기존 뉴턴 역학으로 설명할 수 없었던 마이컬슨-몰리 실험이 대표적인 예시이다. 마이컬슨-몰리 실험에서 빛의 속력은 모든 방향에 대해서 일정한 것으로 나타났다. 다양한 방법으로 매질(에테르)이 측정되지 않은 이유를 검토해 보았으나, 아무리 생각해봐도 실험 결과로부터 도출되는 합리적인 결론은 '빛이 진행하기 위해 매질이 필요하지 않았다'라는 것이다. 즉, 에테르가 존재한다는 주장이 이 실험 때문에 반증되었다. 본래 이 실험은 에테르의 존재를 검증하려는 것이었으나 현실은 거꾸로 에테르의 존재를 부정하는 실험이 되어버렸다. 결론적으로 소리가 공기라는 매질을 필요로 하는 것과는 달리 빛은 매질을 필요로 하지 않는다. 이 실험의 결과는 단순히 빛의 진행에는 매질이 필요하지 않다는 것, 다시 말해 진공 상태에서도 빛은 진행할 수 있다는 것을 증명할 뿐이었다. 하지만 이 실험에서도 명확하게 밝혀지지 않은 부분이 있었으며, 이에 알베르트 아인슈타인은 아예 파격적으로 '빛의 속력이 불변하다'라는 사실과 '등속도 운동 하에서 모든 물리법칙은 대칭이다'라는 상대성 원리를 조합해서 두 이론의 기존 해석을 비틀어버리는 식으로, 최종적으로 상대성 이론을 완성하게 된다.

② **반복과 재현 가능성** : 이것은 현대 과학의 근본적 특성이다. 포퍼의 반증주의에서는 검은 백조가 단 한 마리만 발견되어도 기존의 가설이 폐기되지만, 결정적 실험은 다양한 조건에서 반복되어 동일한 결과를 보여야 신뢰를 얻을 수 있다.

예 갈릴레이의 낙하 실험은 반복된 실험 결과가 동일한 결론을 도출한다는 사실을 보여줌으로써 기존 아리스토텔레스 물리학을 반박하였다.

③ **기존 이론과의 불일치** : 실험 결과가 기존 이론의 예측과 충돌해야만 새로운 패러다임으로의 전환을 촉발할 가능성이 높다.

예 영의 빛의 이중성 실험은 기존 이론인 뉴턴의 빛의 입자설에서 예측한 실험 결과가 상충되는 결과를 보였다. 빛의 입자설에서는 이중슬릿 실험에서 두 개의 선을 만들어야 하지만 간섭무늬가 관찰되어 빛이 파동처럼 행동한다는 증거를 보였다. 이 영향으로 빛의 파동설이 확립되고, 나아서 양자역학에서 파동-입자 이중성 개념 확립에 기여하게 된다.

④ **측정 오차 및 장비의 진보** : 실험 오차가 유의미한 결과 내에서 허용되어야 하고, 측정 장비의 한계를 극복해야 한다.

예 에딩턴이 아인슈타인 일반상대론 검증 실험을 할 때 일부 지역의 데이터 결과를 측정 장비의 오차 문제로 배제하였다. 이는 충분히 납득할 만한 이유가 있었기 때문에 허용이 가능하였고, 관찰의 이론 의존성에 따라 선별적 데이터 선택이 아니었으므로 인정된 것이다. 그리고 아무리 실험계획이 우수하다고 하더라도 애초 측정 장비의 문제로 실험이 진행되지 않거나 너무 오차가 크다면 실험 결과의 신뢰성 문제가 발생하게 된다.

(4) 수수께끼 풀이 활동

정상과학의 패러다임을 뒷받침하는 활동

예 ① 사실적 조사 : 패러다임에 부합하는 과학적 사실이나 이론 상수 등을 찾아 과학적 사실의 정확도를 높이는 활동 → 뉴턴 역학에서의 만유인력 상수를 정확하게 측정하여 유효숫자를 늘림. 플랑크 광양자설에서 파생되는 플랑크 상수를 정확하게 측정함. 밀리컨 기름방울 실험으로 관찰된 전자의 기본 전하량을 보다 정확하게 측정함
② 패러다임 지지 : 패러다임에 따른 이론과 실제 관측적 사실을 비교하여 패러다임을 지지하는 근거와 사실을 찾는 활동 → 뉴턴의 중력 법칙에 의해 '태양 주위를 도는 행성은 타원 궤도를 따른다'는 이론이 제시되었다. 이를 직접 행성의 운동을 관측하여 실제로 모든 행성이 타원 궤도인지 관찰한다. 아인슈타인의 일반 상대론에서 예측한 '중력에 의해 빛의 경로가 휜다'라는 것을 개기일식을 통해 빛의 경로가 휘는 것을 관측한다. 또는 일반 상대론의 이론적 계산값과 수성의 근일점 이동의 관측적 데이터와의 비교가 있다.

③ 패러다임 정교화 : 패러다임의 응용 범위를 더욱 넓히거나 이론의 애매 모호함을 해결하기 위한 활동 → 뉴턴 역학은 다양한 분야에 응용된다. 나아가 케플러 행성 법칙은 관측 사실로 받아들여졌으나 타원 궤도, 면적속도 일정의 법칙, 조화의 법칙 등 약간의 설명적 모호성이 존재하였다. 뉴턴 역학으로 타원 궤도는 중력 궤도 법칙을 풀어 도출하는 방식으로 설명하고, 면적속도 일정의 법칙은 각운동량 보존법칙 그리고 조화의 법칙 역시 주기와 장반경의 관계식 증명으로 완벽히 설명하였다. 열역학 제2법칙 '외부 개입이 없는 상태에서 고온에서 저온으로 열이 이동한다'는 현상을 설명하기 위해 볼츠만의 통계역학이 등장하였다. 기존의 제2법칙은 관측적 사실로써 받아들여지고 있었으나 이것을 명확히 설명하기 어려웠다. 하지만 볼츠만은 통계역학으로 엔트로피라는 개념을 도입하여 확률 모형으로 완벽히 설명하였다. 그리고 이는 다른 과학 분야와 경제학 등 다양한 분야에 적용되었다.

④ 이론적 문제 해결 : 자연현상을 적절한 수학적 이론으로 설명하는 활동 → 뉴턴 역학을 설명하기 위한 수학적 도구로써 미적분학의 발명, 비정상 제만 효과를 양자역학 이론 체계 정립으로 설명

3. 라카토스(I. Lakatos) 연구 프로그램

라카토스는 포퍼의 반증주의와 토머스 쿤의 패러다임 이론을 받아들이면서 수정, 보완하였다. 라카토스는 과학사의 연구를 통해 토머스 쿤의 패러다임과 관련된 기본적인 주장을 적극적으로 수용하면서도 과학자들이 '더 우월한' 패러다임으로의 합의를 이끌어내는 과정을 설명하기 위해 '과학적 연구 프로그램의 방법론'을 제시하였다. 라카토스는 쿤이 제시한 패러다임의 사회, 심리적인 개념을 객관적으로 재구성한 것으로 해석될 수 있다. 또한 라카토스는 과학이론이 단일 이론이 아닌 복잡한 이론 체계이기 때문에 반증이나 변칙 사례만으로 이론이 폐기되지 않고, 더 많은 경험적인 확증 사례를 풍부하게 가지고 있는 새로운 이론이 등장해야만 이론이 교체될 수 있다고 보았다.

예를 들어 톰슨의 원자 모형은 다양한 반증 사례와 러더퍼드 원자모형의 풍부한 확증 사례로 인해 유핵 모형으로 교체되었다. 나아가 러더퍼드 원자모형에서 보어의 원자 모형으로의 발전은 유핵 모형을 기반으로 변칙한 발전단계이고, 양자역학의 확률 모형이 등장함으로써 새롭게 정립이 된다. 또한 반증주의에 따르면 연역적 추론에 의한 뉴턴의 중력 법칙은 이론으로 적합하지 않다. 나아가 패러다임 이론에 의하면 사회적 합의에 의한 뉴턴 중력이론은 과학으로 받아들여진다. 뉴턴의 중력이론으로 설명하지 못하는 수성의 근일점 이동의 결정적 실험이 발견되었더라도 뉴턴 중력이론의 핵심에 해당하는 '모든 물질은 끌어당긴다.' 자체가 틀리지는 않았다. 뉴턴이 가정한 절대공간, 절대시간의 개념이 잘못된 것이다. 따라서 과학 혁명구조에서 설명하지 못하는 과학의 발달 과정을 보다 세부적으로 설명하는 것이 필요하다. 쿤의 격변적 발달 과정과 대비되게 라카토스 연구 프로그램에서는 과학의 발전을 진화적 모델로 설명한다.

라카토스 연구 프로그램에서는 과학적 지식인 '**견고한 핵**'을 보조하는 보조 가설, 이론의 특성을 구체화하는 초기 조건, 관찰 대상에 대한 가정 등에 해당하는 '**보호대**'를 통해 핵을 반증으로부터 보호한다고 되어 있다. 그리고 과학의 발견법에는 변칙 사례에 적극 대응하여 보호대를 통해 자연현상을 설명하는 긍정적 발견법이 있고, 반대로 변칙 사례를 배척하거나 임시변통 가설을 통해 해결하는 부정적 발견법이 있다.

구분	용어	내용	비고
개념 구조	견고한 핵	기본적인 가정이나 기초 원리	
	보호대	견고한 핵을 보조하는 보조 가설, 이론의 특성을 구체화하는 초기 조건, 관찰 대상에 대한 가정 등이 보호대에 해당한다.	
발견법	긍정적 발견법	변칙 사례를 만났을 때 이를 해결하기 위해 보호대를 수정하고 보완하여 견고한 핵이 자연현상을 설명하고 예측할 수 있도록 보강한다. 변칙 사례도 확증 사례화하여 설명력을 높이고 이론을 확장 및 정교화한다.	견고한 핵 유지 보호대 설정
	부정적 발견법	변칙 사례를 만났을 때 이를 인정하지 않고 해결하려 하지 않으며 연구 프로그램을 계속 유지한다. 기존 이론의 특수사례로 예외 처리하거나 임시변통 가설을 내놓는다. **예** 멘델레예프 주기율표에 존재할 수 없는 아르곤(Ar)이 발견되자 원소가 아니라고 주장	견고한 핵 유지 임시변통 가설 설정 변칙 사례 배척

라카토스는 '핵'과 '보호대'의 개념으로 과학의 발달을 설명한다.

뉴턴의 중력 이론에서 일반 상대론의 중력이론으로 변화 과정을 보자.

이론	뉴턴 중력 법칙	일반상대론 중력 법칙
핵	질량을 가진 모든 물체는 인력을 가진다.	
보조 가설	절대공간, 절대시간	시공간 통합, 등가원리

보조 가설을 수정하여 이론이 발전하였다. 절대공간, 절대시간에서 시공간 통합, 등가원리라는 보호대를 설정하여 핵을 유지하고 자연을 보다 잘 설명하는 이론으로 발전한다.

원자모형의 변화 과정을 보자.

이론	러더퍼드 원자모형	보어의 원자모형
핵	수소 원자의 중심에 작은 원자핵이 존재하고 전자는 주위를 공전한다.	
보조 가설	입자성을 가진 전자의 원운동	물질파 이론, 진동수 조건

전자의 단순 행성 모델을 수정하여, 전자의 파동성인 물질파 이론과 궤도의 정상파 조건이라는 보호대를 설정하여 선 스펙트럼의 현상을 설명하였다.

우리는 보조 가설에 해당하는 보호대와 임시변통 가설을 구별할 필요가 있다.

(1) **보호대**

견고한 핵을 보충하는 보조 가설이나 초기조건 및 관찰 대상에 대한 가정

① **보조 가설**: 핵을 보조하는 추가 가설을 의미한다. → 보어의 물질파 이론, 진동수 조건
② **초기 조건**: 이론의 특성을 구체화하기 위한 초기 물리적 조건을 의미한다. → 행성운동을 설명하기 위해 초기 설정한 태양의 질량, 태양과 행성 간의 거리 등

③ **관찰 대상에 대한 가정**: 측정오차가 발생하는 이유는 이론의 결함이 아니라 관측장비의 한계성 때문이다. → 에딩턴의 일반상대론 검증 과정에서 브라질 소브랄에서 관측한 별의 위치는 상대성이론의 예측과는 달랐다. 하지만 소브랄의 관측 결과는 망원경의 이상에 의한 것으로 밝혀져, 더 이상의 논란이 나오지 않았다.

(2) 임시변통(ad hoc) 가설

논리적 추론에 의한 것이 아니라 견고한 핵을 주장하기 위해 과학적 증거가 없거나 검증이 불가능한 가설을 말한다('ad hoc'이란 '특별한 목적을 위해'라는 라틴어로써, 특정한 문제나 일을 위해 만들어진 관습적인 해결책의 의미를 가진다).

예를 들어 베게너(Wegener)는 대륙이동설을 제안했으나 왜 대륙이 이동할 수 있는지는 설명하지 못했다. 그는 대륙이동을 설명하기 위해서 비록 과학적인 증거는 없었지만 '중력이 힘의 근원'이라고 제안했다. 여기서 '중력이 대륙이동 힘의 근원이다'라는 가설이 임시변통 가설에 해당한다. 또한 빛의 파동성을 설명하기 위해 모든 파동은 매질을 필요하다는 전제하에 '에테르'라는 가상의 매질을 설정하였다. '에테르' 역시 임시변통 가설에 해당한다.

(3) 임시변통 가설과 보호대의 보조 가설과 혼동하는 경우가 있다. 이를 구별하는 특성은 아래와 같다.

① **관찰 가능성**: 보조 가설이 이론에 추가될 때, 보조 가설이 새로운 경험적 현상을 예측하지 못할 경우, A는 ad hoc 가설이다.

예를 들어 파동은 매질을 필요로 한다. 빛은 파동성인데 진공에서도 전파된다는 점을 관측했는데 빛이 파동성임을 주장하기 위해서 '진공은 에테르라는 매질이 존재한다'라는 가설은 에테르는 관찰이 불가능하기 때문에 임시변통 가설에 해당한다. 에테르는 새로운 현상을 예측하지 못한다. 또는 위에서처럼 대륙이동설의 원인을 '중력이 힘의 근원'이라고 주장했는데 그 근거를 관측하거나 대변하는 현상이 존재하지 않는다.

② **이론 복잡도(단순성)**: 보조 가설 A가 이론에 추가될 때, 보조 가설 A와 그 이후에 도입되는 보조 가설들로 인해 이론이 지나치게 복잡해질 경우, A는 ad hoc 가설이다.

프톨레마이오스의 천동설에서 설명하지 못한 행성의 역행운동을 설명하기 위해 새롭게 주장한 '주전원 가설'이 이에 해당한다. 프톨레마이오스는 이처럼 이심원, 주전원, 이심 개념을 도입함으로써 원운동만을 이용해 천체의 불규칙한 운동을 잘 설명해냈지만 이론이 갈수록 매우 복잡해지는 경향이 있다.

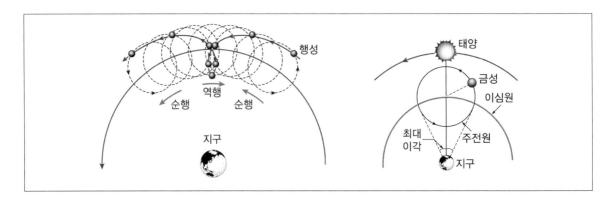

⑷ 보호대의 예시(임시변통 가설과 대비) - 코페르니쿠스의 지동설(견고한 핵)의 보호대

보호대를 수정하면 케플러의 행성운동이 관측 사실과 유사하다.

> • 보조 가설 : 원형궤도를 타원 궤도로 수정
> • 초기 조건 : 태양과 행성 간의 초기 설정 거리를 수정
> • 관찰 대상에 대한 가정 : 위치, 크기, 밝기 등에서 측정오차가 발생하는 이유는 관측장비의 한계 때문이다. 눈으로 관측하는 것을 망원경으로 관측한다.

관찰 대상에 대한 가정에 대해 첨언하면 '눈으로 보았을 때 깨끗한 손이 정말로 깨끗하다고 말할 수 있는가?'를 알아보자. 이는 균이 눈에 보이지 않는다고 존재하지 않는 것이 아니다. 즉, 눈으로 관측하는 대상의 관측 자료가 신뢰성에서 의구심으로 바뀔 수 있다. 현미경으로 보면 균은 관찰 가능하므로 '균이 매우 작기 때문에 관측 장비의 변경이 필요하다'라는 가정이 이에 해당한다. 초기조건이 변인 데이터와 관계가 있다면 관찰 대상에 대한 가정은 측정과 대상의 성질 자체에 해당한다. 멀리 있는 별의 경우 빛이 너무 흐리기 때문에 관측장비를 발전시키거나 혹은 대기가 없는 우주공간에서 측정함으로써 실험의 정확도를 높일 수 있다. 라카토스의 이론에서 전진적(Progressive) 연구 프로그램과 퇴행적(Regressive) 연구 프로그램이 존재한다. 아인슈타인 이론은 기존의 이론으로 설명이 어려운 현상을 설명하고, 또한 다른 부가적인 것들을 예측할 수 있었으므로 전진적(Progressive) 연구 프로그램에 해당한다. 프톨레마이오스의 퇴행적(Regressive) 연구 프로그램은 설명하지 못하는 사실이 많고 개념적인 문제들에 많이 부딪히는 연구 활동으로, 천동설의 주전원 도입이 한 예이다.

프로그램 종류	정의	예시
전진적 연구 프로그램	기존의 연구 프로그램이 해결한 문제와 해결하지 못했던 문제도 해결하고, 새로운 문제나 사실을 예측하는 연구 프로그램	일반상대성이론은 뉴턴의 중력 법칙으로 설명할 수 없었던 수성 궤도의 문제를 해결, 중력에 의해 빛의 휘어짐과 중력의 시간 지연 및 중력파 예측 → 추후 모두 사실로 증명됨
퇴행적 연구 프로그램	기존 연구 프로그램에 포함된 내용과 문제 해결 방법을 그대로 유지한 채 정체되어 있는 연구 프로그램	프톨레마이오스의 천동설

예제 1 다음 〈자료〉는 우주론에 대한 과학사를 서술한 것이다. 이에 대하여 〈작성 방법〉에 따라 서술하시오.

> ──────〈 자료 〉──────
>
> 현대우주론의 시작은 1917년 아인슈타인(Albert Einstein)이 발표한 정적 우주론에 있다. 아인슈타인은 여기서 "우주는 팽창하지도, 수축하지도 않는다."라고 주장했다. 하지만 아인슈타인의 일반상대성이론을 면밀히 살핀 러시아의 수학자 프리드만(Friedman)과 벨기에의 신부 르메트르(Lemaitre)의 생각은 달랐다. 그들의 생각은 우주가 팽창해야 한다는 것이다. 그리고 미국의 천문학자 허블(Edwin Powell Hubble)이 ㉠ <u>은하들이 후퇴하고 있음을 관측해 우주가 팽창한다는 사실을 발표</u>한 것이다. 결국 아인슈타인은 1931년 "우주는 무한하고 정적이다"라는 당시의 상식에 맞추기 위해 억지로 ㉡ <u>우주상수를 도입</u>했던 것을 철회했다.
>
> 초기 우주의 모습을 처음으로 계산해 낸 과학자는 프리드만의 제자인 러시아 출신의 미국 물리학자 조지 가모(George Gamov)였다. 그는 1946년 초기 우주는 고온 고밀도 상태였으며 급격하게 팽창했다는 논문을 발표했다. 이에 따르면 탄생 후 우주의 온도가 1백만 년이 됐을 때는 3천K으로 식었을 것이라고 보았다. 그리고 1948년 미국의 물리학자 랠프 앨퍼(Ralph Asher Alpher)와 로버트 허먼(Robert Herman)은 초기 우주의 흔적인 우주배경복사가 우주 어딘가에 남아있으며, 그 온도는 약 5K일 것이라고 예언했다.
>
> 그런데 1964년 벨연구소에 미국 천체물리학자 아노 펜지어스(Arno Allan Penzias)와 로버트 윌슨(Robert Woodrow Wilson)이 1948년 앨퍼와 허먼이 예언했던 우주배경복사를 발견한 것이다. 우주배경복사의 온도는 3.5K으로 예언과 1.5K밖에 차이가 나지 않았다. 펜지어스와 윌슨은 허블의 우주팽창 이후 최고의 관측이라고 불리는 우주배경복사를 발견한 공로로 1978년 노벨물리학상을 수상했다. ㉢ <u>허블이 발견한 은하들의 적색이동, 가벼운 원소들이 풍부하게 존재한다는 사실, 그리고 우주배경복사의 발견</u>이 빅뱅 우주론의 정설로 받아들여지는 증거가 되었다.

> ──────〈작성 방법〉──────
>
> • 밑줄 친 ㉠이 포퍼(K. Popper)의 관점에 따라 무엇에 해당하는지 용어를 쓸 것
> • 라카토스(I. Lakatos)의 연구 프로그램 이론에 따라 아인슈타인 정적 우주론의 '핵'에 해당하는 내용을 〈자료〉에서 찾아 제시하고, ㉡에 해당하는 용어를 쓸 것
> • 밑줄 친 ㉢이 일어나던 시기는 쿤(T. Kuhn)이 제시한 과학혁명 이론의 발달 단계 중 무엇에 해당하는지 용어를 쓸 것

정답

1) 반증 사례
2) 우주는 팽창하지도, 수축하지도 않는다(우주는 무한하고 정적이다).
3) 임시변통 가설
4) 새로운 정상과학

해설

은하들의 적색이동, 가벼운 원소들이 풍부하게 존재한다는 사실, 그리고 우주배경복사의 발견 등은 모두 패러다임 지지에 해당하는 수수께끼 풀이 활동이다. 수수께끼 풀이 활동이 일어나는 시기는 정상과학 단계이다.

예제 2 다음 〈자료〉는 초전도 현상에 대한 과학사를 소개한 자료이다. 이에 대하여 작성 방법에 따라 서술하시오.

< 자료 >

초전도 현상이 처음 발견된 것은 1911년 네덜란드의 카메를링 오너스(Kamerlingh Onnes)에 의해서였다. 충격적이고 갑작스러운 발견이었던 만큼 초전도 현상을 설명할 이론적 기반이 없었고, 초전도 현상은 50년 가까이 난제로 남아있었다.

물리학자들의 50년간의 노력은 BCS 이론으로 열매를 맺었다. 이론을 고안해 낸 세 명의 물리학자 바딘(Bardeen), 쿠퍼(Cooper), 슈리퍼(Schrieffer)의 이름을 딴 이 이론은 당시 초전도 현상을 정확하게 설명했고, 이론을 만들 당시 지도교수, 박사 후 연구원, 대학원생이었던 세 사람은 훗날 나란히 노벨 물리학상을 받았다. BCS 이론이 설명하는 초전도체의 원리는 온도가 낮아지면 물질 속의 전자 두 개가 짝을 이루어 쿠퍼 쌍(Cooper pair)을 이룬다는 것이다. 그리고 이 쿠퍼 쌍들이 모여 마치 한 몸같이 단체 행동을 하며 저항 없이 전류가 흐른다는 것이다. BCS 이론에 의하면 초전도체 온도의 상한값은 25K 정도이다.

그렇다고 과학자들은 더 높은 온도에서 초전도 현상을 보이는 물질을 찾기 위한 사냥을 멈추지 않았다. 그러던 중 1986년 그 일이 일어났다. 베드노츠와 뮐러는 금속 산화물에서의 초전도 현상을 논문을 통해 발표했다. ㉠ 전이 온도의 이론적 한계로 알려져 있던 25K을 훌쩍 넘어 35K 가까이 되었고, 이론적인 한계를 뛰어넘는 이 물질에 고온 초전도체라는 이름도 따로 붙었다. 고작 10K 높은 것이 대수냐고 할 수 있지만, 기존의 이론을 완전히 뒤엎는 발견이었다. ㉡ 당시에는 그들의 발견을 믿지 않는 사람이 대부분이었고, 실험 오류 등으로 치부하여 기존의 이론을 고수하였다. 하지만, 몇몇 그룹이 이 실험을 재현하는 데에 성공했고 70년이 넘는 시간 동안 움직이지 않던 전이 온도의 장벽이 깨졌다는 것은 사실로 받아들여졌다.

<작성 방법>

• 쿤(T. Kuhn)의 관점에 의하면 밑줄 친 ㉠은 무엇에 해당하는지 쓰고, 그 이유를 제시할 것
• 라카토스(I. Lakatos) 연구 프로그램에 의하면 초전도 현상의 '핵'에 해당하는 내용을 〈자료〉에서 찾아 제시하고, 밑줄 친 ㉡은 무엇에 해당하는지 용어를 쓸 것

정답

1) ㉠ 변칙 사례
2) 과학계에 패러다임으로 형성된 BCS 이론에 위배되는 실험 결과가 등장하였다.
3) '저항 없이 전류가 흐른다'
4) 부정적 발견법

연습문제

정답 및 해설_ 320p

2006-02

01 다음은 과학 이론 변화의 과정을 보여준 사례이다.

> • 니담은 고기스프를 병에 넣고 강한 불로 충분히 가열한 후 코르크마개로 막아서 한동안 두었다가, 현미경으로 관찰하여 작은 생물들이 많음을 발견함 → 자연발생설 주장
> • 스팔란짜니는 니담이 모두 멸균될 만큼 고기스프를 충분히 끓이지 않았거나 완전히 밀봉하지 못해서 미생물이 생겼다고 주장하면서, 고기스프를 충분히 끓여서 밀봉한 병에서는 미생물이 관찰되지 않음을 보여줌 → 자연발생설 반박
> • 니담은 생명력이 작용하기 위해서는 생명의 기(氣)가 있는 공기가 필요한데 밀봉된 병을 가열할 때 이것이 다 빠져 나갔기 때문이라고 스팔란짜니의 실험을 공격함 → 자연발생설을 다시 주장
> • 파스퇴르는 S자형 플라스크에 고기스프를 넣고 밀봉하지 않은 채 충분히 끓였다가 냉각시켜 오랫동안 두었지만, 미생물이 발견되지 않음 → 자연발생설 재반박

니담의 자연발생설 주장에서 라카토스 연구 프로그램의 '핵'과 '보호대'에 해당하는 것을 위 글에서 찾아 쓰고, 위 글에서 포퍼의 반증주의의 문제점을 나타내는 사례 2가지만 그 이유와 함께 제시하시오. [4점]

• 핵 : _____

• 보호대 : _____

• 반증주의의 문제점 사례와 이유 : _____

2021-B04

02 다음 <자료 1>은 예비 교사가 학생들에게 직류 회로에서 전류 개념 이해를 확장시키기 위해 실시한 수업 사례이고, <자료 2>는 이 사례에 대하여 지도 교수와 예비 교사가 반성한 대화 장면이다. 이에 대하여 <작성 방법>에 따라 서술하시오. [4점]

─────────────< 자료 1 >─────────────

예비 교사 : 다음과 같이 전구와 가변 저항을 병렬로 연결한 회로를 만들어 봅시다. 가변 저항의 값을 크게 하면 전구의 밝기는 어떻게 될까요? 왜 그렇게 생각하는지 말해 보세요.

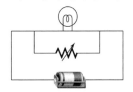

학생 A : 더 밝아져요. 왜냐하면 가변 저항값이 커지니까 옴의 법칙에 따라 가변 저항으로 흘러가는 전류는 줄어들고, 줄어든 만큼 전구 쪽으로 더 많은 전류가 흐르기 때문이죠.

학생 B : 더 어두워져요. 왜냐하면 가변 저항값이 커짐에 따라 합성 저항값도 커지고, 따라서 옴의 법칙에 따라 회로에 흐르는 전체 전류의 세기는 작아지기 때문이죠.

예비 교사 : 자, 그럼 스위치를 켜고 어떻게 되나 실제로 관찰해 봅시다.

··· (중략) ···

(실제로 실험해 보니, 전구의 밝기는 거의 변하지 않는다.)

··· (중략) ···

예비 교사 : 이제 실험 결과를 여러분의 처음 생각과 비교해서 설명해 볼까요?

학생 A : 실험 결과를 보니 저의 처음 생각이 틀린 것 같아요. 저항이 크면 전류가 작게 흐른다는 저의 생각을 포기하고, 새로운 가설을 찾아봐야겠어요.

학생 B : 실험 결과는 저의 예상에서 벗어났지만, 그렇다고 옴의 법칙에 대한 제 처음 생각을 포기하진 않을 겁니다. 실험 결과를 설명할 수 있는 다른 이유를 옴의 법칙에 근거하여 찾아보겠어요.

─────────────< 자료 2 >─────────────

지도 교수 : 계획했던 대로 수업이 잘 되었나요?

예비 교사 : 네. 실험해 본 결과, 이론적으로 예측했던 대로 전구의 밝기가 변하지 않았고, 학생들의 예상과 불일치하는 사례가 되었어요. 그런데 이에 대한 학생들의 상반된 반응을 어떻게 받아들여야 할지 모르겠어요.

지도 교수 : 과학철학적 관점을 빌려 와서 불일치 사례에 대한 학생들의 반응을 해석해 볼 수 있죠. 학생 A와 학생 B의 반응은 각각 포퍼(K. Popper)의 반증주의와 라카토스(I. Lakatos)의 연구프로그램 이론 관점 중 어디에 가까운지 선택하고 그 이유를 설명해 보세요.

예비 교사 : 자신의 예상과 불일치하는 사례가 나타났을 때, 학생 A는 (㉠)(이)라고 할 수 있고, 학생 B는 (㉡)(이)라고 할 수 있네요.

지도 교수 : 네, 잘 설명했습니다. 마지막으로, 전기 회로 실험 수행과 관련하여 한 가지 중요한 점을 지적해야겠네요. 만약 건전지의 내부 저항을 무시할 수 없는 조건이었다면, 이 실험은 자칫 이론적 예측과는 다른 결과를 가져왔을 것입니다. 따라서 다음부터는 ㉢ 건전지 대신 직류 전원 장치로 바꾸어서 실험하는 것이 좋겠습니다.

─〈작성 방법〉─

• <자료 1>을 근거로 ㉠과 ㉡에 들어갈 설명을 각각 쓸 것

• ㉢과 같은 피드백이 필요한 이유로, '건전지의 내부 저항을 무시할 수 없는 조건에서 가변 저항의 값을 크게 할 때 전구의 밝기 변화'와 '그에 대한 과학적 설명'을 제시할 것

2022-A06

03 다음 〈자료 1〉은 압력에 관한 탐구 수업의 학생 활동지이고, 〈자료 2〉는 빛의 본질에 관한 과학사를 간략하게 서술한 것이다. 이에 대하여 〈작성 방법〉에 따라 서술하시오. [4점]

〈 자료 1 〉

활동 1	방법	A4 용지를 반으로 접어 종이 텐트를 만들어 탁자 위에 세운 후, 빨대를 이용해 종이 텐트의 내부로 바람을 세게 불어 보자.	
	관찰 내용	종이 텐트에 무슨 일이 일어나는가? ( )	
활동 2	방법	하나의 빨대를 컵에 담긴 물의 수면에 수직으로 세워 넣고 한 손으로 잡는다. 다른 빨대를 물에 담긴 빨대에 수직으로 배치한 후 입으로 세게 불어 보자.	
	관찰 내용	물에 담긴 빨대에서 무슨 일이 일어나는가? ( )	
활동 3	방법	A4 용지의 짧은 모서리의 양쪽 끝을 그림처럼 양손의 엄지와 집게 손가락으로 잡아 아랫 입술에 대고 입으로 세게 불어 보자.	
	관찰 내용	A4 용지에 무슨 일이 일어나는가? ( )	
활동 4	방법	컵 안에 탁구공을 넣은 후, 컵의 입구에 입을 가까이하고 수평으로 세게 불어 보자.	
	관찰 내용	탁구공에 무슨 일이 일어나는가? ( )	
결과 정리		활동 1~4에서 관찰한 결과로부터 파악한 ㉠ 규칙성을 바탕으로 '압력'의 변화에 대한 일반화된 결론을 서술하시오. ( )	

─< 자료 2 >─

17세기에 빛의 입자설과 파동설은 서로 경쟁하였다. 뉴턴(I. Newton)은 ⓛ 프리즘을 통과한 백색광이 만드는 스펙트럼을 관찰하고, 그 현상에 대한 설명으로 빛이 여러 색의 수많은 작은 입자로 만들어졌다는 빛의 입자설을 제안하였다. 그 증거로 물결파가 장애물을 만나면 휘어져 진행하지만, 빛은 휘지 않는 대신 그림자를 만드는 현상을 제시하였다. 네덜란드의 물리학자 하위헌스(C. Huygens)는 뉴턴의 입자설을 비판하며 두 광원에서 나온 빛이 물결파와 같이 중첩되는 현상을 근거로 빛의 파동설을 주장하였다. 18세기에는 뉴턴의 명성에 힘입어 빛의 입자설이 보다 많은 지지를 받았으나, 1802년 영(T. Young)의 이중슬릿 실험 결과로 파동설이 지지를 얻기 시작했고, 1850년 피조(H. Fizeau)와 푸코(J. Foucault)가 파동설이 예측한 대로 빛이 공기보다 물에서 더 느리게 진행한다는 실험 결과를 발표하면서, ⓒ 빛의 파동설은 20세기 초까지 지지되었다.

─< 작성 방법 >─

• <자료 1>의 밑줄 친 ㉠을 도출하는 과정에서 학생들에게 요구되는 과학적 사고와 <자료 2>의 밑줄 친 ⓛ에서 적용된 과학적 사고를 순서대로 적고, 그 차이점을 서술할 것
• <자료 2>의 밑줄 친 ⓒ에서 파동설이 지지되는 이유를 포퍼(K. Popper)의 관점에서 서술할 것

2009-06

04 다음은 과학 지식의 형성에 대한 하나의 관점을 제시한 것이다.

> 과학에서의 지적 진보는 관찰과 이론이 일치하지 않을 때 발생할 수 있다. 이때 형성된 새로운 지식은 (가) 기존이론 체계를 완전히 대체하거나 (나) 보완하는 이론으로 받아들여진다. 과학의 역사를 보면 여기에는 두 가지 과정이 존재한다. 즉 (다) 기존 이론으로 설명될 수 없는 현상이 먼저 관찰되고 나중에 이를 설명하는 새로운 이론이 출현하는 경우와 새로운 이론이 먼저 나타나 기존이론으로는 불가능한 예측이 이루어진 다음, 관찰에 의해 이를 확증하는 경우가 그것이다.

이 내용을 학생의 과학학습 지도에 활용한다면, '관찰과 이론의 불일치'는 '인지갈등' 상황으로, '기존이론'은 '학생의 개념'으로, '대체하거나 보완하는 이론'은 '바람직한 과학 개념'으로 관련되어 생각해 볼 수 있다. 이때 보기에서 옳은 것을 모두 고른 것은?

> ─〈 보기 〉─
>
> ㄱ. 학생의 인지갈등 상황이 (가)의 형태로 해결되는 과정은 정상과학 안에서 이루어지는 '수수께끼 풀이'에 해당한다.
> ㄴ. 인지갈등 상황에 있는 학생의 개념이 (나)의 형태로 해결되는 것은 '포퍼의 반증 논리'가 적용된 경우이다.
> ㄷ. 수업에서 학생의 개념을 (다)의 방식으로 변화시킬 때에는 '쿤의 변칙 사례'와 같이 학생의 개념으로 설명되지 않는 관찰 사례들을 도입하는 전략이 필요하다.

① ㄱ

② ㄷ

③ ㄱ, ㄴ

④ ㄴ, ㄷ

⑤ ㄱ, ㄴ, ㄷ

2023-A06

05 다음 <자료>는 주사기를 이용하여 기체의 부피와 온도의 관계를 알아보는 실험을 한 후, 이에 대하여 지도 교사와 두 예비 교사가 나눈 대화이다. 두 예비 교사는 포퍼(K. Popper), 쿤(T. Kuhn), 라카토스(I. Lakatos)의 과학 철학적 관점 중 하나를 따른다. 이에 대하여 <작성 방법>에 따라 서술하시오. [4점]

〈 자료 〉

지도 교사: 실험 결과, 단열된 주사기의 피스톤을 밀었을 때 실린더 안의 기온이 올라갔고, 피스톤을 당겼을 때에는 실린더 안의 기온이 내려갔어요. 이 실험 결과에 대해 어떻게 생각하세요?

예비 교사 1: 이 실험 결과에서 피스톤을 당겼을 때 기체의 온도가 내려갔으니 열역학 제1법칙은 폐기되어야 합니다. 열역학 제1법칙이 옳다면, 피스톤을 당길 때 힘이 필요하고 힘이 작용하는 방향으로 피스톤이 이동하므로 힘과 피스톤의 이동 거리를 곱한 값인 일이 열로 바뀌어 온도가 올라가야 합니다.

예비 교사 2: 그렇게 쉽게 판단하면 안 됩니다. 열역학 제1법칙을 포함하는 열역학 법칙은 물리학의 주요 법칙으로 패러다임에 해당합니다. 피스톤을 당길 때에는 기체가 팽창하면서 일을 한 것이므로 기체가 한 일만큼 실린더 안 기체의 내부 에너지가 감소하여 온도가 내려가는 것이 열역학 제1법칙에 부합합니다. ㉠ 풍선 외부의 기압을 변경시켜 풍선의 압축과 팽창을 일으킬 때, 풍선 내부 기체의 온도 변화를 측정해서 열역학 제1법칙을 충족하는지 추가로 확인해 보면 좋을 것 같네요.

〈작성 방법〉

• 예비 교사 1의 과학 철학적 관점을 쓰고, 그 근거를 설명할 것
• 예비 교사 2의 과학 철학적 관점을 따를 때, 밑줄 친 ㉠은 어떤 단계에 해당하는지 쓰고, 그 근거를 설명할 것

2013-07

06 다음 <보기>는 현대 물리학에 관련된 과학사 사례이다. 쿤(T.Kuhn)의 과학혁명 이론에서 '수수께끼 풀이(puzzle-solving)'에 해당하는 사례로 옳은 것만을 <보기>에서 있는 대로 고른 것은? [2.5점]

> ─< 보기 >─
>
> ㄱ. 양자역학의 체계가 정립되면서 과학자들은 그전까지 설명하지 못했던 비정상 제만 효과(anomalous Zeeman effect)를 그 이론체계를 이용하여 설명하는데 성공하였다. 또한, 과학자들은 양자역학을 이용해 그전까지 경험법칙에 그쳤던 파울리 배타원리가 왜 성립하는지 설명할 수 있게 되었다.
>
> ㄴ. 물질파 이론이 정립된 후 데이비슨(C. Davisson)은 그전에는 의미를 해석할 수 없었던 전자산란 실험 결과가 전자의 파동성에 기인한다고 보고, 새로운 실험들에서 회절무늬를 관측함으로써 전자의 파동성을 실험으로 검증하였다.
>
> ㄷ. 아인슈타인(A. Einstein)은 에테르를 전제한 빛의 전파에 관한 이론과 고전 전자기 이론에서 등속으로 움직이는 계와 정지한 계에서의 관찰을 구별할 방법이 없음을 주장하였다. 예를 들면, 그는 고전 전자기 이론의 전자기 유도에 대한 설명의 난점을 지적하였다. 에테르의 존재는 증명이 되지 않았고 금속 고리와 자성체가 서로 접근하거나 멀어질 때 전류가 흐른다는 것만 관측할 수 있기 때문에, 관측된 것이 자성체의 움직임에 의한 것인지 고리의 움직임에 의한 것인지 알 수 없다고 주장하였다.

① ㄱ
② ㄴ
③ ㄱ, ㄴ
④ ㄱ, ㄷ
⑤ ㄴ, ㄷ

2012-01

07 다음은 수성 궤도의 근일점 이동과 관련된 과학사 사례이다.

> (가) 뉴턴의 중력이론으로 계산하였을 때, 태양 주위를 공전하는 수성 궤도의 근일점은 고정된 것이 아니라 다른 천체들의 영향에 의해 움직이게 된다. (중략) 그러나 수성 궤도의 근일점이 이동하는 정도가 뉴턴의 이론과는 다르다는 것이 관측되었다. 뉴턴의 이론을 옹호하기 위해 몇 가지 시도가 있었다. 그중 하나로 차이를 보정하는 '벌컨(Vulcan)'이라는 다른 행성을 가정하였으나, 그런 행성은 발견되지 않았다. 수성 궤도의 문제는 한동안 미해결된 문제로 남게 되었다.
>
> (나) 아인슈타인은 일반상대성 이론을 통해서 질량을 가진 물체가 중력에 끌리듯이 빛이 태양과 같은 질량이 큰 물체의 중력에 의해서 끌려야 한다고 주장했다. 에딩턴은 아인슈타인의 상대성이론에 따라 태양 근처에서 빛이 편향된다는 것을 증명하고자 했다. 에딩턴은 낮과 밤에 태양 근처의 별들이 어떻게 보이는지를 비교하려고 했고, 실제로 개기 일식이 일어나는 동안 실시한 관측을 통해서 아인슈타인의 이론을 확증할 수 있었다. 이러한 아인슈타인의 이론은 뉴턴의 중력 법칙으로 설명할 수 없었던 수성 궤도의 문제를 정량적이고 자연스러운 설명으로 해결할 수 있었다. 또한, 아인슈타인의 이론은 많은 부가적인 것들을 예측할 수 있었다.

이에 대한 과학 철학적 설명으로 옳은 것만을 <보기>에서 있는 대로 고른 것은?

> ───< 보기 >───
>
> ㄱ. (가)는 과학 이론이 변칙 사례에 의해 즉각적으로 폐기되는 것은 아니라는 것을 보여준다.
> ㄴ. 쿤(T. Kuhn)의 관점에 의하면, (가)에서 행성 '벌컨(Vulcan)'은 패러다임을 위협하는 변칙 사례가 나타났을 때 정상과학 안에서 해결해 나가기 위해서 도입된 것이다.
> ㄷ. 라카토스(I. Lakatos)의 이론에 의하면, (나)에서 아인슈타인의 이론은 전진적(Progressive) 연구 프로그램의 사례에 해당된다.

① ㄱ
② ㄷ
③ ㄱ, ㄴ
④ ㄴ, ㄷ
⑤ ㄱ, ㄴ, ㄷ

08 다음 <보기 1>은 학생의 물리 탐구 능력을 평가하기 위한 [문제]와 이에 대한 학생들의 [답안]이고, <보기 2>는 이 탐구 문제에 대한 교사들의 대화 내용이다.

───< 보기 1 >───

[문제]
두발 자전거를 받침대 없이 세우면 금방 쓰러지지만, 자전거를 굴리면 사람이 타지 않아도 금방 쓰러지지 않고 긴 거리를 굴러간다. '달리는 자전거는 왜 잘 쓰러 지지 않을까'라는 의문을 설명할 수 있는 가설을 세우시오.

[답안]
학생 A : 자전거가 달리고 있기 때문에 쓰러지지 않는다.
학생 B : 자전거가 달릴 때 관찰할 수 없는 어떤 힘이 중력과 반대 방향으로 작용하기 때문에 쓰러지지 않는다.
학생 C : 자전거가 달리는 동안 바퀴의 각운동량이 보존되기 때문에 쓰러지지 않는다.

───< 보기 2 >───

김 교사 : 학생들의 물리 탐구 능력을 평가하려고 이 문제를 냈는데, 학생 A와 학생 B처럼 답을 쓰는 학생들이 많았어요.
박 교사 : 자기 나름대로 생각하고 주장한 것을 과학적 관점에서 틀렸다고 단정 짓는 것은 바람직하지 않지만, 그래도 주어진 의문 현상에 대한 과학적 가설로는 타당하지 않은 답안이죠.
최 교사 : 그런데 달리는 자전거가 잘 쓰러지지 않는 정확한 이유가 뭐죠? 제가 알기로는 이에 대한 확실한 해답이 알려져 있지 않거든요. 차라리 '회전하는 팽이는 왜 잘 쓰러지지 않는가?'처럼 해답이 있는 문제를 탐구하게 하는 것이 바람직하지 않나요?
김 교사 : 최 선생님 말씀이 옳지만, 해답이 아직 알려져 있지 않은 문제도 탐구 문제로 의미 있다고 생각합니다. 학생들이 접하는 일상생활의 문제 중에는 교사나 과학자도 해답을 모르는 것이 많기 때문이죠.
박 교사 : 두 분이 강조하시는 탐구는 마치 쿤(T. Kuhn)의 과학혁명 이론에서 설명하는 과학자들의 탐구 활동의 두 가지 양상과 비슷하네요. 김선생님이 강조하는 탐구가 ⊙ <u>과학의 위기 단계에서 기존 패러다임을 따르지 않는 문제 풀이</u> 활동과 유사하다면, 최 선생님이 강조하는 탐구는 (ⓒ) 활동과 유사하군요.

<보기 1>에 제시된 학생의 [답안] 중 학생 A와 학생 B의 가설이 문제 현상을 설명하려는 가설로서 타당하지 않은 이유를 각각 쓰고, 이를 근거로 학생 C의 가설이 타당한 여부와 그 이유를 설명하시오. 또한 <보기 2>에서 ⊙의 내용에 대응되도록 괄호 안의 ⓒ에 들어갈 내용을 쓰시오. [5점]

2016-B02

09 다음은 과학사의 한 사례를 요약한 것이다.

19세기 물리학자들은 빛을 물결파와 같은 파동으로 보고 여러 종류의 빛을 파장에 따라 구분하였다. 그리고 물결파의 파동이 물을 통해 전달되듯이 빛이 파동이라면 빛을 전달하는 매질이 있을 것이라 예측하였고 이를 에테르라 불렀다. 그래서 이 시기 물리학의 가장 중요한 주제 중 하나는 에테르의 성질과 구조를 알아내는 것이었다. ㉠ 많은 물리학자들이 측정 자료를 이용하여 에테르의 비중과 같은 다양한 물리량을 계산하였고, 이렇게 얻은 에테르의 성질은 백과사전에 기록되었다. 맥스웰(J. Maxwell)은 패러데이(M. Faraday)의 실험 결과를 설명할 때 에테르의 탄성을 활용하였다. 한편 1887년 마이컬슨·몰리(Michelson-Morley)는 에테르 속에서 움직이는 지구의 절대 속도를 측정하는 실험을 하였다. 실험 설계의 기본 생각은 빛을 지구의 운동 방향과 운동 방향의 수직 방향으로 각각 쏘아 되돌아오게 하여 둘의 경로 차에 의해 생기는 간섭무늬를 관찰하여 그로부터 에테르에서 움직이는 지구의 속력을 계산하고자 한 것이었다. 그러나 마이컬슨·몰리는 여러 차례의 실험에도 불구하고 경로차로 인한 간섭무늬를 발견할 수 없었다.

이후 다른 많은 과학자들이 실험을 하였으나 에테르의 존재를 증명하지 못했고, 푸앵카레(H. Poincaré)는 어떤 실험으로도 에테르를 발견하는 것은 불가능하다고 선언하며 에테르의 존재를 의심하였다. 그런데 1905년 아인슈타인(A. Einstein)은 에테르의 존재가 필요 없는 상대성 이론을 발표하였다. 그는 맥스웰의 식에 기초하여 전자기 유도에서 유도되는 전류는 자성체와 도체의 상대적 움직임에 의존할 뿐 절대속력의 도입은 필요 없다는 결론을 내렸다. 아인슈타인의 상대성 이론은 에테르를 필요로 하였던 뉴턴 역학의 절대 시공간 개념을 상대 시공간 개념으로 대체하는 이론으로 물리학자 사회에서 받아들여졌다. 이후 ㉡ 물리학자들은 상대성 이론이 예측하는 중력장에 의해 휘는 빛, 빛의 중력 적색편이, 수성의 근일점 이동을 확인하였다.

쿤(T. Kuhn)이 제시한 과학혁명 이론의 발달 단계 중 이 사례에 나타난 단계들을 제시하고, 각 단계에 해당하는 내용을 찾아 서술하시오. 또한, 쿤의 관점에서 밑줄 친 ㉠과 ㉡이 공통적으로 과학지식 발달에 미친 영향을 설명하시오. [4점]

2020-A06

10 다음 <자료>는 '과학탐구실험' 과목에서 소개되는 '결정적 실험'에 대한 교사들의 대화이다. 이에 대하여
<작성 방법>에 따라 서술하시오. [4점]

─────< 자료 >─────

김 교사: 베이컨(F. Bacon)은 경쟁하는 복수의 가설들이나 이론들 가운데 하나를 분명히 선택할 수 있게 해주는
'결정적 실험'의 개념을 소개했습니다. 경쟁하는 두 이론이 있을 때 어떤 실험의 결과가 (㉠)
(하)면 그 실험을 통해 두 이론 중 하나를 분명히 선택할 수 있다는 것이지요.

이 교사: 그런데 실제 과학의 역사에서는 ㉡ 어떤 실험이 경쟁하는 두 이론 중 한쪽만 지지하더라도, 다른 쪽
이론이 곧바로 폐기된 경우는 많지 않습니다. 라카토스(I. Lakatos)에 의하면 … (중략) …

박 교사: 쿤(T. Kuhn)은 실험 결과가 한 이론을 선택하게 한다는 생각에는 동의하지 않았습니다. 그는 패러다임의
혁명적 교체를 통해 과학이 변화한다고 보았습니다. 기존 패러다임에서 설명할 수 없는 문제를 (㉢)
(이)라 합니다. 여러 (㉢)(이)가 축적되면 기존 패러다임이 위기를 맞게 됩니다. 과학혁명의 과정에서
어떤 실험이 기존 패러다임의 (㉢)(으)로 간주되면서 새로운 패러다임에서는 말끔하게 설명된다면,
그 실험은 결정적 실험이 될까요? 쿤은 과학자들이 논리와 실험만으로 패러다임을 결정하지 않는다는
입장이었고, 이론을 선택하는 과정에서 경험적 적합성 이외에도 일관성, 단순성 등 여러 기준이 작용한
다고 보았습니다.

─────< 작성 방법 >─────

• 괄호 안의 ㉠에 해당하는 조건을 제시할 것
• 밑줄 친 ㉡에서 실험으로 지지되지 않은 이론이 곧바로 폐기되지 않는 이유를 라카토스의 연구 프로그램 관점
에서 설명할 것
• 괄호 안의 ㉢에 공통으로 해당하는 단어를 쓸 것

2005-06

11 다음 글을 읽고 물음에 답하시오.

> 보어(Bohr)는 러더퍼드(Rutherford)의 알파입자 산란실험이 원자 구조에 관한 유핵 모형의 확증 사례임에도 불구하고, 전자가 원자핵 주위를 회전하면 전자기파가 방출되어 결국 붕괴할 것이라는 상충된 전자기 이론에 직면하였다. 이러한 상황에서 보어는 1913년 러더퍼드의 유핵 모형을 중심으로 한 수소 원자에 대한 태양계 모형을 도입하여 수소 스펙트럼을 성공적으로 설명할 수 있었으며, 발견되지 않은 새로운 수소 스펙트럼 계열도 예측할 수 있었다. 그러나 새로운 반증 사례의 출현으로 위기에 직면하였지만, 보어는 자신의 모형을 포기하지 않고 두 개의 양성자 주위를 도는 전자, 환산 질량의 도입 등으로 수정하면서 반증 사례들을 확증 사례로 만들었다.

위와 같이 보어가 러더퍼드의 유핵 모형을 중심으로 제안한 이론을 자신의 발견법에 따라 수정해 나가는 것은 라카토스 연구 프로그램 이론의 무슨 발견법에 해당하는지 쓰고, 그렇게 답한 이유를 2줄 이내로 쓰시오. [3점]

12 다음은 학생의 사전 개념이 실험을 통해 새로운 개념으로 변화된 두 가지 사례이다.

구분	사례 (가)	사례 (나)
사전 개념	속력은 힘에 비례한다. $v \propto F$	전류는 전압에 비례한다. $I = \dfrac{V}{R}$
실험	수레에 벽돌은 올려놓고 고무줄로 힘 F를 변화시키면서 수레의 속력 변화를 측정한다.	전원에 연결된 니크롬선을 알코올램프로 가열할 때 전압 V를 변화시키면서 전류 I를 측정한다.
새로운 개념	가속도는 힘에 비례한다. $a = \dfrac{F}{m}$	전류는 전압에 비례하고, 온도에 따른 저항값 $R(T)$에 따라 달라 진다. $I = \dfrac{V}{R(T)}$

두 사례를 학생 개념변화의 관점과 라카토스(Lakatos)의 과학 지식 변화의 관점에서 볼 때 각각 옳게 연결한 것은?

학생의 개념 변화	라카토스의 연구프로그램 이론
ㄱ. 학생 개념의 완전한 대체 ㄴ. 학생 개념의 부분적 수정	A. 연구 프로그램에서 핵의 변화 B. 긍정적 발견법에 의한 보호대의 변화 C. 부정적 발견법에 의한 보호대의 변화

	사례 (가)	사례 (나)
①	ㄱ, A	ㄴ, B
②	ㄱ, B	ㄴ, C
③	ㄱ, C	ㄴ, A
④	ㄴ, B	ㄱ, A
⑤	ㄴ, C	ㄱ, C

2014-B 서술형 1

13 과학철학에 대한 이해는 학생의 학습 과정에 대한 이해에 여러 가지 도움을 줄 수 있다. 다음 학생들은 "무거운 물체가 가벼운 물체보다 먼저 떨어진다."라는 생각을 가지고 있었다. 이 생각은 라카토스(I. Lakatos) 연구프로그램 이론에서 말하는 견고한 핵에 해당한다고 볼 수 있다. 두 학생의 반응을 라카토스의 발견법에 따라 다음 <표>와 같이 설명하고, 반증 사례에도 불구하고 학생의 개념 변화가 일어나지 않은 이유 2가지를 인지갈등과 관련하여 쓰시오. [5점]

교사는 무거운 물체가 가벼운 물체보다 먼저 떨어진다고 생각하는 학생들에게 질량이 다른 두 개의 쇠구슬이 동시에 떨어지는 현상을 시범으로 보여 주었다.

교사 : 두 개의 물체가 동시에 떨어지는 것을 관찰했죠?

영희 : 네. 선생님께서 말씀하신 대로 두 물체가 동시에 떨어졌어요. 하지만 쇠구슬의 경우는 예외적인 경우라 할 수 있어요. 그러니 제 생각이 틀린 건 아니죠.

민수 : 네. 두 물체가 동시에 떨어졌어요. 하지만 제 생각이 틀린 건 아니에요. 왜냐하면 질량이 큰 물체는 크기가 좀 더 크기 때문이에요. 무거운 물체가 공기저항이 더 커서 동시에 떨어질 수 있었던 거죠. 만약 크기가 같고 질량이 다른 물체를 동시에 떨어뜨리면 무거운 물체가 먼저 떨어질 거예요.

구분	해당하는 사례의 학생(들)	발견법에 따른 설명
( ) 발견법		
( ) 발견법		

14 다음 <자료>는 행성운동에 대한 케플러와 뉴턴 그리고 아인슈타인 이론에 대해 설명한 것이다. 이에 대하여 <작성 방법>에 따라 서술하시오.

< 자료 >

(가) 천체의 운동은 원이며, 한결같지 않으면 안 된다는 고대 그리스 사상가들의 생각에 사로잡혀 있던 케플러 (Johannes Kepler)는 스승인 티코 브라헤의 관측 자료를 손에 넣었을 때 도약했다. 케플러는 행성의 '한결 같은 원 궤도 운동'(등속 원운동)으로는 티코의 정밀한 관측을 만족시킬 수 없다는 것을 깨달았다. 그래서 그는 등속 원운동이라는 개념을 버리고 다른 기하학적 도형, 즉 타원을 찾은 것이다. 케플러가 '행성의 타원 궤도'를 발견한 것은 화성 궤도의 의문을 푸는 과정에서였다. 태양 중심설에 기반을 둔 완벽한 원형 궤도를 상정한 상태에서는 화성의 실제 운행을 설명할 수 없었다. 그래서 케플러는 화성의 궤도를 원형이되 중심은 정중앙에서 약간 치우친 이심 원형 궤도(offset orbit), 즉 타원 궤도를 상정했다. 이것은 화성이 태양에서 가까운 궤도에서는 더 빨리 움직인다는 관측 자료와 어느 정도 맞아떨어졌다.

(나) 뉴턴은 만유인력의 가설을 시작하여 행성운동을 설명했다. 질량이 있는 물체들 사이에 단 하나의 '보편법 칙', 즉 만유인력만 있으면 충분했다. 이를 우주공간의 물체에 적용시켜 보면, 태양이 행성을 끌어당기는 만유인력의 작용으로 행성이 태양 주위를 공전하게 된다. 이처럼 우주의 모든 행성들이 서로 끌어당기는 인력에 의해 운동하게 된다. 하지만 한 가지 의문스러운 점이 있다. 뉴턴의 중력이론인 만유인력의 법칙은 200년 이상 아무런 의심 없이 천상과 지상계를 지배하는 법칙으로 받아들여졌다. 그러나 만유인력에 전혀 문제가 없었던 것은 아니다. 먼저, 만유인력은 천체운동을 지배하는 근원이 무엇인가에 대한 해답인 중력을 주기는 했지만, 그 중력이 왜 그리고 어떻게 작동하는지에 대해서는 답을 주지 못했다. 또한 ㉠ <u>수성의 근일 점 이동</u> 역시 설명이 불가능했다. 이 모든 문제를 해결한 것은 아인슈타인이었다. 아인슈타인은 1915년 완 성한 일반상대성 이론을 통해 ㉡ <u>만유인력의 이론적 실험적 한계</u>를 모두 해결했다.

< 작성 방법 >

• (가)에서 라카토스(I. Lakatos) 연구 프로그램의 '핵'과 '보호대'에 해당하는 것을 각각 찾아 쓸 것
• 쿤(T. Kuhn)의 과학혁명 이론을 바탕으로 뉴턴의 중력이론 입장에서 밑줄 친 ㉠에 해당하는 것을 제시하고, 아인슈타인 중력이론이 받아들여지는 시기에서 밑줄 친 ㉡에 해당하는 용어를 쓸 것

MEMO

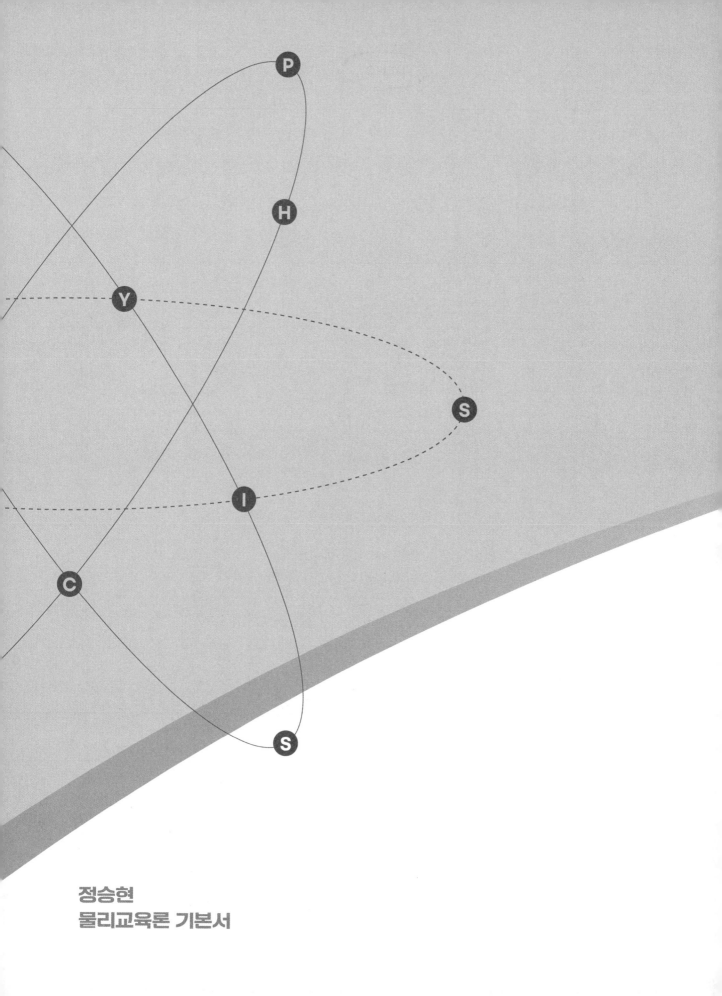

정승현
물리교육론 기본서

과학적 사고 방법과 과학의 목적

Chapter

02

과학적 사고 방법과 과학의 목적

Chapter 02 과학적 사고 방법과 과학의 목적

01 과학적 사고 방법

1. 연역적 방법(이성주의 기반)

연역법은 일반적인 이론이나 법칙에서부터 출발하여 구체적인 사례나 결론을 도출해 내는 방식이다.

> 예 ① 대전제 : 만유인력 법칙으로부터 모든 행성은 타원 운동을 한다.
>   소전제 : 화성은 행성이다.
>   결론 : 그러므로 화성은 타원 운동을 한다.
> ② 대전제 : 빛의 속력은 관측자에 관계없이 일정하다.
>   소전제 : 시간과 공간은 절대적이지 않고 상대적이다.
>   결론 : 그러므로 시간 팽창, 길이 수축이 발생한다.

2. 귀납적 방법(경험주의 기반)

귀납법은 유한한 관찰로 일반화를 유도하기 때문에 자체적으로 오류의 가능성을 내포하고 있다. 또한 직접적 관찰이 어려운 개념적 지식에는 귀납법을 적용하기 어렵다는 한계점을 지니고 있다. 예를 들어 뉴턴이 물체 사이의 중력을 논할 때 '중력'이라는 전혀 관찰할 수 없는 대상을 논하고 있었다. 이는 과학적 진실이 관찰 가능한 사실로 환원될 수 있어야 한다는 귀납적인 논리와는 어긋나는 것이었다.

(1) 한계점

중력이나 양자 확률 모형 등 직접적 관측이 어렵거나 추상적 대상에는 적용이 어렵다.

(2) 문제점

① 성급한 일반화 오류 : 부족한 사례로부터 규칙성이 있다고 일반화하는 경우

② 관찰의 이론 의존성 : 변칙 사례를 접해도 자신의 생각에 맞추어 변형, 해석하는 것

③ 흄의 문제 : "귀납 추론이 지금까지 성공적이었으므로, 앞으로도 성공적일 것"이라고 답한다면, 이는 선결 문제 요구의 오류(증명해야 할 것을 전제함)이다. 이것은 귀납 추론 자체를 합리적으로 또는 이론적으로 정당화될 수 없다는 것이다. 귀납 원리를 증명할 수 없으므로 모든 귀납 추론에 대해 이론적으로 정당성을 부여할 수 없다는 것이다. 흄에 따르면 과학자는 중력이 우리가 지금까지 관찰했던 대로 천체들을 계속 움직이게 할 것이라는 믿음의 정당성을 결코 입증할 수 없다. 예를 들어 뉴턴 역학은 절대공간, 절대시간을 가정하여 물체의 운동을 완벽히 설명하였다. 수많은 관측 사실로 입증이 되었다고 하더라도 뉴턴 역학에서의 기본 가정이 완벽히 옳음을 귀납추론으로는 증명이 불가능하다는 것을 말한다. 성급한 일반화는 제한된 관측 사례나 인과 관계가 불분명한 상황에서 명제를 설정하는 것이고, 흄의 문제는 이제까

지 사실로 알려진 명제가 귀납추론 자체로 증명이 불가능하다는 것이다. 한계점은 적용 자체가 어려운 것을 의미하고, 문제점은 사용했을 때의 부작용이나 자체 오류성을 의미한다.

구분	연역 논증	귀납 논증
장점	오류 가능성 ×	새로운 정보 생산 ○
단점	새로운 정보 생산 ×	오류 가능성 ○

④ 성급한 일반화 오류와 관찰의 이론 의존성의 차이 : 성급한 일반화 오류는 몇 개의 사건으로 일반화하는 데서 발생되는 오류를 의미한다. 귀납적 방법의 태생적 한계이다. 예를 들어 $1, 2, 3, 4, \cdots$ 부터 20까지 나열되는 수식을 본다면 우리는 쉽게 $f(n) = n$으로 일반화하지만 아닐 수가 있다는 것이다. $f(n) = (n-1)(n-2) \cdots (n-20) + n$이라는 규칙성을 가진 수열이라면 21부터는 달라질 수 있기 때문이다. 그런데 관찰의 이론 의존성은 측정한 데이터를 측정 당사자의 이론과 희망 사항으로 데이터를 조작하거나 관측 사실을 오인 또는 부정하는 경우를 말한다. 자유 낙하 실험에서 동시에 떨어져야 한다는 이론을 가진 실험자가 동시에 낙하하지 않았는데 동시로 기록하거나, 훅의 법칙 실험에서 용수철상수가 일정해야 한다는 믿음을 가진 실험자가 탄성 한계를 넘어서는 데이터 측정에서 데이터를 조작하거나 무시하는 경우가 이에 해당한다. 이 둘은 엄연한 차이가 있으므로 구별할 필요가 있다.

3. 가설-연역적 방법(반증주의와 실증주의 기반)

가설을 설정하는 단계와 실험 결과로부터 가설을 정당화하는 과정에는 귀납적 추론이, 가설로부터 검증을 위해 실험을 설계하고 결과를 예측하는 단계에는 연역적 추론이 작용하는 방식이다.

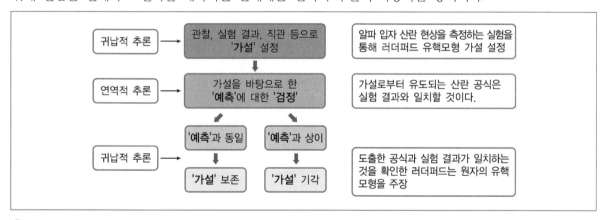

⑩ ① 뉴턴의 빛의 입자성 실험

데카르트는 색이란 빛이 물체에 닿았을 때 물체와의 상호작용 때문에 변형되어 생긴다고 하였다. 그러므로 데카르트는 햇빛이 프리즘을 통과한 후에 무지개색이 나타나는 이유를 프리즘의 특성으로 인해 빛이 변형되기 때문이라고 설명하였다. 뉴턴은 빛의 본질을 알아보기 위해 두 개의 프리즘을 사용하는 연구를 계획하였다. 우선 그는 '빛은 여러 색의 입자가 섞여 있는 것'이라는 가설을 세웠고, 프리즘은 빛을 단순히 분산시키는 역할을 한다고 생각하였다. 뉴턴은 이 가설이 옳다면, 첫 번째 프리즘을 통과한 무지개의 빛 중에서 빨간색 빛만 두 번째 프리즘을 통과시키면, 그 빛은 더 이상 분산되지 않고 빨간색 빛으로 보일 것이라고 생각하였다. 반면 데카르트의 생각이 옳다면 두 번째 프리즘을 통과한 빛도 역시 무지개색으로 보였을 것이다. 실제 실험 결과는 뉴턴의 생각이 옳았다는 것을 보여 주었다. 분석하면 다음과 같다.

① 직관에 의한 가설 설정 : '빛은 여러 색의 입자가 섞여 있는 것'
② 연역적 추론 : 프리즘은 빛을 단순히 분산시키는 역할을 하기 때문에 첫 번째 프리즘을 통과한 무지개의 빛 중에서 빨간색 빛만 두 번째 프리즘을 통과시키면, 그 빛은 더 이상 분산되지 않고 빨간색 빛으로 보일 것이다.
③ 검증 실험 : 실제 실험으로 예측과 동일한 결과를 얻음으로 빛이 입자성을 가짐이 증명되었다.

② 밀리컨의 기름방울 실험

20세기 초 물리학계에서는 더 이상 나올 수 없는 최소 단위의 전하량이 존재하는가에 관하여 치열한 논쟁이 있었다. 에렌하프트는 최소 단위의 기본 전하량이 있는 것이 아니라 연속적인 값으로 되어있다고 주장하였다. 반면에 밀리컨은 모든 전하는 기본 전하량의 배수로 이루어진다는 가설을 세우고, 이를 실험으로 검증하고자 하였다. 결국 밀리컨이 1913년 기름방울을 활용한 실험 결과를 근거로 기본 전하량이 존재함을 증명하였다. 이로부터 전하량의 최소 단위가 존재함이 받아들여졌다. 분석하면 다음과 같다.

① 직관에 의한 가설 설정 : '모든 전하는 기본 전하량의 배수로 이루어짐'
② 연역적 추론 : 기름방울 실험으로 전하량을 측정하면 기본 전하량의 정수배에 해당할 것이다.
③ 검증 실험 : 실제 실험으로 기본 전하량의 존재와 측정값을 발견하였다.

예제 1 다음 〈자료〉는 과학사에 관한 내용이다. 이에 대하여 〈작성 방법〉에 따라 서술하시오.

───〈 자료 〉───

(가) 아리스토텔레스가 자연계에는 진공이 존재하지 않는다고 주장한 이래로 데카르트를 비롯한 과학자들은 지구를 둘러싼 우주공간에는 에테르라는 물질로 채워져 있다고 믿었다. 빛의 파동설을 주장한 하위헌스는 빛이 눈에는 보이지 않지만, 우주공간을 가득 채운 에테르라는 매질을 통해 전달된다고 주장했으며, 패러데이와 맥스웰 역시 전자기파는 에테르라는 매질을 통해 전파된다고 보았다. 이처럼 에테르는 물리 현상을 설명하는 데 많은 도움이 되었기 때문에 대부분의 과학자들은 그 존재를 의심 없이 받아들였다.

(나) 1877년 미국의 마이컬슨과 몰리는 자신들이 고안한 실험 장치를 이용하여 에테르의 존재를 증명하고자 했다. ⊙ 에테르가 지구를 둘러싸고 있다고 가정하면 지구의 공전 방향에서 오는 빛과 그 반대편에서 오는 빛은 속도에 차이가 날 것이므로 이를 측정하면 에테르의 존재를 확인할 수 있다. 하지만 실험 결과 빛은 모든 방향에서 항상 그 속도가 일정했다. 에테르의 존재를 확인하려는 실험은 실패했고, 오히려 에테르가 존재하지 않는 것을 증명하게 되었다. 이후 에테르의 존재를 부정하게 된 과학자들 중 아인슈타인은 광속 불변의 원리를 주장하며, 특수상대성 이론을 발표하였다.

〈교사의 대화〉

교사 A : 이번 과학사 수업에서 과학 지식의 발달 과정에 대해 수업을 준비하고 있어요. 어떤 이론을 다루면 좋을까요?

교사 B : 새로운 패러다임의 선택과 정착 과정에서 객관적인 논리와 증거 이외에도 ⓒ 사회적 합의가 매우 중요하게 작용한다고 설명한 쿤(T. Kuhn)의 과학 혁명은 어때요?

교사 A : 좋아요! 쿤(T. Kuhn)의 과학혁명 이론 이외에 교과서의 사례에 부합하는 이론이 무엇이 있을까요?

교사 B : 포퍼(K. Popper)의 반증주의 이론이 있지요. ⓒ 과학사적 관점에서 반증주의 이론에 부합하는 내용이 〈과학사 사례〉에도 포함되어 있습니다.

…(하략)…

<작성 방법>
- 밑줄 친 ㉠에서 사용된 과학적 탐구 방법을 쓰고, 근거를 제시할 것
- 밑줄 친 ㉡의 사례를 (가)의 과학사에서 찾아 제시할 것
- 밑줄 친 ㉢을 (나)에서 찾아 쓰고, 포퍼(K. Popper)의 반증주의 이론의 한계점을 제시할 것

정답

1) 가설-연역적 탐구 방법, 가설로부터 검증을 위해 실험을 설계하고 결과를 예측하는 방식이다.
2) 아리스토텔레스에서부터 많은 과학자들이 진공은 없고 에테르라는 물질로 차있을 것이라고 믿어옴
3) 에테르가 존재하지 않는다는 실험 결과 이후 과학자들은 에테르의 존재에 대해 부정함(에테르 이론을 폐기함)

4. 귀추적 방법(가설-연역적 방법의 파생법)

이미 알고 있는 현상을 다른 현상에 적용하여 인과적 의문을 해결하기 위해 적용하는 추론 방식이다. 중력을 알고 있는데 이와 비슷한 전기력을 비유적으로 이해하는 것이 하나의 예이다.

(1) 인과적 의문은 관찰 사실을 근거로 어떤 현상이 일어나게 된 원인에 대한 궁금증이 나타난 의문이다.

관찰 단계 → 인과적 의문 생성 단계 → 가설 생성 단계
(동일 현상 관찰)　　(상호 공통점 연결)　　(현상의 가설 행성)

예 관찰 단계 : 니켈 결정에 전자빔을 입사시켰더니 X선을 입사시켰을 때 얻은 회절무늬와 유사한 결과 확인
인과적 의문 생성 단계 : 전자는 입자인데 파동성인 회절무늬가 생기는 이유가 무엇인가?
가설 생성 단계 : 전자도 입자성과 동시에 파동성을 가질 것이다.

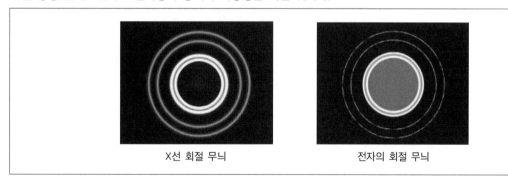

X선 회절 무늬　　　전자의 회절 무늬

(2) 귀추법은 어떠한 현상에 대한 잠정적인 답을 내는 것을 말한다. 여기서 잠정적인 답은 유일한 혹은 다수의 답 중 하나일 가능성이 있는 가설로서 추가적인 직접적인 실험으로 검증하지는 못하지만 이미 관측된 데이터나 사실에 입각하여 논리적 추론을 하는 것이다.

(3) 가설-연역법과 귀추법의 근본적 차이

가설-연역은 '귀납적 추론에 의해서 이를 통합하여, 가설이 맞다면 이럴 수밖에 없다'는 것이다. 예를 들어 '빛이 입자라면 반드시 이럴 수밖에 없다', '전자가 최소 전하량을 가진다면 이럴 수밖에 없다'라는 가설을 추가 검증 실험을 해서 ○×의 결과를 얻는다. 반면, 귀추법은 '수많은 대안중 이것이 타당하지 않을까?'하고 잠정적인 결론을 내린다. 가설-연역은 집합관계 중 답에 해당하는 것이 맞거나 틀리거나 둘 중 하나이지만, 귀추법은 현상의 답이 유일하다는 보장이 없다. 그래서 검증 실험이 어려운 것이다. 이유는 여러 요소에 대한 파악이 안 된 상태이므로 변인 통제가 불가능하거나 애초에 실험 자체가 어려울 수 있기 때문이다.

범죄 현장을 예로 들어보자. 범죄 현장에서 지문이 묻은 칼이 발견이 되었다. 그럼 이런 생각이 가능하다. 동일한 지문을 가진 사람이 존재할 확률이 0이므로(같은 지문이 발견된 사람이 없었음. 그래서 지문 일치 확률을 1/70억이라고 함) 이 지문과 일치한 사람이 범인일 것이다. → 귀납적 추론에 의한 가설 설정

그래서 용의선상에 오른 사람들과 지문을 '비교 → 검증 실험'했을 때 지문이 일치하면 범인이고, 일치하지 않으면 용의자 중 범인은 없는 것이다. 그런데 증거가 부족한 범죄 현장으로 가보자. 사망자가 나왔는데 결정적 증거인 지문이나 DNA, CCTV 등이 없고, 사망보험이 엄청나게 들어가 있다. 그리고 월 보험금이 급여와 맞먹게 들어가 있는 등의 사실이 확인되었다. 그럼 이렇게 생각하는 것이 가능하다.

경험에 비추어 보아 보험수급자가 범인일 확률이 높다 → 귀추적 추론(잠정적인 답)

그런데 검증 실험이 가능한가? 사망자를 깨워서 물어볼 수도 없고, 동일한 사건을 해보라고 할 수도 없다. 지금까지의 밝혀진 내용을 바탕으로 추론할 뿐이다. 그런데 결정적 증거가 등장하지 않는다면, 예를 들어 알리바이를 깨거나, CCTV가 발견이 안 되거나 한다면 반드시 보험수급자가 범인일 거라는 확신을 할 수가 없다. 왜냐면 사망자가 갑자기 스스로 사망하였거나, 다른 누군가에게 피해를 보았거나 하는 등 수많은 대안이 존재하기 때문이다. 그래서 ○×로는 검증 실험이 어렵다.

이것이 가설-연역적 추론과 귀추적 추론의 차이이다.

5. 논리적 오류

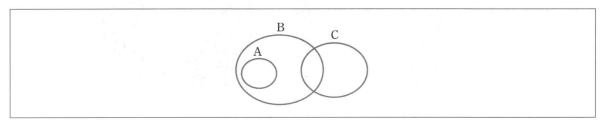

참인 명제 → 'A이면 B이다'
여기서 A가 전건(전제 조건), B가 후건(후자 조건)이다.

(1) 전건 부정의 오류

'A이면 B이다'라고 해서 'A가 아니면 B도 아니다'라는 명제는 항상 옳지 않다.
그림에서 A의 여집합이 존재하기 때문이다.

> **예** 참인 명제 : 동물이면 생물이다.
> 　　전건 부정의 오류 : 동물이 아니면 생물이 아니다.
> 　　이유 : 식물이 존재한다.

(2) 후건 긍정의 오류

'A이면 B이다'
B이다. 따라서 A이다.

> **예** 참인 명제 : 비가 오면 땅이 젖는다.
> 　　후건 긍정의 오류 : 지금 보니 땅이 젖어있다. 따라서 비가 온 것이다. (이유 : 아빠가 물을 뿌렸다.)

(3) 성급한 일반화의 오류

몇 가지 관측된 사실로 귀납적 결론을 내는 과정에서의 오류이다. 몇 가지 관측된 사실이 부분적 특성이거나 전혀 관련 없는 특성인 모든 경우에 해당한다.

> **예** ① 한 과학자가 벼룩의 특성을 살피기 위해 귀납적인 방법으로 벼룩을 관찰하고 있었다. 그는 벼룩의 다리 하나를 잘라 내며 '뛰어!'하고 명령했다. 벼룩은 즉시 펄쩍 뛰었다. 다리 하나를 더 잘라 내며 다시 '뛰어!'하고 명령했다. 벼룩은 또 뛰었다. 과학자는 이와 같은 명령을 계속했고, 이제는 마지막으로 여섯 번째 다리만 남았다. 이번에는 벼룩도 뛰는 게 좀 힘들어졌다. 하지만 뛰어 보려고 애를 쓴다. 과학자는 드디어 마지막 다리까지 자르고 난 뒤 또 뛰라고 명령했다. 그러나 벼룩은 아무런 반응이 없었다. 과학자는 목소리를 높이며 명령했다.
> '뛰어!'
> 여전히 벼룩은 반응이 없었다. 세 번째로 과학자는 있는 힘을 다해 큰 소리로 명령을 내렸다.
> '뛰어!'
> 그러나 불쌍한 벼룩은 꿈쩍도 하지 않았다.
> 과학자는 다음과 같이, 자신이 그동안 연구해 온 벼룩의 특성에 대해 결론을 내렸다.
> '다리를 모두 제거하면, 벼룩은 청각을 상실한다.'
> 얼추 보면 과학자는 귀납추리를 하는 것처럼 보인다. 하지만 이는 명백히 '성급한 일반화의 오류'이다. 다리를 절단하며 행했던 실험에서 청각에 관한 결론으로 넘어간 것은 비약이다. 근거에 대표성도 없을뿐더러 관찰 사례에 들어 있지도 않은 속성을 일반화해서 말하고 있다.
> ② 토끼는 육지에 산다. 사자도 육지에 산다. 돼지도 육지에 산다. 따라서 모든 포유류는 육지에 산다.
> 　　반례 : 고래는 바다에 산다.

02 과학의 목적

과학자가 과학적 연구를 통해 달성하려는 목적으로는 자연에서 일어나는 현상이나 사물에 관한 기술, 설명, 이해, 예상, 통제가 있다.

과학의 목적	과학적 탐구 과정과 활동	과학적 연구의 유형
기술	관찰, 측정, 조사, 실험	실태조사, 상관관계 연구
설명	추리, 실험	실험연구
이해	자료 변환, 자료 해석	상관관계 연구
예측	예상	실태조사, 상관관계 연구
통제	변인 통제, 실험	기술적 연구(개발)

1. 기술(description)

어떤 사건이나 현상에 대하여 관찰한 사실들을 있는 그대로 기록하는 것이다.

2. 설명(explanation)

객관적인 본질을 일정한 합법칙성으로부터 도출하여 밝히는 것이다. 관찰한 결과에 대해서 '왜?'라는 질문에 대해 답하는 것으로 이해해도 좋다. 기술은 '무엇'에 대한 답이고, 설명은 원인을 설명하는 '왜'에 대한 답이다.

3. 이해(understanding)

주어진 정보와 자료에 함축되어 있는 의미를 파악하고 분석하는 과정이다. 자료 변환과 자료 해석의 과정을 생각하면 된다.

4. 예측(prediction)

예측은 설명의 과정을 통해 어떤 일이 발생할지(결과)를 미리 예견하는 것이다.

⑴ 내삽(interpolation)은 측정 데이터의 규칙성을 토대로 측정 데이터의 사잇값을 예측하는 것을 말한다.

⑵ 외삽(extrapolation)은 측정 데이터의 규칙성을 토대로 측정 데이터의 범위를 벗어난 값을 예측하는 것이다.

예 용수철을 잡아당긴 길이와 평균속력

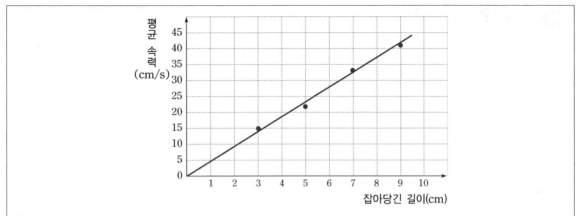

잡아당긴 용수철의 길이가 4cm일 때의 평균 속력을 내삽(interpolation)에 의해 예측(prediction)할 수 있다.
잡아당긴 용수철의 길이가 10cm를 벗어나는 경우 평균속력은 외삽(extrapolation)에 의해 예측(prediction) 할 수 있다.

5. 통제(control)

변인의 억제와 조절을 말한다.

연습문제

정답 및 해설_ 324p

2003-02

01 다음 내용을 읽고 물음에 답하시오. [4점]

> 철수는 다음과 같은 과정을 거쳐 중력장에서 물체의 낙하 특성을 조사했다.
> (A): 질량이 0.2kg, 0.4kg, 0.6kg, 0.8kg, 1.0kg인 공 모양의 납덩어리와 쇠구슬을 소재로 각각 낙하 실험을 하여 가속도를 측정하였다.
> (B): 실험 결과 0.2kg, 0.4kg, 0.6kg, 0.8kg, 1.0kg의 납덩어리와 쇠구슬의 낙하 가속도가 일정하다는 것을 알아 냈다.
> (C): 철수는 이러한 실험 결과를 바탕으로 모든 물체의 낙하 가속도가 일정하다고 판단하였다. 그리고 0.5kg의 구리 구슬을 소재로 낙하 실험을 하여도 위와 동일한 가속도가 측정될 것이라고 생각하였다. 철수의 친구 들도 철수와 함께 같은 실험 과정을 거쳤지만 낙하 법칙을 찾아내지 못했다. 그 이유는 아마 철수의 친구 들이 철수와 다른 이론을 가지고 있어서 철수와 다르게 관찰했거나, 관찰 자체가 부정확했기 때문이라고 볼 수 있다.

1) 철수가 했던 (A), (B), (C)의 과정 중에서 연역이 일어난 단계는 어떤 것인지 쓰시오. [2점]

2) 위 내용 중에서 과학 발달과 관련한 귀납주의의 문제점을 두 가지만 찾아 간단하게 쓰시오. [2점]
①
②

02 다음은 '뉴턴의 중력 법칙'을 공부한 학생이 아직 배우지 않은 '쿨롱 법칙'에 관한 문제와 답을 보고 풀이 과정에 관한 자신의 생각을 교사에게 설명한 것이다.

[문제]

아래 그림과 같이 거리 $d = 5.3 \times 10^{-11}$ m 만큼 떨어져 있고, 전하량이 각각 $+q, -q$ 인 두 전하 사이에 작용하는 힘의 크기는 8.4×10^{-8} N 이다. 거리가 2배가 된다면 이 두 전하 사이에 작용하는 힘의 크기는 얼마인가?

[답] 2.1×10^{-8} N

[학생의 생각]

이 문제와 답을 보면, 두 전하 사이의 거리가 2배가 되면 그 힘의 크기는 $\frac{1}{4}$ 배가 되네요. 여기서 힘이 작용하는 상황을 볼 때, 중력 법칙이 적용되는 상황과 유사해요. 두 전하 사이에 작용하는 힘의 크기가 거리의 제곱에 반비례하면, 거리가 2배가 될 때 힘의 크기는 $\frac{1}{4}$ 배가 되잖아요. 그러므로 두 전하 사이에 거리의 제곱에 반비례 하는 힘이 작용한다고 볼 수 있어요.

이 학생이 사용한 과학적 사고로 다음 중 가장 적절한 것은?

① 귀납적 사고   ② 귀추적 사고

③ 반증적 사고   ④ 비판적 사고

⑤ 수렴적 사고

2011-02

03 다음은 김교사와 영희의 대화이다.

> 김교사: (구리 막대를 실에 매달고, 대전체를 구리 막대에 가까이 가져갔을 때, 구리 막대가 대전체에 끌려오는
> 현상을 제시하면서) 구리 막대가 왜 대전체에 끌려왔을까요?

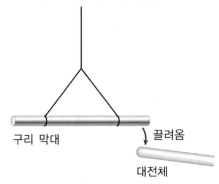

> 영희: 이런 현상을 처음 보지만, 제 생각에는 구리가 금속이라서 그런가 봐요. (가) 금속은 대전체에 끌려와요.
> 김교사: 그 생각이 맞는지 어떻게 알아볼 수 있을까요?
> 영희: 알루미늄 막대로 바꾸어서 똑같이 해 봐요. (나) 알루미늄 막대도 금속이니까 대전체에 끌려올 거예요.
> 김교사: 그럼 해 보세요 (위 실험을 알루미늄 막대로 바꾸어서 실험했을 때, (다) 알루미늄 막대가 대전체에
> 끌려왔다.)
> 김교사: 결과에 대하여 어떻게 생각하나요?
> 영희: (라) 금속은 대전체에 끌려온다는 제 생각이 옳아요.
> 김교사: 다른 금속으로 더 해 볼까요?
> 영희: 다른 금속으로 더 해 볼 필요가 없다고 생각해요.

김교사와 영희의 대화 내용에 대한 설명으로 옳은 것만을 <보기>에서 모두 고른 것은?

─< 보기 >─
ㄱ. (가)는 귀납적 일반화를 통해 얻었다.
ㄴ. 영희가 (가)의 생각으로부터 (나)의 예상을 하는 과정에는 연역적 방법이 포함된다.
ㄷ. 영희가 (가)에 근거한 (나)의 예상과 (다)의 결과가 일치한 것을 근거로 (라)의 결론을 내렸다면, 이는 논리적
으로는 오류(후건 긍정의 오류)에 해당된다.

① ㄱ   ② ㄴ

③ ㄷ   ④ ㄱ, ㄴ

⑤ ㄴ, ㄷ

04 다음은 학생의 탐구 사례이다.

> 어떤 학생이 용수철을 더 많이 당겼다 놓으면 더 빨리 움직이는 것을 보고 '혹시 제자리로 되돌아가는 동안의 평균 속력이 잡아당긴 길이에 비례하는 것이 아닐까'라고 추측하였다. 이 학생은 자신의 생각을 과학적으로 확인하려고 실험을 하였다. 용수철의 길이를 달리하면서 잡아당겼다 놓았을 때 원래의 길이로 되돌아가는 시간을 측정해 얻은 자료를 이용하여 다음의 표와 그래프를 작성하였다.
>
> | 잡아당긴 길이(cm) | 3.0 | 5.0 | 7.0 | 9.0 |
> |---|---|---|---|---|
> | 시간(s) | 0.20 | 0.23 | 0.21 | 0.22 |
> | 평균 속력(cm/s) | 15 | 22 | 33 | 41 |
>
>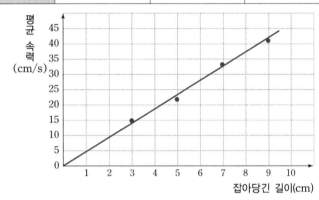

이 학생의 탐구에 대한 설명으로 옳은 것만을 <보기>에서 있는 대로 고른 것은?

> ── < 보기 > ──
> ㄱ. 잡아당긴 용수철의 길이가 4.0cm일 때의 평균 속력을 내삽(interpolation)에 의해 예상(prediction)할 수 있다.
> ㄴ. '잡아당긴 길이에 따른 평균 속력' 그래프를 그린 것은 자료변환에 해당한다.
> ㄷ. 이 학생이 그래프를 해석하여 '모든 용수철에서 제자리로 되돌아가는 동안의 평균 속력은 잡아당긴 길이에 비례한다.'고 결론을 내린다면 성급한 일반화에 해당한다.

① ㄱ
② ㄷ
③ ㄱ, ㄴ
④ ㄴ, ㄷ
⑤ ㄱ, ㄴ, ㄷ

2012-04

05 다음은 전자기 유도에 관한 탐구 문제와 학생들의 가설이다.

[탐구 문제]

가. 솔레노이드에 전류가 흐르면 자기장이 생기며, 그 크기가 전류의 세기에 비례하는 것을 관찰하시오.

나. 솔레노이드에 자석을 넣고 뺄 때 전류가 유도되는 현상을 관찰하고, 발생한 유도전류의 세기에 대한 가설을 세우고 그 이유를 설명하시오.

[학생들의 가설]

구분	가설	이유
학생 A	자석의 속력이 클수록 솔레노이드에 유도되는 전류의 세기가 커질 것이다.	솔레노이드에서 자석이 움직일 때만 전류가 흘렀다는 점에서 자석의 속력이 전류와 관련이 있을 것이다.
학생 B	자석의 세기가 셀수록 솔레노이드에 유도되는 전류의 세기가 커질 것이다.	솔레노이드에서 발생하는 자기장의 크기는 전류의 세기에 비례하였다. 자석을 넣고 뺄 때 솔레노이드에 유도되는 전류의 세기가 자기장의 크기와 관련이있을 것이다.

학생들의 가설에 대한 설명으로 옳은 것만을 <보기>에서 있는 그대로 고른 것은?

─────< 보기 >─────

ㄱ. 학생 A의 가설은 조작변인과 종속변인의 관계로 서술되어 있지 않다.

ㄴ. 학생 B는 가설을 세우는 과정에서 귀추적 추론을 사용하였다.

ㄷ. 학생 A의 가설과 학생 B의 가설은 서로 모순되므로 모두 참이 될 수는 없다.

① ㄱ   ② ㄴ

③ ㄱ, ㄷ   ④ ㄴ, ㄷ

⑤ ㄱ, ㄴ, ㄷ

2024-A05

06 다음 <자료 1>은 밀리컨(R. Millikan)의 실험과 관련된 물리학사의 일부이고, <자료 2>는 2022 개정 과학과 교육과정의 '물리학' 과목의 내용 체계의 일부이다. 이에 대하여 <작성 방법>에 따라 서술하시오. [4점]

―――――< 자료 1 >―――――

(가) 20세기 초 물리학계에서는 더 이상 나눌 수 없는 최소 단위의 전하량이 존재하는가에 관하여 치열한 논쟁이 있었다. 에렌하프트(F. Ehrenhaft)는 최소 단위의 기본 전하량이 있는 것이 아니라 연속적인 값으로 되어 있다고 주장하였다. 한편 ㉠ 밀리컨(R. Millikan)은 모든 전하는 기본 전하량의 배수로 이루어진다는 가설을 세우고, 이를 실험으로 검증하고자 하였다. 결국 밀리컨이 1913년 기름방울을 활용한 실험 결과를 근거로 기본 전하량이 존재함을 증명하였다. 이로부터 전하량의 최소 단위가 존재함이 받아들여졌다.

(나) 그런데 밀리컨이 죽은 뒤 과학사학자들이 밀리컨의 연구 노트를 연구하면서 밀리컨이 140회의 실험 자료 중 자신의 가설을 뒷받침할 수 있는 58회의 자료만을 골라 논문에 발표하면서, "추려낸 데이터가 아니라 60일 동안 실험한 모든 관찰 결과를 빠짐없이 수록한 것"이라고 거짓으로 적은 것이 드러났다. 하지만 또 다른 논의에서는 밀리컨이 일부 자료만 활용한 것은 실험의 엄밀성을 고려한 결과라는 주장이 제기되었다. 밀리컨이 남긴 연구 노트의 "아름다움. 온도와 조건 완벽. 대류 현상 없음. … (중략) … 발표할 만큼 아름다움." 등의 메모가 압력의 변화, 대류, 전압의 변동과 같은 실험적인 문제가 있거나 측정한 결과의 오차가 너무 큰 경우 수집한 자료를 타당하게 제외했다는 증거로 제시되었다. 무엇보다도 밀리컨이 기본 전하량을 알 수 없는 상황에서 유리한 자료만을 선별할 수는 없다는 것이다. 밀리컨이 발표한 '아름다운 결과'는 잘 통제된 상황에서 오차 없이 엄밀하게 얻어진 실험 결과가 기본 전하량이 존재함을 명확하고 단순하게 보여준다는 것을 의미한다.

―――――< 자료 2 >―――――

범주 \ 구분	내용 요소
지식·이해	… (생략)…
과정·기능	… (생략)…
가치·태도	· 과학의 심미적 가치 · 과학 유용성 · 자연과 과학에 대한 감수성 · 과학 창의성 · 과학 활동의 윤리성 · 과학 문제해결에 대한 개방성 · 안전·지속가능 사회에 기여 · 과학 문화 향유

―――――< 작성 방법 >―――――

· <자료 1>의 밑줄 친 ㉠에서 사용된 과학적 탐구 방법의 유형을 제시하고 그 근거를 적을 것
· <자료 1>의 (나)에서 가장 잘 드러나는 가치·태도 범주의 내용 요소 2가지를 <자료 2>에서 찾아 쓰고 그에 대응하는 내용을 <자료 1>의 (나)에서 찾아 각각 제시할 것

2024-A07

07 다음 <자료>는 학생들에게 귀추적 추론 과정을 적용하여 과학적 가설 설정을 지도하는 교사의 수업 장면이다. 학생들은 '부메랑을 앞으로 던지면 부메랑이 원래 자리로 되돌아온다.'는 현상에 대해서 '앞으로 던진 부메랑이 왜 원래 자리로 되돌아올까?'라는 인과적 의문을 생성하고 교사의 안내에 따라 이에 대한 가설을 찾고 있다. 이에 대하여 <작성 방법>에 따라 서술하시오. [4점]

〈 자료 〉

교사 : 부메랑의 모양과 날아가는 모습을 자세히 관찰하고 이와 유사한 다른 사례가 있는지 찾아봅시다.

학생 A : 부메랑의 비행 모습을 보니 처음에는 똑바로 서서 회전하다가 점차 옆으로 기운 채로 회전하는 것이 마치 팽이가 처음에는 제자리에서 회전하다가 점차 기울어지며 회전하는 것과 비슷하네요.

학생 B : 부메랑의 날개 단면을 보니 마치 비행기 날개처럼 윗 부분은 볼록하고 아랫부분은 평평하게 생겼네요.

교사 : 여러분이 찾은 유사 사례와 관련된 과학적 원리를 설명해 보세요.

학생 A : 각운동량 보존 법칙에 따르면 회전하는 팽이가 살짝 기울어지면 자전축이 회전하는 세차운동을 합니다.

학생 B : 베르누이 정리에 따르면 비행기 날개 모양과 같은 물체가 공기 중에 진행할 때 볼록한 면과 평평한 면 사이의 압력 차가 발생하여 볼록한 면 방향으로 힘을 받습니다.

교사 : 이제 여러분이 찾은 유사 사례에 비추어 부메랑이 되돌아오는 현상을 설명할 수 있는 가설을 세워보세요.

학생 A : 제가 세운 가설은 '㉠ 회전 운동하던 부메랑이 살짝 기울어지면 각운동량 보존 법칙에 따라 세차운동을 하게 되어 진행 방향도 휘어진다.'입니다.

학생 B : 제가 세운 가설은 (㉡)입니다.

교사 : 두 학생 모두 가설을 잘 세웠습니다. 그럼 다음 시간에는 각자가 세운 가설을 검증할 수 있는 실험을 설계해 봅시다.

〈작성 방법〉

• 밑줄 친 ㉠이 문제 현상을 인과적으로 설명하는 가설로 적절하다고 평가할 수 있는 이유 2가지를 <자료>를 바탕으로 제시할 것(단, '검증 가능성'은 제외)
• 학생 B의 귀추적 추론 과정의 결과로 도출된 괄호 안의 ㉡에 해당하는 가설을 쓰고, 이 가설을 검증할 수 있는 실험 설계를 제안할 것

08 다음은 '전자기 유도' 실험 수업의 도입부에 교사가 제시한 <안내>와 수업에서 사용한 <실험 활동지>이다. 이 실험에서 교사는 학생이 '자석의 세기가 클수록 유도전류의 세기는 크다.'라는 결론을 내릴 수 있기를 기대한다.

< 안내 >

교사: 오늘은 실험을 먼저 해 보고 그 결과에 대해 토론할 거예요. 선생님이 각 모둠의 실험대에 실험 장치를 두었어요. <실험 활동지>를 잘 읽고 실험하세요.

< 실험 활동지 >

[실험 제목] 전자기 유도
[실험 과정]
⑴ 솔레노이드 속으로 막대자석을 넣었다 빼면서 검류계 바늘의 움직임을 관찰한다.

⑵ 검류계의 바늘이 가리키는 최대 눈금을 관찰하여 [관찰 결과]의 표에 기록한다.
⑶ 막대자석의 세기를 달리하여 과정 ⑴, ⑵를 반복한다.
⑷ 관찰 결과에서 자석의 세기와 유도 전류의 세기 사이의 관계에 대한 규칙성을 찾아 결론을 도출하여 적는다.
※ 주의 사항: ㉠ 매번 자석을 움직이는 속력은 일정하게 유지한다.

[관찰 결과] 검류계의 최대 눈금(μA)

실험 차수 자석의 세기	1차	2차	3차	4차	5차	평균
1배						
2배						
3배						

[결론]

_____

밑줄 친 ㉠이 나타내는 탐구 과정 기능을 쓰시오. 또한, 이 실험에서 교사는 학생들에게 어떤 과학적 사고 방법을 사용하도록 하는지 근거와 함께 서술하고, 이 과학적 사고 방법이 과학지식의 구성에서 갖는 한계점을 1가지 서술하시오. [4점]

2009-07

09 다음은 '진자의 길이와 주기 사이의 관계'를 알아보는 실험 보고서의 일부이다.

[실험 과정]

※ 추의 크기는 무시하고, 실의 길이를 진자의 길이로 가정한다.

(1) 그림과 같은 방법으로 실의 길이를 측정하고 유효숫자를 고려하여 기록하였다.

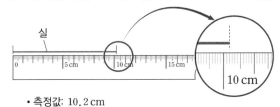

· 측정값: 10.2 cm

(2) 세 학생이 진자가 30번 왕복 운동한 시간을 각각 다른 시계를 이용하여 측정하고 그 값을 기록하였다.

구분	학생 A	학생 B	학생 C	평균
시간(s)	18	18.1	18.17	ⓐ

(3) 실의 길이를 변화시키면서 주기를 측정하고 표로 정리하였다. (<표> 생략)

(4) 실의 길이와 주기의 제곱과의 관계를 그래프로 나타내었다.

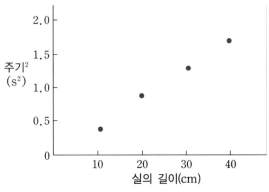

(5) 그래프를 이용하여 진자의 길이와 진자의 주기와의 관계를 구하였다. (이하 생략)

이 실험 보고서에 대한 분석으로 옳은 것을 <보기>에서 모두 고른 것은?

─< 보기 >─

ㄱ. 과정 (1)에서 실의 길이의 측정값을 유효숫자를 고려하여 바르게 기록하였다.

ㄴ. 과정 (2)의 ⓐ에 들어갈 평균값은 유효숫자를 고려하면 18이다.

ㄷ. 실의 길이와 주기의 제곱과의 관계를 그래프로 나타내는 활동의 주된 탐구과정은 '자료 변환'이다.

ㄹ. 외삽(extrapolation)을 이용하면, 실의 길이가 50cm일 때의 주기를 알 수 있다.

① ㄱ, ㄴ   ② ㄱ, ㄷ

③ ㄷ, ㄹ   ④ ㄱ, ㄴ, ㄹ

⑤ ㄴ, ㄷ, ㄹ

MEMO

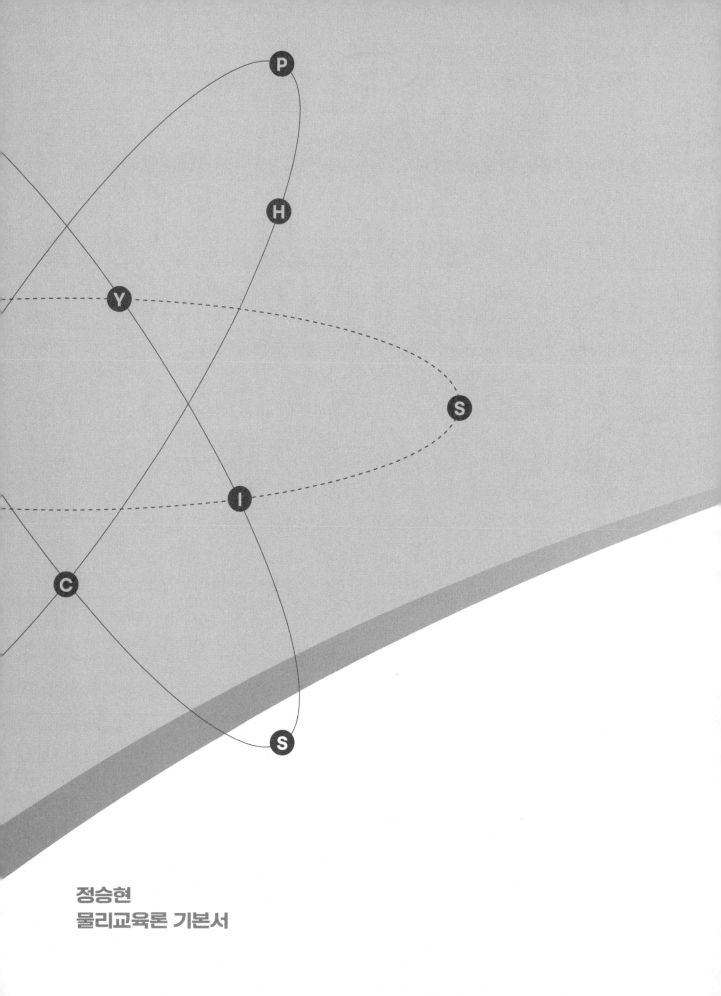

정승현
물리교육론 기본서

Chapter

03

과학 학습 이론

Chapter

03

과학 학습 이론

과학 학습 이론은 과학 철학적 관점에 기반하여 학습에 있어 무엇을 주안점으로 두어야 하는지에 대한 견해이다. 학습자의 반복과 체계적인 경험이 중요하다고 보는 경험주의에 기반한 이론, 학습자와 지식 및 구성원과의 상호작용을 중요시하는 구성주의에 기반한 이론, 그리고 개인의 인지구조와 학습 과제 두 가지를 모두 고려한 이론이 있다.

01 브루너 학습 이론(경험주의)

브루너는 학습 과정에서 지식의 구조를 발전적으로 학습하는 것이 중요하다고 주장했다. 이 이론은 나중에 발견학습 모형으로 확장된다.

학습 과정에 해당하는 핵심 용어로 '표현 양식(modes of representation)'이라는 것이 있다. 표현 양식이라는 것은 지식을 이해하는 형태를 말한다.

예를 들어 음식이 있다고 하자. 생초보는 그냥 맛있다 또는 맛없다로 이해하고, 아마추어는 식감과 식재료에 대해 조금 더 자세히 이해하며, 전문가는 재료들의 어우러짐과 맛, 향, 식감 등 많은 것을 파악한다. 같은 대상을 두고 이해하는 수준이 달라진다는 관점에서 학습을 논하는 것이 브루너 학습 이론이다. 자연스레 초보, 아마추어, 전문가로 이어지는 발전적 수업방식(나선형)이 등장할 것이다. 초보, 아마추어, 전문가는 저자가 이해를 돕기 위해 비유적으로 꺼낸 용어이니 오해가 없길 바란다.

1. 표현 양식(지식을 이해하는 형태)

작동적 표현 양식	초보	피아제의 전조작기인 4~5세로서 행위에 의해 사물을 파악해 가는 초보적인 형태
영상적 표현 양식	아마추어	구체적 조작기에 해당하는 것으로서 자연계의 사물을 시각이나 청각을 통해 인식하는 단계
상징적 표현 양식	전문가	모든 사물을 언어적, 개념적, 논리적으로 파악할 수 있는 단계로서 형식적 조작기에 해당

(1) 작동적 표현 양식

대상에 대한 직접적 감각을 통해 대상을 표현하는 것을 말한다. 적절한 신체적 반응이나 그것으로부터 어떤 결과를 얻기 위한 일련의 활동으로 표현하는 방법이다. 이 시기에는 무게중심의 원리를 배울 때 우선 학생에게 놀이터에서 시소를 이용하여 어떻게 하면 균형이 맞추어질지 직접 체험하며 학습하게 한다.

(2) 영상적 표현 양식

과학 개념을 영상이나 그림, 도표, 사진 등을 이용하여 표현하는 방식이다. 이 시기에는 무게중심의 원리를 알기 위해서 그림으로 보여 주면 직접 체험하지 않고도 무게중심의 원리를 알 수 있다.

(3) 상징적 표현 양식

과학지식을 상징적인 언어나 논리적인 명제를 이용하여 표현하는 방식이다. 지식을 부호, 단어, 공식, 명제 등을 이용해 추상적으로 표현한다. 이 시기에는 무게중심의 원리에 대한 수식이나 법칙 등을 이해하는 높은 수준에 있기 때문에 공식으로 표현하는 단계이다. $M_1L_1 = M_2L_2$ 와 같은 수식적 표현 양식이 상징적 표현 양식의 예이다.

예제 1 다음 〈자료 1〉은 '전압과 전류의 관계'에 대한 실험 보고서의 일부이고, 〈자료 2〉는 실험 보고서의 결과에 대해 지도 교사와 예비 교사와의 대화이다. 이에 대하여 〈작성 방법〉에 따라 서술하시오. [4점]

〈 자료 1 〉

[가설] 전지의 개수가 증가할수록 회로에 흐르는 전류는 정비례로 증가할 것이다.

[준비물] 1.5V 전지 4개, 5Ω 의 전구, 전압계, 전류계, 스위치

[실험 과정] … 중략 …

[실험 결과]

건전지 개수(개)	전압(V)	전류(A)
1	1.25	0.25
2	2.14	0.43
3	2.81	0.56
4	3.33	0.67

〈 자료 2 〉

예비 교사 : 전압과 전류의 관계를 나타내는 실험을 통해 옴의 법칙 ⊙ $\underline{V = IR}$ 의 식을 학습하려는데 실험 결과가 조금 이상하네요.

지도 교사 : 실험에서 먼저 알아야 할 것이 있습니다. 먼저 위 실험에서 건전지의 개수에 비례하여 전류가 정비례하지 않는 요인은 (ⓛ)이기 때문입니다.

예비 교사 : 아 그러면, 실험을 조금 수정하여 다시 실행해야겠군요.

지도 교사 : 네, 그리고 주의해야 할 것은 ⓒ 전구가 너무 뜨거워지지 않게 조심해야 합니다. 그렇게 되면 새로운 요인이 발생하게 되어 여전히 기대하는 실험 결과를 얻기 힘듭니다.

예비 교사 : 네, 감사합니다. 이점도 주의하겠습니다.

〈작성 방법〉

• 〈자료 2〉를 통해 올바른 실험을 수행하기 위해 〈자료 1〉에서 수정해야 할 사항을 제시할 것

• 브루너(J. Bruner) 학습 이론에 의해 밑줄 친 ⊙의 표현 양식에 해당하는 용어를 적을 것

• 괄호 안의 ⓛ에 해당하는 내용을 제시하고, 지도 교사가 ⓒ과 같이 말한 이유를 쓸 것

정답
1) 전구의 저항이 상대적으로 큰 값으로 바꿔 실험한다.
2) 상징적 표현 양식
3) 건전지의 내부 저항이 존재한다.
4) 온도가 증가하게 되면 전구의 저항값이 바뀌게 된다.

2. 나선형 교육과정

나선형 교육과정은 과학의 기본 개념을 학년에 따라 반복적으로 제시하는 교육과정이다. 예를 들어 로렌츠 힘에 해당하는 자기장 속에서 전류가 흐르는 도선이 받는 힘에 대해 학년이 올라감에 따라 단순히 반복하는 것이 아니라 영역의 폭이 넓어지고 깊어지는 것이다.

※ 특징: 선행학습 주제가 다시 등장한다. 점차 학습의 난이도가 높아진다. 새로운 학습은 반드시 선행학습과 관련이 있다.

예제2 다음 〈자료 1〉은 전자기 유도에 대한 실험 안내서이다. 〈자료 2〉는 지도 교사의 실험 보고서를 평가한 표의 일부이다. 이에 대하여 〈작성 방법〉에 따라 서술하시오. [4점]

〈 자료 1 〉

[실험 목표]
자속의 변화율에 따라 유도 기전력이 어떻게 달라지는지 정성적으로 설명할 수 있다.
[준비물]
구리 관, 코일, 전선, 디지털 전압계, 네오디뮴 자석, 자
[실험 과정]

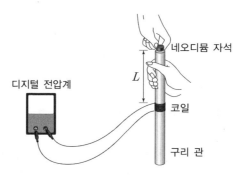

(가) 그림과 같이 코일을 끼운 구리 관을 수직으로 세우고, 구리 관 입구에서 코일까지의 거리 L을 측정한다.
(나) 구리 관 입구에서 자석을 떨어뜨리고 코일에 연결된 디지털 전압계에 나타나는 최대 전압 V를 측정한다.
(다) L을 변화시켜 가면서 (나)의 과정을 반복한다.
(라) 측정 결과를 그래프로 나타낸다.
(마) 그래프로부터 결론을 도출한다.
[정리 및 추가적으로 생각해 보기]
(1) 〈생략〉
(2) ㉠ 위 상황을 이용해 추가로 탐구해 볼 수 있는 다양한 탐구 문제를 가능한 많이 제안해 본다.

< 자료 2 >

평가 요소	평가 결과
조작변인이 올바르게 측정 가능하도록 실험이 설계되었는가?	ⓛ 미충족
측정 결과 데이터를 활용하여 자료 변환 및 해석이 가능하게 설계되었는가?	충족

< 작성 방법 >

• 위의 실험을 이해한 학생이 밑줄 친 ㉠에 해당하는 실험을 추가로 학습할 때 나선형 교육과정 취지에 맞는 실험을 제시하고, 반드시 학습해야 할 내용을 실험 목표에 관련하여 기술하시오.
• 밑줄 친 ⓛ과 같이 평가한 근거 중 1가지를 <자료 1>에서 찾아 제시하고, 탐구 목표를 이루기 위해 바르게 수정할 것

정답

1) ㄷ자 도선, 발전기 등을 통한 패러데이 법칙 학습, 자속의 변화율과 유도 기전력의 관계를 정량적으로 설명할 수 있다.
2) 구리관 사용 시 구리관에서 전자기 유도가 발생하여 올바른 실험이 되지 않는다. 구리관을 플라스틱 관으로 교체한다.

02 구성주의 교수 · 학습 이론

지식을 구성하는 학습자의 능동적인 태도가 중요하다는 관점이다. 구성주의에서는 학습을 주어진 상황에서 개인의 주관적인 경험과 상호작용을 통해 의미를 구성해 가는 과정으로 본다.

구성주의 학습에서는 학습자의 선입 개념 파악이 중요하며, 학습은 선입 개념과 새로운 개념과의 상호작용을 통해 이루어진다. 학습된 내용을 반복하는 강화에 중심을 둔 행동주의 학습 이론과는 대변되게 개념에 대한 이해와 구조가 어떻게 생겨나는지 언어를 통한 사고와 반성으로 진행되는 학습 이론이다.

구성주의 학습은 관점에 따라 개인과 현상과의 상호작용 관점인 인지적 구성주의와 개인과 교사 · 또래 사이의 사회적 상호작용 관점인 사회적 구성주의로 분할된다.

따라서 교사가 구성주의적 관점에서 학습을 계획한다면 인지적, 사회적 구성주의적 관점으로 전개하면 된다. 구성주의는 학습자의 선입 개념 파악, 토의 및 발표, 인지적 갈등, 새로운 개념 학습과 토론 및 발표, 새로운 상황에 적용 등의 과정이 있다.

> 인지적 구성주의적 관점 → 인지적 갈등, 새로운 개념 학습, 새로운 상황에 적용
> 사회적 구성주의적 관점 → 토의 및 발표, 교사와 또래와의 상호작용

1. 피아제(J. Piaget) 학습 이론

모든 것을 개인에게 초점을 맞춘 인지적 구성주의에 기반한다. '인지'라는 것은 대상을 분별하고 판단하여 아는 것을 말한다. 피아제의 인지발달 이론의 구성은 다음과 같다.

(1) 도식(schema)

외부 세계에 대한 지식, 인지구조를 말한다(사물이나 사건에 대한 사고의 틀을 의미).

(2) 동화(assimilation)

기존의 도식 내에서 새로운 현상이나 정보를 받아들이는 인지 과정

(3) 조절(accommodation)

기존의 도식으로 설명이 안 될 경우 새로운 현상이나 정보에 맞게 도식을 바꾸는 인지 과정

(4) 평형화(equilibration)

동화와 조절의 과정을 통해 인지구조가 평형상태를 유지하는 것을 말한다.

> **예** 도식: 포유류는 젖을 먹이는 동물로 육지에 산다.
> 동화: 소, 돼지, 말 등은 젖을 먹이는 데, 육지에 산다.
> 조절: 고래는 젖을 먹이는데, 바다에 산다.
> 평형: 포유류는 육지뿐만 아니라 바다에도 산다.

앞의 브루너는 같은 대상을 이해하는 형태로 나누었다면, 피아제는 개인의 인지적 능력을 단계로 구성했다.

인지발달 단계	나이	특징
감각운동기	0~2	아동은 자신과 세상과의 관계를 연결시킬 수 없어서 반사적, 감각적 행동을 한다.
전조작기	2~7	환경과 상호작용하지만, 자기중심적이어서 논리적인 사고를 할 수 없다.
구체적 조작기	7~11,12	자기중심성에서 벗어나 논리적 사고를 할 수 있게 되지만 구체적인 사물을 가지고 지식을 구성하게 된다.
형식적 조작기	11,12~	추상적 사고를 할 수 있게 되어 가설을 세우고 결론을 끌어낼 수 있는 지적인 능력을 보인다.

예제 3 다음 〈자료 1〉은 '등속 원운동 하는 물체의 운동'에 대한 학생들의 예측 경로를 나타낸 것이고, 〈자료 2〉는 교사들이 나눈 대화의 일부이다. 이에 대하여 〈작성 방법〉에 따라 서술하시오.

―――――< 자료 1 >―――――

그림은 수평면상에 놓인 일부가 제거된 원형 관을 나타낸 것이다. 물체는 원형 관을 따라 등속으로 움직이다가 빠져나온다.

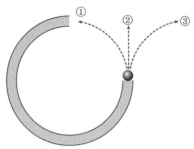

①, ②, ③의 경로는 실험을 하기 전에 학생들이 운동 경로를 예측한 것을 모식적으로 나타낸 것이다.

―――――< 자료 2 >―――――

지도 교사: ① 경로라고 예상한 학생 그룹의 경우에는 곡선 운동 상태를 유지한다고 생각하는 것 같습니다.

예비 교사: 그 그룹은 뉴턴의 법칙에서 (㉠)의 개념을 잘못 적용한 경우가 되겠군요.

지도 교사: 네 맞아요. 속도와 속력의 개념에 대해 자세히 알려줄 필요가 있을 거 같습니다. ③ 경로라고 답한 학생 그룹의 경우에는 (㉡)(이)라는 오개념을 갖고 있는 것으로 조사되었습니다. 자신이 탔던 자동차가 커브 길을 돌 때 자신의 몸이 커브 길 바깥쪽으로 밀리는 경험을 적용한 사례가 많았습니다.

예비 교사: 그런 경우 좌표계에 대해 자세히 설명을 해줘야겠네요. 속력이 빨라지는 버스 안의 현상과 밖의 현상에 대해 예를 들어 주면 좋을 듯합니다.

지도 교사: 좋은 생각입니다. 수업을 마치고 <u>㉢ ② 경로라 예상한 학생 그룹 A의 경우에는 자신이 예측한 결과와 실험 결과와 일치하는 현상을 보여 개념적 이해가 향상되었고, ① 또는 ③ 경로라 예측한 그룹 B는 처음에는 실험 결과를 받아들이기 어려워했으나 수업을 통해 실험 결과를 이해하고 받아들였습니다.</u>

―――――< 작성 방법 >―――――

• 괄호 안의 ㉠에 해당하는 용어를 쓰고, ㉡에 들어갈 오개념을 서술할 것
• 밑줄 친 ㉢에서 피아제(J. Piaget)의 인지발달 이론에 의하여 그룹 A와 그룹 B의 인지구조에 관련된 용어를 각각 쓸 것

정답

1) ㉠ 관성
2) 관성 좌표계에서 관성력(원심력)은 실제로 존재하는 힘이다.
3) A: 동화, B: 조절

예제 4 다음 〈자료 1〉은 2022 개정 교육과 교육과정에 따른 '역학과 에너지' 과목의 내용 체계 중 일부이고, 〈자료 2〉는 일반상대성 이론을 지도하기 위한 수업 계획의 일부이다. 이에 대해 〈작성 방법〉에 따라 서술하시오.

───────────〈 자료 1 〉───────────

[학습 목표] 중력렌즈 효과를 일반상대성 이론으로 설명할 수 있다.

[교수·학습 활동]
• 중력렌즈 효과를 나타내는 천체 사진을 보여 주며 의문 유발
• [사고 실험 1]로부터 (㉠   ) 소개
• [사고 실험 1]과 [사고 실험 2]로부터 (㉡   )을 추론
• 중력렌즈 효과를 일반상대성 이론으로 설명

───────────〈 자료 2 〉───────────

[사고 실험 1]
그림 (가)에서 관찰자가 측정한 공의 가속도와 그림 (나)에서 관찰자가 측정한 가속도를 비교한다.

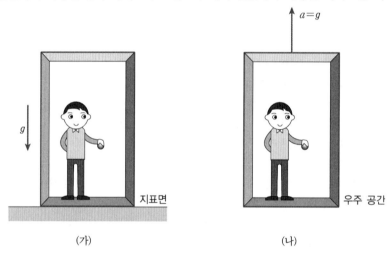

(가)   (나)

[사고 실험 2]
그림 (가)와 (나)의 상황에서 각각 관찰자가 레이저 광선을 바닥과 평행하게 발사하면서 그 경로를 조사한다.

───────────〈 작성 방법 〉───────────

• 괄호 안의 ㉠에 공통으로 들어갈 용어를 쓸 것
• 〈자료 2〉의 (나)에서 학생이 사용한 '과학적 추론' 방법을 쓰고, ㉡에 들어갈 내용을 제시할 것
• 〈자료 2〉에 사용한 사고 실험을 수행하기 위해서 요구되는 피아제(J. Piaget)의 인지 발달 단계를 쓸 것

───────────────────────────

정답
1) 등가 원리
2) 귀추적 추론, 빛이 중력장에서 휘어짐
3) 형식적 조작기

2. 비고츠키(L. Vygotsky) 학습 이론

개인이 지식을 습득하는 것은 사회활동으로 인해 지식을 습득하며 그로 인해 상호작용을 하며 지식이 축적된다고 하는 사회적 구성주의에 기반을 두고 있다.

예를 들어보자. 여러분이 신입 교사로 고등학교 물리를 가르친다고 하자. 그럼 어떠한 것을 고려해야 할까? 우선 학생들의 수준을 파악해야 할 것이다. 아주 쉽게 $F = ma$가 무엇인지부터 준비해 갔는데 수업에 앉아 있는 학생들이 대학교 일반역학, 전자기학 등을 선행 학습한 국제올림피아드 준비반이면 낭패이다. 반대로 조금 난이도 있게 2차원 포물선의 벡터 분할 등을 준비해 갔는데 학생들이 벡터의 '벡'자도 모르는 물리 초보라면 이 역시 낭패이다. 따라서 우선적으로 선행되어야 할 것은 교사가 학생들이 이미 알고 있는 선행 지식, 그리고 도달하고자 하는 학습 목표 파악이 중요하다. 그리고 효과적인 수업을 위해서는 선행 지식과 목표 사이의 영역에서 수업이 진행되어야 한다. 이미 알고 있는 것이면 복습 효과밖에 없을 것이고, 너무 어려운 것이면 학습 효율이 떨어질 것이다. 따라서 적절한 수준에서 효과적으로 학습하기 위해 학습자는 학생들이 아는 영역과 목표영역을 연결해 주는 다리 혹은 계단을 제공해야 한다. 이것은 교사가 아니더라도 똑똑한 또래가 동료를 가르치는데도 그대로 적용이 된다.

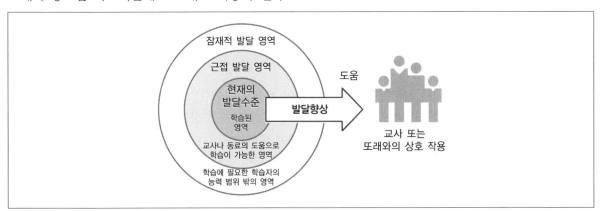

이것을 비고츠키의 용어로 표현하면 다음과 같다. 앞의 예시에서 이미 알고 있는 선행 지식을 가진 수준을 실제적 발달 수준, 목표 개념을 이해하는 상태에 해당하는 잠재적 발달 수준, 그리고 이 둘 사이의 영역을 근접발달영역(ZPD, Zone of Proximal Development), 이 둘을 연결하는 데 도움을 제공하는 비계 설정으로 대응이 된다.

요약하면 비고츠키는 사회적 상호작용 즉, 언어적 상호작용을 통해 지식이 형성되고 발달된다고 보았는데, 이러한 과정은 근접발달영역(ZPD)에서 일어난다고 하였다. 언어적 상호작용의 목적은 첫째로 실제적 발달 수준을 확인하고, 잠재적 발단 수준에 적합한 학습을 유도하는 것이다. 둘째로 근접발달영역에서 비계 설정을 통해 학습 목표에 도달하게 하는 것이다.

용어	비유	설명
실제적 발달 수준	선행 지식	학생이 독자적으로 문제를 해결할 수 있는 수준
잠재적 발달 수준	학습 목표	교사나 능력 있는 또래의 도움을 받아 문제를 해결할 수 있는 수준
근접발달영역(ZPD)	사이 영역	실제적 발달 수준과 잠재적 발달 수준 사이의 영역
비계 설정	다리나 계단 제공	잠재적 발달 수준에 도달하기 위해 교사가 제공하는 도움이나 지원

예 전자기 유도 현상

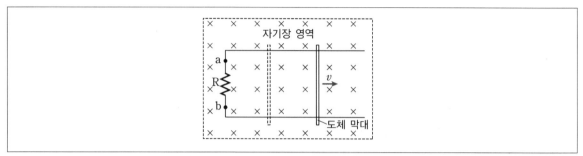

그림과 같이 학생들은 사전에 면적이 변할 때만 유도 전류가 흐른다고 알고 있다. 이때 교사는 면적뿐만 아니라 자기장이 변하여도 유도 전류가 발생된다는 것을 수업 목표로 하여 진행하고자 한다.

① 실제적 발달 수준 : 균일한 자기장 영역에서 면적이 변하면 유도 전류가 발생하지만, 도체 막대가 정지하면 유도 전류가 발생하지 않는다.

② 잠재적 발달 수준 : 면적뿐만 아니라 자기장이 변하여도 유도 전류가 발생한다.

③ 근접발달영역(ZPD) : 유도 전류가 발생되는 현상은 면적 변화 외에도 다른 요인이 존재한다.

④ 비계 설정 : 도체 막대를 움직이지 않고 자기장을 변화시켜서 유도 전류가 발생함을 실험으로 보여준다.

03 오수벨(D. Ausubel) 유의미 학습 이론

오수벨은 학습 내용이 인지구조에 의미 있게 연결돼야 함을 강조했다. 브루너(Bruner)의 이론이 학습자 중심의 학습 이론이라면 오수벨의 이론은 인지 이론에 근거한 교사 중심의 설명식 학습 이론이다. 학습자는 스스로 지식을 찾는(발견하는) 것이 아니라 학습 과제에 대한 교사의 유의미한 설명을 듣고 그 내용을 자신의 인지구조에 수용한다고 보는 관점이다. 피아제는 개인의 인지적 발달에 초점을 맞췄고, 비고츠키는 사회적 상호작용에 초점을 맞췄다면 오수벨은 개인의 인지구조와 학습 과제 두 가지를 모두 고려한 이론이다.

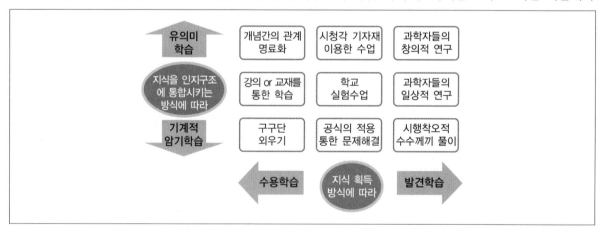

즉, 무조건 암기 학습이 기계적 암기 학습이라면, 개념 간의 상호 관계를 파악하고 이해하며 학습하는 것이 유의미 학습인 것이다. 이때 학습 과정 중 인지구조에서 개념 간의 상호 관계를 정의할 때 '포섭'이라는 용어를 사용한다.

인지구조와 학습 과제 두 가지를 모두 고려해서 학습 과제가 가져야 할 속성과 인지구조의 상태를 정의해야 한다. 오수벨은 다음과 같이 정의하였다.

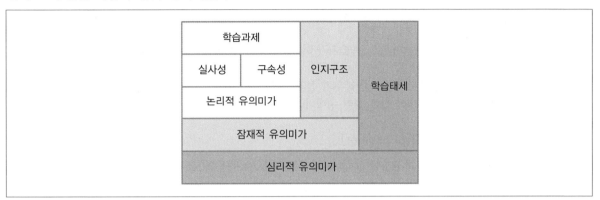

1. 학습 과제의 자체 속성

논리적 유의미가(logical meaningfulness)는 실사성과 구속성을 가진 학습 과제의 특성을 의미한다.

(1) 실사성

그 명제를 어떻게 표현하더라도 그 명제의 의미가 변하지 않는 것을 말한다. 예를 들어 "삼각형 내각의 합은 180도이다"라는 명제는 "세 내각의 합이 180도인 것은 삼각형이다"라고 표현해도 그 근본적인 의미에 있어서 큰 차이가 없다. 실사성은 명제가 추상적이지 않고 객관성 및 불변성을 가져야 한다는 말이다. 손가락 엄지척은 우리나라에서는 '최고다'라는 의미이지만 호주에서 '거절, 무례함'을 뜻한다. 따라서 엄지척은 국제적으로 실사성이 없다고 보는 게 맞다.

(2) 구속성

임의로 맺어진 관계가 굳어져 그 관계를 변경할 수 없는 것을 말한다. 삼각형, 사각형, 원 등은 도형이라는 틀에서 구속성을 가진다. 그리고 $V = IR$에서 전류, 저항, 전압은 옴의 법칙 내에서 구속성을 갖는다. 참고로 $V = IR$은 브루너의 표현 양식 중 상징적 표현 양식에 해당한다. 또한 $F = ma$ 역시 힘은 기존의 개념인 질량과 가속도의 개념과 연결되므로 구속성을 가진다.

2. 학습 과제의 인지적 특징

실사성이 높아도 기존 지식과 연결되지 않으면 학습이 효과적이지 않다. 그리고 구속성이 높아도 학습 내용이 비논리적이거나 모호하면 학습자는 혼란을 겪게 된다. 이를 파악하기 위해 오수벨은 다음과 같이 인지구조와 학습 과제 자체의 속성을 규정하였다.

(1) 관련 정착 지식(relevant anchoring ideas)

학습자가 이미 알고 있는 기존 지식 중 새로 학습할 내용을 연결하거나 통합할 수 있는 기초 지식을 의미한다. 유의미 학습이 이루어지려면 새로운 학습 내용이 기존의 관련 정착 지식에 연결되어야 한다.

예 ① 중력과 궤도 운동에 대해 학습하기 전, 학습자가 이미 $F = ma$라는 뉴턴의 제2법칙을 알고 있다면 이것이 관련 정착 지식으로 작용한다.
② 저항의 직렬연결과 병렬연결의 특성을 배우기 전에 학습자가 전류는 전압에 비례하고 저항에 반비례한다는 옴의 법칙을 알고 있다면 이 법칙이 관련 정착 지식이다.

(2) 포섭(Subsumption)과 포섭자(Subsumer)

새로운 학습 내용을 기존의 인지구조에 통합하는 과정은 포섭이라 하고, 관련 정착 지식이 새로운 학습 내용과 연결되는 매개체 역할을 하는 개념을 포섭자라 한다. 즉, 학습자가 새롭게 배우는 내용을 기존 지식에 포섭(통합)할 수 있도록 돕는 도구적 역할을 하는 개념이다. 이는 학습자가 새로운 개념을 이전의 지식과 연관지어 의미를 부여하는 데 있어 필수적인 요소이다. 관련 정착 지식의 전체 또는 부분적 개념이 포섭자 역할을 하기도 하고, 관련 정착 지식이 없이 새롭게 내용을 배우게 되면 새로운 내용 자체가 포섭자가 된다.

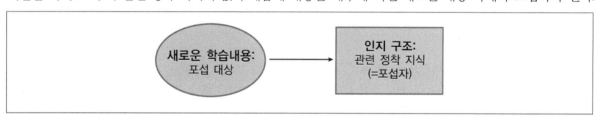

① **상위적 포섭자**: 새로 학습할 내용이 기존 지식보다 더 일반적이고 포괄적인 경우에 해당한다.

예 새로 학습할 내용: 역학적 에너지 보존 법칙
관련 정착 지식: 운동 에너지와 위치 에너지 개념
포섭자: 운동 에너지와 위치 에너지의 합의 개념
새로운 지식: 역학적 에너지는 시스템에서 일정하게 유지되며, 위치 에너지와 운동 에너지 간의 전환만 발생한다.

② **종속적 포섭자**: 새로 학습할 내용이 기존 지식의 구체적인 사례에 해당하는 경우를 말한다. 추후 이것은 파생적 포섭과 상관적 포섭으로 구분이 된다.

예 새로 학습할 내용: 등속 직선 운동
관련 정착 지식: 뉴턴의 운동 법칙
포섭자: 알짜힘이 0인 특수한 상황의 운동상태
새로운 지식: 알짜힘이 0일 때 물체는 등속 직선 운동을 한다.

③ 병위적(병렬적) 포섭자 : 기존 지식과 새로운 지식이 동일한 수준에 있을 때를 말한다.

> **예** 새로 학습할 내용 : 옴의 법칙
> 관련 정착 지식 : 전압, 전류, 저항의 기본 개념
> 포섭자 : 전압, 전류, 저항의 상호 관계적 특성
> 새로운 지식 : 저항 양단에 걸리는 전압은 저항에 흐르는 전류의 세기와 저항값의 곱과 같다.

3. 인지구조와 학습 과제의 관계적 특성

(1) 잠재적 유의미가(potential meaningfulness)는 논리적 유의미가를 지닌 학습 과제가 학습자의 인지구조와 관계를 맺을 수 있는지에 대한 특성을 말한다. 쉽게 말해서 사칙연산 정도만 아는 초등학생에게 미적분학 자체는 논리적 유의미가를 가졌지만 초등학생의 인지구조와 연결시키기 매우 어렵기 때문에 잠재적 유의미가를 가진 학습 과제로 부적절하다.

(2) 심리적 유의미가(psychological meaningfulness)는 잠재적 유의미가가 내재된 학습 과제에 대해 학습자가 학습할 의향이 있을 때의 특성을 말한다. 흥미나 동기를 불러일으키는 속성이다.

4. 학습 유형

학습에는 큰 틀을 먼저 설명하고 세부적인 구성요소를 배우는 방식이 있고, 세부적인 파트를 배우고 이를 통합하는 방식이 존재한다.

(1) 점진적 분화의 원리

가장 일반적이고 포괄적인 개념을 먼저 제시한 다음 구체적이고 세분화된 자료를 학습한다. 이러한 원리를 바탕으로 하는 학습이 하위적 학습이다.

이러한 과정에서 인지구조에서 개념 간의 상호 관계를 정의할 때 '포섭'이라는 용어가 사용된다. 포섭은 새로운 개념이 인지구조 안에서 기존 개념(관련 정착 지식)에 결합하여 정착하는 과정을 말한다.

하위적 학습에는 파생적 포섭과 상관적 포섭이 존재한다.

① **파생적 포섭** : 학습한 개념이나 명제에 대해 구체적인 예시나 사례를 학습(피아제의 동화에 해당)하는 것이다.

② **상관적 포섭** : 새로운 아이디어 학습을 통해 이전 개념이나 명제가 수정이나 확장 또는 정교화되는 것(피아제의 조절에 해당)을 말한다.

(2) 통합 조정의 원리

이제까지 서로 관계가 없던 것으로 이해되었던 개념들이 하나의 인지구조 아래 속하게 되는 과정이 진행된다. 새로운 개념은 이전에 학습한 내용과 긴밀한 관련성을 맺으며 통합되도록 제시한다. 이러한 원리를 바탕으로 하는 학습에는 상위적 학습과 병위적 학습이 있다.

① 상위적 학습 : 이미 가진 개념을 종합하면서 새롭고 포괄적인 명제나 개념을 학습하는 것을 말한다. 상위적 포섭이 발생한다.

② 병위적 학습 : 새로운 개념이 사전에 학습한 개념과 수평적(병렬적) 관계를 가질 때를 말한다. 병위적 포섭이 발생한다.

원리	종류		예시
점진적 분화의 원리	하위적 학습	파생적 포섭	젖은 먹이는 포유류 중 소, 돼지, 개를 학습한 후 고양이도 포유류임을 아는 과정 → 동화 발생
		상관적 포섭	포유류는 육지에만 사는 줄 알았는데 고래도 포유류임을 알고 기존 개념을 수정하는 과정 → 조절 발생
통합적 조정의 원리	상위적 학습	상위적 포섭	어류, 조류, 포유류 개념을 학습한 후 동물이라는 개념으로 통합하는 과정
	병위적 학습	병위적 포섭	중력을 학습한 이후에 전기력을 학습하는 과정, 저항과 전류의 개념을 학습한 후 전압에 대해 학습하는 과정

(예) 하위적 학습은 파생적 포섭과 상관적 포섭으로 나뉘므로 추가적 예시를 통해 구분해 보자.

① 파생적 포섭
　㉠ 새로 학습할 내용 : 보일의 법칙 '일정한 온도에서 일정량의 기체 부피는 압력(단위 면적당 힘)에 반비례한다.'
　㉡ 관련 정착 지식 : 힘은 물체의 모양이나 운동 상태를 변하게 한다.
　㉢ 포섭자 : 힘의 특수한 사례에 해당하는 '힘은 물체의 운동상태를 변하게 한다'는 개념
　㉣ 새로운 지식 : 단열된 피스톤에서 압력과 부피의 곱은 일정하다. 또는 압력과 부피는 반비례한다. 구체적으로 기체 입자 개수의 변화 없이 일정한 온도에서 실린더에 올려놓은 추의 수가 많아지면 기체 입자가 운동할 수 있는 공간이 줄어들어 기체 입자가 실린더 벽에 충돌하는 횟수가 증가하여 압력이 증가하고, 반대로 실린더에 올려놓은 추의 수가 적어지면 기체 입자가 운동할 수 있는 공간이 넓어져서 기체 입자가 실린더 벽에 충돌하는 횟수가 감소하여 압력이 감소한다.

② 상관적 포섭

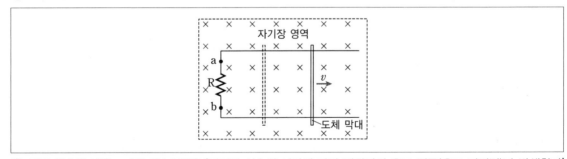

　㉠ 새로 학습할 내용 : 패러데이 법칙은 '자기장 선속이 시간에 따라 변화하면 유도 전류(유도 기전력)가 발생한다'
　㉡ 관련 정착 지식 : 균일한 자기장 영역 내에서 도선이 움직여서 자기장 선속이 시간에 따라 변화하면 유도 전류가 발생한다.
　㉢ 포섭자 : 관련 정착 지식과 동일
　㉣ 새로운 지식 : ㄷ자 도선에서 도선이 움직이지 않더라도 자기장이 시간에 따라 변화하면 유도 전류(유도 기전력)가 발생한다.

여기서는 패러데이 법칙에서 면적이 변화하지 않고 자기장의 세기가 시간에 따라 변화하여도 유도 전류가 흐를 수 있다는 개념이 기존 지식에 추가되므로 조절이 일어난다. 그리고 관련 정착 지식이 패러데이 법칙의 특수한 사례에 해당하며, 자기장의 세기가 시간에 따라 변화하여도 유도 전류가 발생된다는 새로운 사실임을 알아야 하므로 관련 정착 지식의 확장이 일어난다. 따라서 기존의 지식을 바꾸기 위한 실험과 추가적인 개념 설명이 필요하다.

5. 효과적 유의미 학습을 위한 도구

선행조직자는 학습자가 새로운 정보를 학습하기 전에 학습 과제보다 먼저 제시되는 더 추상적, 일반적, 포괄적인 내용이나 자료를 의미하며 학습 과제와 선행 지식을 연결해주는 기능을 한다. 이는 개념 간의 관계를 명료화하거나 학습을 향상시키는 역할을 한다. 앞에서 배운 **비고츠키의 비계 설정이 근접 발달 영역이라는 학습 수준에 초점이 맞춰져 있다면 선행조직자는 이뿐만 아니라 학습자의 인지구조와 학습 상태까지 고려한다는 차이가 있다.** 비계 설정은 혼자서 해결할 수 있는 실제적 발달 수준과 학습 목표에 해당하는 잠재적 발달 수준 사이에서 학습을 해야 한다는 제한이 있는 반면, 유의미 학습에서 선행조직자는 선행 지식이 없더라도 잠재적 유의미가를 지닌 학습 과제라면 사용이 가능하다. 또한 선행 지식이 있는 경우에 선행조직자는 학습할 과제와 선행 지식 간의 유사성과 차이점을 비교하여 인지구조를 확장함으로써 알고는 있지만 서로 간의 적절한 관련성을 찾지 못하였던 것을 이해시키는 데 도움을 준다. 나아가 친숙하고 이해될 만한 특성과 흥미와 동기 유발까지 고려한다는 점이 특징이다.

‖ 선행조직자의 구분

종류	학습 형태	정의	역할
설명 조직자	하위적 학습	학습자의 인지구조 속에 새로운 학습 과제와 관련된 <u>선행 지식이 없을</u> 때 사용하는 조직자	관련 정착 지식
비교 조직자	상위적 학습 병위적 학습	학습자의 인지구조 속에 새로운 학습 과제와 유사한 <u>선행 지식이 있을</u> 때 사용하는 조직자	인지적 다리

⑴ **설명 조직자**(expository organizer)

학습자의 인지구조 속에 새로운 학습과 관련된 사전지식이 없을 때 사용한다. 즉, 친숙하지 않은 학습 과제를 설명할 때 개념적 근거를 제공하는 학습 자료이다. 새로운 개념을 배우기 전에 일반적이고 포괄적인 설명을 제공하는 학습 자료이고, 이는 하위적 학습을 일어나게 하는 포섭자(관련 정착 지식) 역할도 한다.

예 ① 전자의 입자-파동 이중성을 학습
  ㉠ 새로운 내용 : 전자의 경우에도 단일 슬릿 실험이나 이중슬릿 실험에서 파동과 같이 회절과 간섭무늬를 나타낸다.
  ㉡ 설명 조직자 : 드브로이 물질파 이론에 의하면 입자의 운동량은 입자성과 파동성으로 표현되며, 질량을 가진 입자는 입자성과 동시에 파동성을 지니고 있다.
  ㉢ 역할 : 학습자가 질량을 가진 전자가 입자성뿐만 아니라 파동성을 가진다는 사실을 이해하기 위한 배경지식을 형성한다.

② 원자의 불연속적 에너지 준위와 선 스펙트럼 학습
  ㉠ 새로운 내용: 고체 물질처럼 연속적인 에너지 준위를 가지는 물질은 연속 스펙트럼을 방출하고, 기체처럼 불연속적인 에너지 준위를 가지는 물질은 선 스펙트럼을 방출한다.
  ㉡ 설명 조직자: 빛이 프리즘을 통과하면 여러 가지 색이 나타나는데, 색에 따라 나뉘어 나타나는 띠를 스펙트럼이라고 하며, 스펙트럼에 나타나는 빛의 색은 파장에 의해 결정되고, 파장은 빛의 에너지와 관련이 있다.
  ㉢ 역할: 연속 스펙트럼과 선 스펙트럼이 나타나는 이유와 원리를 이해하기 위한 배경지식을 형성한다.

(2) 비교 조직자(comparative organizer)

학습자의 인지구조 속에 새로운 학습 과제와 유사한 선행 지식이 있을 때 사용하는 학습 자료이다. 학습할 과제와 선행 지식 간의 유사성과 차이점을 비교하여 인지구조를 확장함으로써 서로 간의 적절한 관련성을 규정하는 **인지적 다리 역할**을 한다.

비교 조직자는 이후에 학습할 비유 활용 수업과 혼동하는 경우가 있다. 먼저 그 개념적 정의와 유사점, 그리고 차이점에 대해 분명히 하고자 한다. 유사점은 두 방법 모두 학습자가 이미 알고 있는 지식을 활용하여 새로운 지식을 이해하도록 돕는 역할을 한다.

구분	비유	비교 조직자
정의	익숙한 개념을 바탕으로 새로운 개념을 간접적으로 설명하는 방식	사전 지식과 새로운 지식을 직접 비교하여 유사점과 차이점을 강조하여 인지구조를 새롭게 정렬 및 확장하는 방식
목적	새로운 개념을 더 친숙하고 구체적으로 이해하도록 돕기 위함	새로운 지식을 체계적으로 통합
사용 방식	간접적으로 설명하며 유사한 사례나 상황을 제시	직접적으로 비교하며 유사점과 차이점을 명확히 설명
특징	일반적으로 구체적이고 시각적이며, 유사성을 강조	더 추상적이고 체계적이며 유사성과 차이점을 모두 강조
예시	원자 모형과 태양계 행성 모델	도르래의 원리를 설명하기 위해 도입한 지레의 원리

예 ① 수직항력 개념 학습

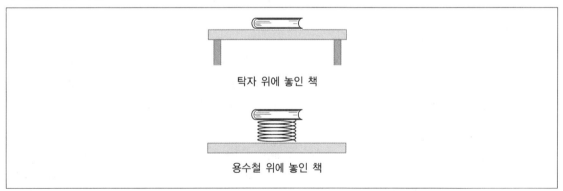

탁자 위에 놓인 책

용수철 위에 놓인 책

㉠ 새로운 내용: 탁자 위에 놓인 책에 작용하는 힘은 중력뿐만 아니라 탁자가 책을 떠받치는 힘이 작용한다.
㉡ 비교 조직자: 용수철 위에 책을 올려놓는 경우
㉢ 역할: 탁자를 아주 강한 용수철로 볼 때 책을 떠받치는 힘이 있다는 점을 이해하는 인지적 다리 역학을 한다.
㉣ 학생의 선행 지식: 용수철 위에 놓인 책은 중력에 의해서 용수철이 압축됨으로써 밀어내는 힘이 작용한다.

ⓜ 용수철 위에 놓인 책과 탁자 위에 놓인 책의 유사성 : 용수철이 미는 힘이 존재하는 것과 같이 탁자 역시 미는 힘이 존재한다.

ⓗ 용수철 위에 놓인 책과 탁자 위에 놓인 책의 차이점 : 일반적인 용수철의 경우에는 책이 초기 위치에서 움직이면서 압축되어 내려간 상태에서 평형을 유지하지만, 탁자의 경우에는 초기 상태에 동일하다.

ⓢ 학습 유형 : 비교 조직자는 통합 조정의 원리에 따라 상위적 학습과 병위적 학습으로 나뉘게 된다. 예를 들어 탁자 위에 놓인 책에 작용하는 힘과 용수철 위에 놓인 책에 작용하는 힘이 모두 뉴턴의 제3법칙에 해당하는 작용·반작용 원리로 통합하여 설명이 진행되면 상위적 학습이고, 탁자가 책을 미는 힘과 용수철이 책을 미는 힘은 수평적 관계에 해당하므로 둘을 관계성에 집중하고 상위 개념으로 통합하지 않는다면 병위적 학습이다.

참고로 앞으로 배울 클레멘트 연결 비유 이론에 따르면 용수철에 의해 책이 받는 힘이 정착자이고 탄성계수가 큰 용수철에 의해서 책이 받는 힘이 연결자이다.

② 도르래의 원리 학습

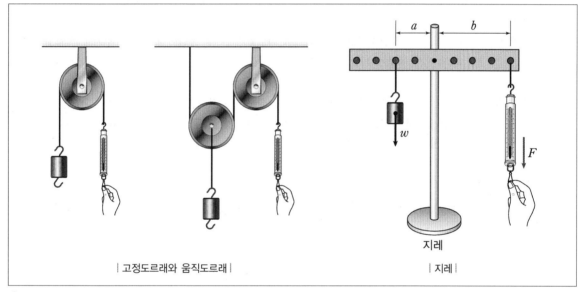

| 고정도르래와 움직도르래 | | 지레 |

㉠ 새로운 내용 : 고정도르래는 힘의 이득이 없고, 고정도르래는 힘의 이득이 있다.

㉡ 비교 조직자 : 지레의 원리

㉢ 역할 : 지레의 원리에 따라 고정도르래는 힘의 이득이 없고, 움직도르래의 경우는 도르래에 걸린 무게의 1/2의 힘만 드는 점을 이해하는 인지적 다리 역할을 한다.

㉣ 학생의 선행 지식 : 지레의 원리는 물체에 작용하는 돌림힘이 평형일 때 힘에서 이득을 볼 수 있다는 원리이다.

㉤ 지레의 원리와 도르래의 유사성 : 작용점과 힘점 사이의 거리가 동일하면 고정도르래이고, 작용점의 거리가 2배 멀면 움직도르래이다.

㉥ 지레의 원리와 도르래의 차이점 : 지레는 물체에 작용하는 힘을 받침점의 위치에 따라 들어 올리거나 누르거나 할 수 있지만, 도르래는 들어 올리는 방향으로 고정되어 있고, 지레는 받침점에 따라 지레의 무게를 고려해야 하고, 움직도르래의 경우에는 움직도르래 자체의 무게와 줄의 무게를 고려해야 한다.

㉦ 학습 유형 : 지레와 도르래 모두 돌림힘의 평형에 관련되어 있으므로 상위적 개념으로 통합하여 설명이 진행되면 상위적 학습이고, 둘 사이의 관계성 파악에 집중하고 상위 개념으로 통합하지 않으면 병위적 학습이다.

Chapter 03 연습문제

정답 및 해설_ 327p

2010-09

01 다음은 전기회로 실험에 대한 두 학생 A, B의 대화와 실험 결과를 나타낸 것이다.

[두 학생과의 대화]

학생 A: 어제 수업 시간에 "저항이 일정할 때, 전류는 전압에 비례한다."는 내용을 배웠잖아?

학생 B: 응 우리는 그것을 ㉠ $V=IR$이라는 식으로 정리했었지.

학생 A: 기전력이 1.5V인 건전지에 전구를 연결한 회로를 만든 후 동일한 건전지를 추가로 직렬로 연결하면서 전구의 밝기가 어떻게 되는지 살펴보자.

… 생략 …

학생 A: 이상하네. ㉡ 건전지의 개수가 증가한 만큼 전구의 밝기가 밝아지지 않는 것처럼 보이네. 우리 좀 더 명확히 실험해보자. 건전지의 개수를 증가시키면서 전구 양단에 걸리는 전압과 회로에 흐르는 전류가 비례하는지 알아보면 될거야.

－ 이하 생략 －

[실험 결과]

건전지 개수(개)	전압(V)	전류(A)
1	1.40	0.37
2	2.76	0.45
3	4.09	0.51
4	5.42	0.54

이 대화와 실험 결과에 대한 설명으로 옳은 것을 <보기>에서 모두 고른 것은?

< 보기 >

ㄱ. 브루너(J. Bruner)에 의하면 ㉠의 표현 양식은 상징적 표현 양식이다.

ㄴ. ㉡은 클로퍼(L. Klopfer)의 과학교육 목표분류 중 '문제 발견과 해결방법 모색'에 해당한다.

ㄷ. [실험 결과]의 표와 같이 전류가 전압에 비례하지 않는 주된 이유는 건전지를 직렬로 추가 연결하였을 때 건전지의 내부 저항이 증가하였기 때문이다.

① ㄱ

② ㄷ

③ ㄱ, ㄴ

④ ㄴ, ㄷ

⑤ ㄱ, ㄴ, ㄷ

2024-B05

02 다음 <자료 1>은 2022 개정 과학과 교육과정을 토대로 예비 교사가 작성한 교수·학습 지도안의 개요이고, <자료 2>는 이 개요에 대해 예비 교사와 지도 교사가 나눈 대화이다. 이에 대하여 <작성 방법>에 따라 서술하시오. [4점]

< 자료 1 >

성취기준	[9과 03-02] 열은 전도, 대류, 복사로 전달됨을 알고, 열전달 과정을 모형 등을 사용하여 다양하게 표현할 수 있다.
학습 목표	열전달 과정을 모형이나 비유를 사용하여 다양하게 표현할 수 있다.
단계	교수·학습 활동
도입	전도, 대류, 복사 개념을 질문법을 활용해 복습한다.
전개	• 열화상 카메라를 이용하여 뜨거운 물이 담긴 컵 주변의 색의 변화를 보여준다. • 학생들이 열의 이동 방식을 주변 도구나 신체를 이용해 표현하며 학습하게 한다. ··· (중략) ···
정리	열의 이동 방식을 활용한 일상생활의 사례를 찾게 한다.

< 자료 2 >

지도 교사 : 전개 단계에서 학생 활동이 중학교 1학년 학생이 스스로 하기는 힘들 것 같습니다. 좀 더 구체적인 안내가 필요하겠습니다.

예비 교사 : ㉠ 학생이 혼자서 할 수 있는 수준과 교사의 도움을 통해 할 수 있는 수준의 간격을 파악해서 적절한 비계를 제시하라는 말씀이시죠?

지도 교사 : 맞습니다. 그리고 중학교 1학년 학생 대상 수업임을 감안할 때 비계를 ㉡ 브루너(J. Bruner)의 표현 양식에 따라 구체적으로 계획할 필요가 있습니다.

예비 교사 : 그럼, 학생들에게 예시를 보여 준 후 자신들만의 모형이나 비유를 만들어 보게 하고, 개별 활동이 아니라 모둠으로 활동하도록 계획을 수정해 보겠습니다.

지도 교사 : 또 하나 추가할 내용이 있습니다. 모형이나 비유를 사용하여 과학 원리를 설명할 때는 학생들에게 모형이나 비유의 한계에 대해 주의를 주어야 합니다. 학생들에게 자신들이 고안한 ㉢ 비유물과 목표물 사이의 대응 관계를 기록하게 하고, 자신들이 만든 비유의 문제점을 적어보게 하는 활동을 추가하면 좋겠습니다.

< 작성 방법 >

• <자료 2>의 밑줄 친 ㉠에 해당하는 용어를 비고츠키(L.Vygotsky)의 학습 이론에 근거하여 제시할 것
• <자료 2>의 밑줄 친 ㉡에 해당하는 표현 양식 중 2가지를 <자료 1>의 전개 단계에서 찾아 근거와 함께 각각 제시할 것
• <자료 2>의 밑줄 친 ㉢과 관련하여 비유의 한계 1가지를 제시할 것

2006-07

03 다음은 제7차 교육과정에 제시된 어떤 지도내용에 대한 9학년, 물리 I, 물리 II의 학습 내용이다.

> 9학년 : 전류가 흐르는 도선 주위에 생기는 자기장의 특성을 확인하고, 자기장 속에서 전류가 흐르는 도선이
> 받는 힘에 대하여 이해한다.
> 물리 I : 자기장 속에서 전류가 흐르는 도선이 받는 힘의 크기와 방향에 영향을 주는 요인을 찾는다.
> 물리 II : 평행한 두 도선 사이에 작용하는 힘과 자기장 속에서 운동 전하가 받는 힘을 이해한다.

위 학습 내용에서 지도하고자 하는 공통된 학습 내용을 찾아서 쓰고, 나선형 교육과정의 관점에 비추어 학습내용의 폭과 깊이가 어떻게 변화하는지 위에 진술한 내용과 관련지어 구체적으로 쓰시오. [3점]

•공통된 학습내용 :

•학습내용의 폭과 깊이 :

04 다음 <자료 1>은 교사가 철수에게 전자기 유도와 관련하여 제시한 질문의 내용과 이에 대한 철수의 응답 결과를 정리한 것이며, <자료 2>는 이에 대한 교사와 철수의 대화이다.

── < 자료 1 > ──

그림과 같이 균일한 자기장 영역에 사각형 금속 고리가 놓인 상태에서 표에 제시된 변화를 주는 동안 금속 고리에 전류가 유도되는가?

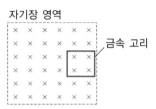

변화 조건	철수의 응답
자기장의 세기를 시간에 따라 변화시킨다.	유도된다.
고리를 오른쪽으로 당겨 자기장 영역 밖으로 이동시킨다.	유도되지 않는다.

── < 자료 2 > ──

교사 : 어떤 경우 금속 고리에 전류가 유도되나요?
철수 : 자기장의 세기가 시간에 따라 변할 때 전류가 유도돼요.
교사 : 또 다른 경우는 없을까요?
철수 : 예, 자기장의 세기가 변할 때만 생겨요.
교사 : 내가 시범 실험을 하나 보여줄 테니 유도 전류가 발생하는지 확인하세요.

··· (중략) ···

철수 : 자기장의 세기가 변하는 경우가 아닌데도 유도 전류가 발생하네요.
교사 : 맞아요. 자기 선속이 변하면 유도 전류가 발생하게 돼요.
철수 : 자기장 영역에서 금속 고리가 회전하면서 고리면의 방향이 바뀌어도 전류가 유도되겠네요.
교사 : 맞아요.

비고츠키(L. Vygotsky)의 학습 이론에 근거하여 철수의 실제적 발달 수준과 잠재적 발달 수준, 교사가 보여 주는 시범 실험의 역할을 서술하고, 적절한 시범 실험의 예를 1가지 서술하시오. [4점]

2017-B01

05 다음은 중학교 교사의 자기력에 관한 수업이다.

> 교사 : 지난 시간에는 마찰력에 대해 배웠어요. 마찰력은 물체가 닿은 면에서 물체의 운동을 방해하는 힘이라고
> 배웠어요. 오늘은 자기력에 대해 알아보고 자기력과 마찰력의 공통점과 차이점은 무엇인지 공부해 보기
> 로 하지요.
> 학생들 : 네.
> 교사 : 여러분 앞에는 막대자석과 클립이 있는데 서로 가까이 가져가 보기도 하고, 막대자석끼리 좌우 방향도
> 바꿔 가면서 멀리서 가까이 가져가 봤을 때 어떤 현상이 일어나는지 실험을 해보도록 하세요.
>
>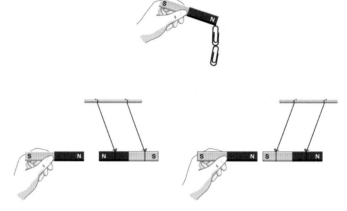
>
> 교사 : 자, 지금까지 여러분이 실험에서 확인한 것처럼 클립과 같이 쇠붙이와 자석 사이에 작용하는 힘이나 자
> 석과 자석 사이에 작용하는 힘을 자기력이라고 해요. 그럼 자기력과 마찰력의 공통점은 무엇일까요?
> 학생 1 : 접촉해도 작용하고 물체들 사이에서 작용해요.
> 학생 2 : 물체의 운동과 관련이 있어요.
> 교사 : 그래요. 그럼 차이점은 무엇이 있을까요?
> 학생 3 : 마찰력과 달리 자기력은 자석이 있어야 작용하고 물체가 서로 떨어져 있어도 작용해요.
> 교사 : 네, 맞았어요.

마찰력에 이어 자기력을 학습한 위의 수업은 오수벨(D. Ausubel)의 동화설에 의한 유의미 학습의 유형
중 어떤 유형에 해당하는지 쓰고, 답에 대한 타당한 근거를 수업 상황에서 제시하고 있는 개념들을 예로
들어 서술하시오. [4점]

2011-07

06 다음은 교사와 학생과의 대화이다.

탁자 위에 놓인 책

용수철 위에 놓인 책

교사 : (탁자 위에 놓인 책 을 가리키면서) 이 책에 작용하는 힘에는 무엇이 있는지 모두 말해 보세요.
학생 : 중력만 있어요.
교사 : 이번에는 용수철 위에 책을 놓아볼게요. (용수철 위에 책을 올려놓으면서) 어떻게 되었나요?
학생 : 용수철이 눌렸네요.
교사 : 그렇다면 용수철 위에 놓인 책에 작용하는 힘에는 무엇이 있나요?
학생 : 중력이 있고, 용수철이 책을 위로 미는 힘도 있어요.
교사 : (탁자 위에 놓인 책을 가리키면서)이 책에 작용하는 힘에는 무엇이 있는지 다시 말해 볼까요?
학생 : (가) 중력만 있어요. (다른 힘은 언급하지 않았다.)
교사 : 이번에는 탄성계수가 더 큰 용수철 위에 책을 올려놓아 봅시다. 어떻게 되었나요?
학생 : 거의 눌리지 않았어요.
교사 : 이때에도 용수철이 책을 위로 미는 탄성력이 있나요?
학생 : 예. 용수철이 있으니까 책을 밀어 올리는 탄성력이 작용해요.
교사 : (탁자 위에 놓인 책을 가리키면서) 이 책에 작용하는 힘에는 무엇이 있는지 다시 말해 볼까요? 책이 용수철 위에 놓인 경우와 탁자 위에 놓인 경우를 비교하면서 생각해보세요.
학생 : (나) 용수철 위에 놓인 경우처럼 탁자가 책을 밀고 있는 힘이 있네요.
교사 : 왜 그렇게 생각했나요?
학생 : (다) 두 번째 용수철에서 거의 눌리지 않았지만 용수철이 책에 힘을 작용했듯이, 탁자를 아주 센 용수철로 보면 탁자가 책을 받치는 힘도 있어요.

이에 대한 설명으로 옳은 것만을 <보기>에서 모두 고른 것은?

───< 보기 >───

ㄱ. (가)에서는 학생에게 인지적 갈등이 유발되지 않았다.
ㄴ. (나)를 피아제 (J. Piaget)의 관점에서 보면, 학생의 인지구조에서 동화는 일어났지만 조절은 일어나지 않았다.
ㄷ. (다)를 보면, 탄성계수가 큰 용수철 위에 책이 놓인 사례는 '인지적 다리(cognitive bridge)' 역할을 하였다.

① ㄱ   ② ㄴ   ③ ㄱ, ㄷ
④ ㄴ, ㄷ   ⑤ ㄱ, ㄴ, ㄷ

2009-05

07 다음은 과학자의 강연을 듣고 난 이후의 대화 내용이다.

> 학생 A, 학생 B: 누나, 이번 강연은 너무 어려웠어요.
>
> 누나: 어느 부분을 이해하지 못하겠니?
>
> 학생 A: 허블 망원경에서 상이 만들어지는 과정이 이해가 안 돼요.
>
> 누나: 그러면 간이 망원경의 원리는 알겠니?
>
> 학생 A, 학생 B: 그것도 모르겠어요.
>
> 누나: 그러면 간이 망원경에 대해서 조금 더 이야기를 해 볼까?
>
> — (누나의 설명) —
>
> 학생 A: 이제 간이 망원경의 원리는 알겠네요.
>
> 학생 B: 나는 아직도 모르겠어요.

이 대화를 비고츠키의 사회 문화적 이론으로 설명할 경우 옳은 것을 <보기>에서 모두 고른 것은?

> ─────〈 보기 〉─────
>
> ㄱ. 누나의 설명은 학생 A의 '근접발달영역' 안에서 이루어졌다.
>
> ㄴ. 과학 교수학습에서 학생들의 현재 개념 수준보다 높으면서도 교사나 다른 학생의 도움으로 해결할 수 있는
> 수준으로 개념을 제시하는 것이 좋다.
>
> ㄷ. 학생 A가 누나와의 대화를 통해 이해한 것과 같이, 학습자는 언어를 통한 사고와 반성으로 지식을 구성한다.

① ㄱ   ② ㄷ

③ ㄱ, ㄴ   ④ ㄴ, ㄷ

⑤ ㄱ, ㄴ, ㄷ

08 다음은 '연직 위로 던진 물체의 운동'에 관해 교사가 비고츠키(L. Vygotsky)의 학습 이론에 따라 진행한 고등학교 수업에서 학생과 나눈 언어적 상호작용의 일부이다.

교사 : 지난 시간에 자유낙하에 대해 배웠죠? 자유낙하 하는 동안 어떤 힘이 작용하나요?

학생 : 중력이요.

교사 : 자유낙하 운동에서 중력이 작용한다는 것은 잘 알고 있네요. 그럼 연직 위로 던진 물체가 최고점에 도달한 순간에는 어떤 힘이 작용할까요?

학생 : 물체가 최고점에 도달하는 순간 정지하니까 힘이 작용하지 않아요.

교사 : 그럼 공을 연직 위로 던지는 상황과 자유낙하 상황을 비교해 봐요. 그림에서 A, B 지점에서부터의 운동을 살펴봐요. 위로 던진 공이 가장 높은 A에서 멈추었다 떨어지는 것과 B에서 공을 가만히 놓아 떨어지는 것이 어떻게 다르지요?

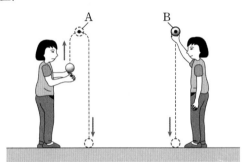

학생 : 어? 둘 다 정지했다가 떨어지네요.

교사 : 그런데 하나는 중력이 작용하고 다른 하나는 힘이 작용하지 않는다고 할 수 있나요?

학생 : 아! 그럼 위로 던진 공이 최고점에서 떨어지는 것과 자유낙하하는 똑같은 운동이네요. 둘 다 중력이 작용하네요.

교사 : 그렇지요! 자 이제 연직 위로 던진 공이 올라가면서 속력이 줄어 드는 경우에 공에 작용하는 힘에 대해 이야기해 봐요. ㉠ 공이 올라가면서 속력이 왜 줄어들까요?

근접발달영역(ZPD)의 의미를 설명하고, 이에 근거하여 교사가 의도한 언어적 상호작용의 목적 2가지를 서술하시오. 또한, 밑줄 친 ㉠에 대하여, 힘과 운동에 관한 오개념을 가진 학생이 대답할 것으로 예상되는 답변을 1가지 제시하시오. [4점]

2014-A03

09 다음은 오수벨(D. Ausubel)의 유의미 학습 이론에 따라 교사가 소리의 속력이 공기에서보다 물에서 크다는 것을 가르친 교수·학습 내용이다. 교사가 선행 조직자로 사용한 내용을 다음에서 찾아 쓰시오. [2점]

학생들은 그림과 같이 용수철에 펄스를 만들어 펄스의 전파를 관찰하였다. 이 활동으로 용수철 상수가 클수록 펄스의 전파 속력이 크다는 것을 알았다.

교사는 수업에서 물이 공기보다 압축되기 어렵다는 점을 이용하여 물이 공기보다 용수철 상수가 큰 물질로 볼 수 있다는 것을 설명하였다. 그리고 용수철 상수가 크면 펄스가 더 빠르게 전파한다는 것과 관련지어 소리의 속력이 공기에서보다 물에서 크다는 것을 가르쳤다.

2021-B01

10 다음 <자료 1>은 2015 개정 물리학 Ⅰ 교육과정의 '물질과 전자기장' 단원 [12물리 Ⅰ 02-02] 성취기준과, 이 성취기준과 관련된 교수·학습 방법 및 유의 사항이며, <자료 2>는 박 교사가 이 성취 기준에 대해 오수벨(D. Ausubel)의 '유의미 학습 이론'에 근거하여 수립한 수업 계획을 요약한 것이다.

───────────< 자료 1 >───────────

[12물리 Ⅰ 02-02] 원자 내의 전자는 (㉠)을/를 가지고 있음을 스펙트럼 관찰을 통하여 설명할 수 있다.
<교수·학습 방법 및 유의 사항>
원자의 스펙트럼은 실제 관찰 활동을 통하여 학생들이 현상을 경험할 수 있게 하고, 태양이나 백열등의 연속 스펙트럼과 비교할 수 있다.

───────────< 자료 2 >───────────

절차	교수·학습 내용
1. 스펙트럼 개념 소개	• 햇빛이 프리즘을 통과하면 여러 가지 색이 나타나는데, 색에 따라 나뉘어 나타나는 띠를 스펙트럼이라고 함 • 스펙트럼에 나타나는 빛의 색은 파장에 의해 결정되고, 파장은 빛의 에너지와 관련이 있음
2. 햇빛의 스펙트럼 특성 설명	• 프리즘을 통과한 햇빛이 만드는 여러 가지 색이 연속적으로 나타나는 스펙트럼을 연속 스펙트럼이라고 함 • 햇빛이 연속 스펙트럼을 만드는 이유는 햇빛이 모든 파장의 가시광선을 포함하고 있기 때문임
3. 선 스펙트럼 관찰	헬륨, 수은, 네온 전등에서 나오는 빛을 간이 분광기로 관찰하면 색을 띠는 선이 띄엄띄엄 나타남. 이러한 스펙트럼을 선 스펙트럼이라고 함
4. 선 스펙트럼이 생기는 이유	원자 내의 전자는 (㉠)을/를 가지고 있음

㉠에 공통으로 해당하는 내용과 <자료 2>에서 선행 조직자에 해당하는 내용을 쓰시오. [2점]

11 다음 <자료 1>은 2022 개정 교육과 교육과정에 따른 '물리학' 과목의 내용 체계 중 일부이고, <자료 2>는 '뉴턴의 중력 법칙'을 공부한 학생이 아직 배우지 않은 '쿨롱의 법칙'에 관하여 생각한 것 나타낸 것이다. 이에 대하여 <작성 방법>에 따라 서술하시오.

─〈 자료 1 〉─

핵심 아이디어	• 물체에 알짜힘이 작용하면 속도 변화가 일어나며, 이러한 관계는 일상생활에서 안전하고 편리한 삶에 적용된다. • 자연계에서 벌어지는 모든 현상에서 에너지는 보존되고 전환되며, 이때 전환되는 에너지를 효율적으로 활용하는 것은 현대 기술 문명에서 중요하다. … (중략) …
범주 ＼ 구분	내용 요소
가치 · 태도	• 과학의 심미적 가치 • 과학 (　　㉠　　) • 자연과 과학에 대한 감수성 • 과학 창의성 • 과학 활동의 윤리성 • 과학 문제 해결에 대한 개방성 • 안전 · 지속가능 사회에 기여 • 과학 문화 향유

─〈 자료 2 〉─

(가) 뉴턴은 중력 법칙 $F = \dfrac{GMm}{r^2}$ '질량을 가진 두 물체의 인력은 떨어진 거리의 제곱에 반비례하다'는 가설로부터 출발하여 뉴턴 역학을 완성하였다. 뉴턴 역학은 일상 생활에 활용되어 자연을 이해하고 문명이 발전하는데 크게 도움이 되었다.

(나) 뉴턴의 중력 법칙을 배우고 난 학생이 아래 그림과 같이 거리 d만큼 떨어져 있고, 전하량이 각각 $+q, -q$인 두 전하 사이에 작용하는 힘의 크기를 생각할 때, 이 두 전하 사이에 작용하는 힘의 크기는 중력과 비슷하게 떨어진 거리의 제곱에 반비례할 것으로 생각하였다.

─〈작성 방법〉─

• <자료 1>과 <자료 2>의 (가)를 바탕으로 ㉠에 들어갈 용어를 쓸 것
• <자료 2>의 (나)에서 학생이 사용한 '과학적 추론' 방법을 쓰고, 그 근거를 설명할 것
• 오수벨(D. Ausubel)의 '유의미 학습' 이론에 근거하여 <자료 2>의 (나)에서 인지구조와 학습과제의 관계적 특성을 기술하는 용어를 쓸 것

MEMO

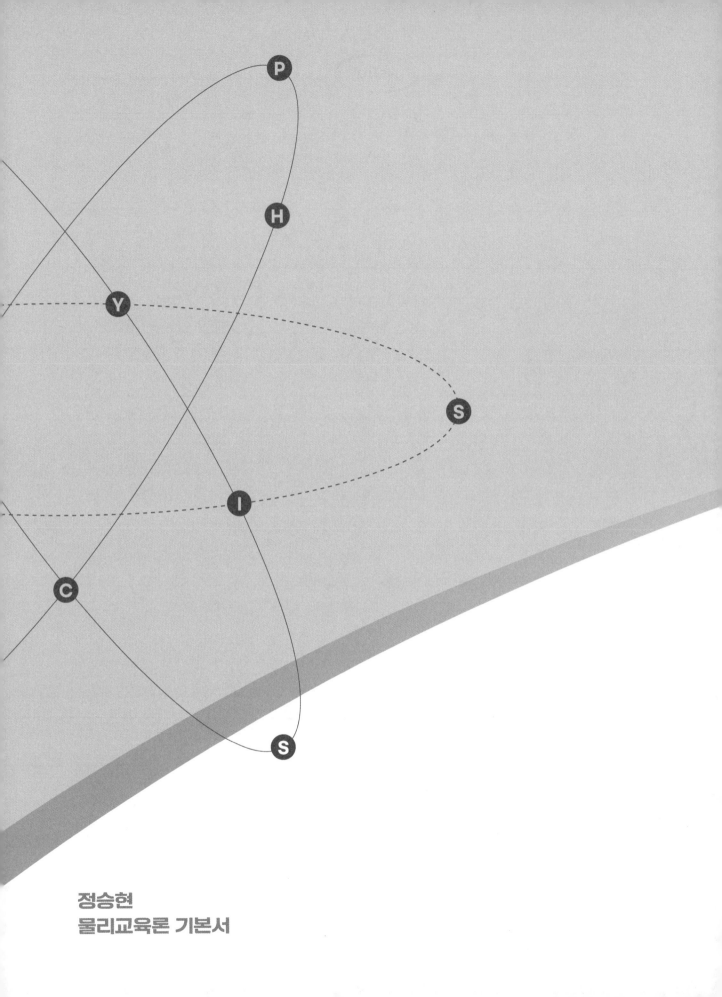

정승현
물리교육론 기본서

과학 교수·
학습 모형

과학 교수·학습 모형

교수·학습 모형은 경험주의, 반증주의, 구성주의 등의 이론을 바탕으로 이를 변형하거나 재해석 또는 혼합하여 수업에 적용하기 위한 체계적 학습 방식이다.

과학 교수·학습의 가장 핵심적인 요소는 새로운 개념 형성, 학습한 개념의 분화, 그리고 선입 개념이 오개념일 경우 과학개념으로 대체되는 개념 교환일 것이다. 이러한 일련의 과정을 '개념 변화'라 한다.

각기 수업 모형이 다양한 이론의 변형이나 재해석을 통해 구성되었으므로 모든 모형을 개념 변화의 특징으로 나뉘는 것은 다소 제약이 있으나 아래와 같이 나뉘는 것이 가능하다.

목적	모형	특징
개념 형성	브루너 발견학습	귀납적 추론에 의한 개념 형성 목적
	순환학습	새로운 개념 형성과 추리 기능 개선 목적
개념 변화	POE	학생 중심의 개념 변화 목적
	드라이버 개념 변화 학습	직관적 오개념(대체 개념틀)의 변화 목적
	발생 학습	선입 개념 변화와 효과적인 수업 모형
	인지 갈등 수업	인지 구조에 형성된 오개념 변화 목적

01 브루너의 발견 학습 모형(경험주의 기반)

브루너의 발견 학습은 학생 스스로 자연현상을 관찰하고 수집한 자료로부터 규칙성을 찾아 기술하도록 하는 귀납적 추론을 통한 개념 형성에 목적을 두고 있다(귀납적 추론과 직관적 사고(추리)를 강조).

단계	내용
탐색 및 문제 파악	학습 자료를 탐색하고 문제가 무엇인지 파악 교사가 학습 자료를 통해 문제를 파악하도록 유도
자료 제시 및 관찰 탐색	교사가 적절한 자료를 선택하여 제시하고, 학생은 주어진 자료를 관찰하고 기술하는 단계
추가 자료 제시 및 관찰 탐색	앞선 관찰이 개념을 형성하거나 일반화하는데 부족하다고 생각될 때, 보충 자료를 제시하여 탐색하는 단계, 이전 관찰과의 공통점과 차이점 탐색
규칙성 발견 및 개념 정리	관찰 결과를 바탕으로 발표와 토의를 통하여 일반화하고 규칙성을 발견하는 단계(귀납적 추론)
적용 및 응용	앞서 발견한 규칙성이나 형성된 개념을 새로운 사례나 상황에 적용하는 단계

1. 발견 학습 모형은 특징

(1) 학습자 중심 모형 중 하나이고 교사가 지식을 최종적인 형태로 제시하는 것이 아니라 학생들이 관찰이나 실험을 통해 개념이나 법칙을 스스로 발견하게 하는 안내자 역할을 한다.

(2) 귀납적 일반화 과정을 설명하는 모형이다.

(3) 교사의 개방적 질문은 학습자의 참여와 흥미를 촉진시키는 역할을 한다.

2. 발견 학습의 한계점

(1) **성급한 일반화 오류 가능성**

(2) **관찰의 이론 의존성**

📖 교수 · 학습 활동

단계	교수 · 학습 활동
탐색 및 문제 파악	교사는 다음의 시범 실험을 학생들에게 보여준다. 학생들은 시범 실험을 관찰하고, 공통점과 차이점 및 궁금한 점을 이야기한다. ① 매끄러운 빗면에서 질량이 서로 다른 물체를 동일한 높이에서 놓았을 때 움직임을 관찰한다. ② 용수철을 동일한 길이만큼 압축시켜 질량이 서로 다른 물체의 움직임을 관찰한다.
자료 제시 및 관찰 탐색	• 교사는 질량에 따른 가속도의 크기 변화를 알아볼 수 있는 실험 준비물과 실험 과정이 안내된 활동지를 학생들에게 나누어 준다. 일관된 힘이 가해질 때 카트의 질량이 카트의 가속도에 어떤 영향을 미치는지 알아내는 것이 목표라고 설명한 후 다음을 질문한다. "질량을 더 추가하고 힘을 동일하게 유지하면 수레의 가속도는 어떻게 될 것이라고 생각하나요?" "다른 무게를 추가한 후 카트의 가속도를 어떻게 측정할 수 있나요?" • 학생들은 실험을 수행하고 다음 사항을 체계적으로 기록한다. 카트의 질량을 증가시키면서 가속도(거리를 이동하는 데 걸리는 시간으로 측정)를 기록한다. 데이터를 수집한 후, 학생들은 x축에 질량, y축에 가속도를 표시한 표와 그래프를 만든다.
규칙성 발견 및 개념 정리	• 학생들이 질량, 힘, 가속도(뉴턴의 제2법칙) 사이의 관계를 발견하도록 다음과 같은 질문으로 유도한다. "자신의 데이터에 따르면, 힘이 동일하게 유지될 때 수레의 질량은 수레의 가속도에 어떤 영향을 미치나요?" "힘, 질량, 가속도 사이의 관계를 설명하는 규칙을 만들 수 있습니까?" • 학생들이 발견한 내용과 결론을 공유하는 학급 토론을 진행하여 일반화하고 규칙성을 발견하도록 수업을 진행한다.
적용 및 응용	교사가 뉴턴의 운동 법칙 $F=ma$로 정리해 주고 해당 운동의 규칙성을 설명해 준다. 학생들은 교사의 강의를 듣고 궁금한 점이 있으면 질문한다. 학생들에게 질량 대신 힘을 변화시키거나 마찰이 요인이 된다면 이 실험이 어떻게 변할 수 있는지 질문한다.

02 순환학습 모형

순환학습 모형은 과학적 탐구 중심 교수·학습 방법으로 설계되었기 때문에 과학적 탐구 과정의 과정과 비슷하다. 이러한 방식을 통해 새로운 개념 형성과 추리 기능 개선 목적을 두고 있다. 여기서 '순환(Cycle)'이라는 말이 사용되는 이유는 새로운 개념 형성에 그치지 않고 새로운 상황에 적용해 보면서 다시 초기로 돌아와 같은 과정을 반복하기 때문이다.

순환학습은 학습 방식에 따라 3가지 형태가 존재한다.

1. 서술적 순환학습 모형

현상 관찰을 통해 규칙성을 발견하는 귀납적 방법을 통한 학습이다.

2. 경험-귀추적 순환학습 모형

현상 관찰을 통해 규칙성을 발견하는 과정에서 귀추적 추론이 사용되고, 이를 이미 측정한 데이터를 바탕으로 잘 설명되는지를 확인하는 방식이다.

3. 가설-연역적 순환학습 모형

자연현상을 관찰하여 이를 설명하는 가설을 설정하고 이를 연역적으로 검증하는 과정을 통해 학습을 전개하는 방법이다. 경험-귀추적 순환학습 모형은 이미 측정한 데이터로 결론을 이끌어내지만 가설-연역적 순환학습 모형은 가설을 먼저 세우고 이를 추가적인 실험으로 검증하는 방식이다.

4. 3단계 순환학습 모형

로슨(Lawson)의 순환학습(Learning Cycle) 모형은 탐색-개념 도입-개념 적용 단계가 있다.

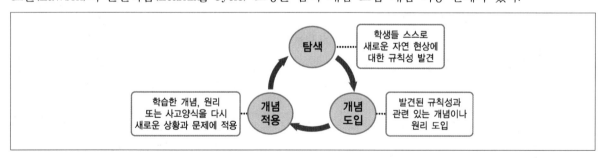

(1) 탐색 단계(exploration)에서는 학생들에게 직접적인 경험을 충분히 주는 단계이다. 학생들은 교사의 안내를 최소한으로 받으면서 자유롭게 제시된 학습 자료를 탐색한다. 이 단계의 학습 활동은 학생 스스로에 의해 이루어지고 교사는 학습의 안내자 역할만을 수행한다.

⑵ 개념 도입 단계(concept introduction)는 학생들이 경험한 일들을 설명하거나 기술하기 위해 과학적 개념을 도입하는 단계로서 학생들이 사용하고 표현한 언어나 명칭을 발표하게 하고, 이를 과학 개념과 연결해 주는 교사 주도 활동 단계이다.

⑶ 개념 적용 단계(concept application)에서는 탐색 단계와 개념 도입 단계를 통하여 학습한 개념과 원리를 다시 새로운 상황과 문제에 적용하는 단계로 새로운 개념의 적용 가능성의 범위를 확장하여 발전적으로 전개하는 과정이다. 이 단계에서는 다양한 사례에 적용해보고, 새로운 사고 유형을 안정화시킨다.

예 ① 서술적 순환학습 모형

주제: 정전기 유도 현상	
단계	내용
탐색	• 대전된 PVC 막대를 구리 막대에 가까이 가져가면서 검전기의 금속박이 어떻게 되는지 관찰한다. • 구리 막대 대신, 철 막대와 알루미늄 막대를 차례로 올려놓고 같은 실험을 한다. • 실험 결과를 정리하고 규칙성을 생각해 본다.
개념 도입	이 현상을 설명할 수 있는 적절한 개념과 용어를 소개한다.
개념 적용	청동 막대, 황동 막대 등에 대해서도 같은 결과가 나타나는지 실험한다.

② 경험–귀추적 순환학습 모형

주제: 물체의 이동 거리와 마찰력 사이의 관계	
단계	내용
탐색	• 교사는 나무토막을 빗면에 놓고, 빗면을 미끄러져 내려온 나무토막이 바닥에서 이동하여 멈추는 거리를 측정하는 시범실험을 하였다. • 학생은 질량이 같은 여러 종류의 물체를 빗면의 같은 위치에서 놓았을 때, 바닥에서 이동하여 멈추는 거리를 측정하는 실험을 하였다. • 학생은 실험 결과를 보고 발생된 인과적 의문에 대한 잠정적인 답을 만들고, 그 잠정적인 답이 관찰한 결과를 모두 설명할 수 있는지 토의한다.
개념 도입	• 질량이 같은 물체가 빗면에서 내려온 뒤, 바닥에서 이동한 거리가 서로 다른 이유를 학생들이 발표하고, 교사는 다음과 같은 설명을 한다. • 교사의 설명: 같은 질량의 물체를 빗면의 같은 위치에서 놓았을 때, 바닥에서 이동한 거리가 다른 이유는 물체와 바닥 사이의 마찰력이 각각 다르기 때문이다. 마찰력이 큰 경우, 바닥에서 이동하는 거리가 더 짧다.
개념 적용	교사는 동일한 두 개의 나무토막을 얼음판과 운동장에서 같은 힘을 주어 밀었을 때, 미끄러져 가는 거리를 비교하여 설명하게 한다.

③ 가설-연역적 순환학습 모형

주제 : 역학적 에너지가 보존되지 않는 요인	
단계	내용
탐색	• 교사는 야구 선수가 슬라이딩하는 모습을 보여주고, 야구 선수의 운동 에너지는 왜 감소했는지 질문을 한다. • 학생은 교사의 질문에 대한 가설을 설정하고, 가설을 검증하기 위해 실험을 설계하고 수행한다.
개념 도입	• 교사는 두 활차 실험에서 간이 공기 부상 궤도를 사용하지 않은 활차는 마찰력에 의해 열 에너지가 발생하여 역학적 에너지가 보존되지 않았음을 설명하고 학생들의 실험 결과를 정리한다. • 필요한 추가적인 개념을 설명한다.
개념 적용	교사는 우리 주변에서 볼 수 있는 역학적 에너지가 보존되지 않는 사례에 대해 질문을 하고, 학생들은 자신들이 생각한 사례들을 발표한다.

5. 4단계 순환학습 모형(4E 수업 모형)

4단계 순환학습 모형은 탐색 → 설명 → 확장 → 평가로 이루어진다. 학생이 자료나 다른 학습자와 상호작용하고(탐색), 교사가 탐색 단계에서 다룬 내용과 관련된 개념을 도입하여 설명하며(설명), 학생들이 기존 개념을 새로운 상황에 응용하여 분화, 확장(확장)의 단계로 구성된다. 탐색, 설명, 확장의 세 단계를 모두에 걸쳐서 지필, 관찰, 포트폴리오, 수행 등 다양한 방법으로 평가가 진행된다.

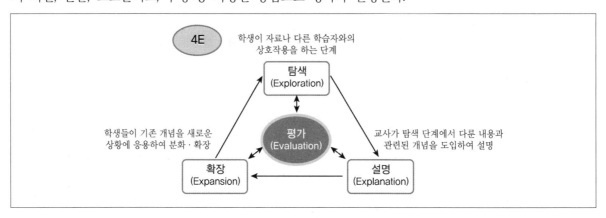

주제 : 부력의 원리	
단계	내용
탐색	• 실험대에 있는 물체들을 살펴보고 가라앉을 것과 뜰 것을 구분한다. • 예상한 것을 각자 기록한다.
설명	• 부력의 개념을 설명한다. • 아르키메데스의 원리를 설명한다.
확장	• 용수철저울에 물체를 매달아 그 무게를 잰다. • 물이 가득한 비커에 물체를 담가 무게를 잰다. • 물체의 무게와 물에서 단 무게의 차이를 계산해, 넘친 물의 무게와 비교한다. • 물체가 물에서 무게를 재면 넘친 물의 무게만큼 가벼워졌음을 인식시킨다.
평가	• 물체가 가라앉고 뜨는 현상에 대해 설명하게 한다. • 부력의 원리가 적용되고 있는 현상이나 사물을 말하게 한다.

6. 5단계 순환학습 모형(5E 수업 모형)

5단계 순환학습 모형은 참여 → 탐색 → 설명 → 정교화 → 평가로 이루어진다.

(1) 참여

학생들이 알고 있는 것과 할 수 있는 것을 촉진시켜주는 연결고리를 제공한다.

(2) 탐색

주어진 문제에 대한 답이나 해결책에 관한 대안을 토의한다.

(3) 설명

학생들은 문제에 관한 다른 학생들의 해답이나 가설 검증 과정에 관한 설명을 듣는다. 교사는 과학적 개념이나 원리를 소개하고, 학생들의 기존개념과 새로운 개념에 대해 연결한다.

(4) 정교화

교수-학습 결과를 유사하거나 새로운 상황에 적용한다.

(5) 평가

학습한 기능과 지식을 평가하는 과정으로 진행한다.

7. 7단계 순환학습 모형(7E 수업 모형)

7단계 순환학습 모형은 사전 개념 활성화 → 참여 → 탐색 → 설명 → 정교화 → 평가 → 확장으로 이루어진다.

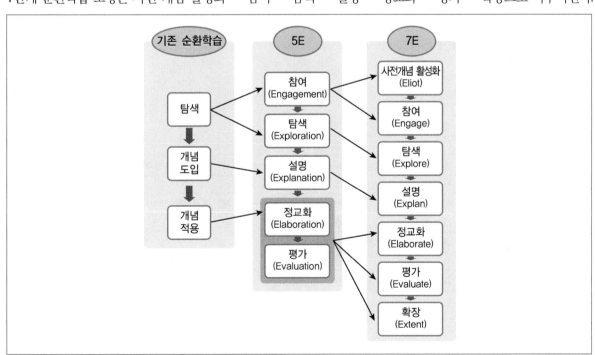

03 POE 수업 모형

순환학습 모형의 변형(교사 중심 시범실험 → 학생 중심 탐구 수업)이다.

1. POE 수업 모형

직접 관찰하거나 실험해보는 것의 전과 후에 이루어지는 활동에 주목하는 수업 모형이다.

화이트와 건스톤(R. White & R. Gunstone)이 제안한 Prediction(예측)-Observation(관찰)-Explanation(설명)의 약어이다. POE는 예측과 관찰 사이에서 발생한 갈등을 설명 단계에서 해결하기 위해 활발한 토의를 활용하는 수업 방식이다. 예측 단계 → 관찰 단계 → 설명 단계의 과정을 거친다.

단계	내용	요구되는 기초 탐구 기능
예측 단계	관찰하게 될 현상의 결과에 대해 예측하고 그 예측을 정당화하는 단계	예상, 추리
관찰 단계	관찰한 사실에 대해 서술하는 단계	관찰, 측정
설명 단계	예측과 관찰 사이의 갈등을 해결하는 단계	추리

(1) POE 모형의 장점

POE 모형은 다음과 같이 활용의 용이성, 학습 동기 유발 및 개념 이해 측면에서 많은 장점을 가지고 있다. 교사는 수업 전에 학생들이 가지고 있는 개념을 확인할 수 있으므로 학생들의 수준에 맞는 수업을 진행할 수 있으며, 수업 후엔 수업 내용에 대한 학생들의 이해 정도를 확인할 수 있다. 학생들은 예측 단계의 추론 과정을 통해 학습 동기가 향상될 수 있고, 예측과 관찰 사이의 갈등 해결 과정에서의 활발한 토의는 과학 개념 변화에 매우 효과적이다. 또한, POE 모형은 진단 평가와 형성 평가로도 활용할 수 있으며, 이를 통해 학생들의 신념 체계와 추론의 질을 평가할 수 있다.

(2) POE 모형의 구조

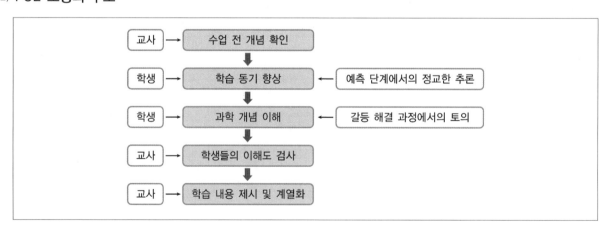

⑶ POE 모형 활용 시 주의점

학생들의 예측에 부합되는 관찰을 할 수 있는 예를 적절히 제시해야 한다. 만일 예측과 다르게 관찰되는 사례를 반복적으로 경험하게 될 경우, 학생들은 자신의 추리에 근거하여 예측하기보다 예기치 못한 일이 발생할 것으로 예측하게 된다(관찰의 이론 의존성).

예 양자역학적 터널링 현상

에너지가 $E(< U)$인 전자가 영역 I에서 퍼텐셜 에너지가 U인 장벽이 있는 x방향으로 운동할 때, 영역 III에서 전자를 발견할 수 있을까?

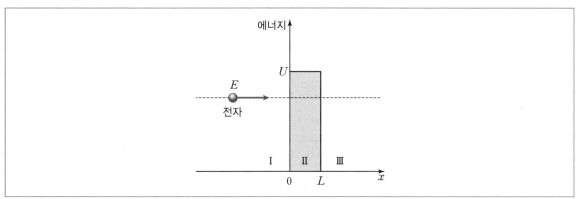

단계	내용
예측 단계	학습 과제에서 컴퓨터 시뮬레이션의 결과를 예상하게 하였다.
관찰 단계	학생들은 컴퓨터 시뮬레이션에서 E가 U보다 작아도 영역 III에서 전자가 발견될 확률이 있다는 것을 관찰하였다.
설명 단계	관찰 결과를 예상과 관련지어 학생들이 설명하였다. [학생들의 학습 과제에 대한 예상과 설명] 표 아래 참조

구분	예상	결과 설명
학생 A	전자는 매우 작기 때문에 퍼텐셜 장벽을 통과하여 영역 III에 모두 도달할 것이다.	전자의 크기가 모두 다르기 때문에 전자들의 일부가 발견되었다.
학생 B	전자는 입자이고, E가 U보다 작으므로 영역 III에 도달할 수 없을 것이다.	전자가 입자라는 것은 확실하다. E가 U보다 작을 때, 영역 III에서 발견된 것은 예외적인 현상이다.

2. PEOE 모형(POE 응용)

PEOE 모형은 POE 모형을 보강한 것으로 POE 모형에 따른 교수·학습에서보다 학생들의 설명을 더 강조한다는 특징이 있다. 학생들이 예상한 것과 모순된 사건을 적용할 경우에는 관찰하기 전에 예상한 이유를 설명하는 단계가 있는 PEOE 모형을 적용하는 것이 더 효율적이다.

단계	내용
예측 단계	학생들이 사건이나 사실을 예상한다.
설명 I 단계	학생들이 그렇게 예상한 이유를 설명한다.
관찰 단계	관찰하여 그 결과를 기록한다.
설명 II 단계	관찰의 결과와 예상한 것을 비교하고, 관찰하게 된 이유를 설명한다.

예 부력 현상 : 이 시간에는 부력에 대해 공부할 것이다. 수조의 물에 나무토막과 돌을 떨어뜨리면 어떤 현상이 일어날지 생각해보자.

단계	내용
예측 단계	수조의 물에 나무토막과 돌을 떨어뜨리면 어떻게 될까? 예상한 바를 적으시오.
설명 I 단계	그렇게 생각한 이유를 적으시오.
관찰 단계	수조에 나무토막과 돌을 떨어뜨리고, 관찰한 결과를 적으시오.
설명 II 단계	나무토막과 돌이 어떻게 되었는지 말하고, 그렇게 말한 이유를 설명하시오.

04 드라이버(R. Driver)의 개념변화 학습 모형(구성주의 기반)

구성주의는 학생들이 지식을 외부에서 받아들이는 것이 아니라, 주체적이고 능동적으로 내부에서 구성하는 것으로 이해한다. 여기에서 구성이란 학습자가 외부 세계와 상호작용을 통해서 스스로 의미를 부여하고, 생성하는 것이다. 의미를 부여하고 생성할 때 중요한 역할을 하는 것이 선입 개념이다. 대표적인 과학 오개념의 예로는 '물체는 움직이는 방향으로 힘이 작용한다'가 있다. 과학 교육의 중요한 과제는 학생들의 과학 오개념을 올바른 과학 개념으로 변화시키는 것으로 인식되었고, 포스너의 개념 변화 4가지 조건을 바탕으로 한다.

1. 포스너의 개념 변화 조건

(1) 기존 개념에 불만족해야 한다(인지갈등 유발).

(2) 새로운 개념은 이해될 수 있어야 한다(학습자의 언어로 이해 가능).

(3) 새로운 개념은 그럴듯해야 한다(경험과 직관에 위배가 되지 않는 타당성과 설득력).

(4) 새로운 개념은 유용성을 가져야 한다(새로운 상황에 적용 가능).

2. 해설

(1) 기존 개념에 불만족하지 않으면 인지갈등이 발생되지 않기 때문에 개념 변화가 일어나지 않는다.

(2) 새로운 개념이 이해되지 않는다면 인지구조 변화에 장애가 된다. 예를 들어 기체 원소에서 연속 스펙트럼이 아닌 선 스펙트럼이 발생하는 이유를 원자 구조는 양자역학적 고유함수 체계에서 확률 모형으로 설명되기 때문이라고 고등학생에게 알려주면 개념적 수학적 난해함이 발생하므로 이해하기 힘들다.

(3) 20세기 이전에 지질학자들이 맨틀이 대류에 의해 대륙이 이동하는 현상과 여러 가지 요인을 들어 지구의 나이를 주장하는 것을 물리학자들은 받아들일 수 없었다. 이유는 핵융합 이론이 없었고 화학 에너지 이론에 의하면 태양의 나이가 6000년밖에 되지 않았기 때문이다. 즉, 태양과 지구의 나이는 6000년밖에 되지 못한다는 문제점을 해결하지 못하였으므로 물리학자들에게는 도저히 받아들일 수 없던 것이다. 나아가 마찰이 없는 상태 혹은 절대온도가 0인 상태는 경험에 비추어 볼 때 현실에서 존재하지 않으므로 특정인에게는 그럴듯하지 않을 수 있다. 양자역학 역시 수학적으로는 이해가 갔지만 아인슈타인을 포함한 일부 학자에게는 그럴듯하지 않아서 끝까지 양자역학을 인정하지 않았다.

(4) 뉴턴의 만유인력 법칙은 단순히 지구에서 운동하는 물체만을 기술하는 것이 아니라 행성의 운동을 기술하는 데까지 확장된다. 또한 특수 상대론과 일반 상대론은 GPS에 적용이 되어 일상생활에 활용되고 있다. 유용성은 특정 상황뿐만 아니라 다양한 상황에 적용이 가능하고, 일상생활에 응용이 되는 것을 의미한다.

3. 포스너(Posner et al. 1982) 원문

(1) There must be dissatisfaction with existing conceptions

(2) A new conception must be intelligible

(3) A new conception must appear initially plausible

(4) A new concept should suggest the possibility of a fruitful research program

4. 드라이버의 개념변화 학습 모형에서 직관적 오개념(대체 개념틀)의 변화가 주된 목적이다.

(1) 직관적 관념(intuitive idea)

학습자의 인지구조에 논리적으로 통합되어 있는 선행지식 체계

(2) 대체 개념틀

직관적 관념 중 과학 개념과 맞지 않는 오개념

5. 드라이버 학습 모형 구조

오리엔테이션		전 시간에 배운 학습 내용에 대해 설명 및 학습 방향을 제시하는 단계
직관적 관념의 표현		학생들이 학습할 내용과 관련된 각자의 생각을 표현하는 단계 교사는 학습 내용과 관련된 현상이나 예를 제시
직관적 관념의 재구성	명료화와 교환	그림, 글쓰기, 발표 등을 통해 자신의 생각을 명료화하고 교환
	갈등 상황에 노출	직관적 관념과 상충되는 현상이나 실험을 제시하여 자신의 생각에 불만족(인지갈등)을 야기 → 불만족: R2 제공으로 C1과 R2 간의 갈등(POE의 O단계)
	새로운 개념의 구성	현상을 설명할 수 있는 새로운 생각을 구성, 스스로 구성하기 어려운 개념은 알기 쉽게 설명 → 이해할 만: 갈등 해결을 위해 C2 도입(POE의 E단계)
	새로운 개념의 평가	새로운 생각이 타당한지 평가, 실험이나 시범 실험 또는 토의 → 그럴듯한: C2로 R1, R2가 설명 가능한지, C1과 C2의 비교
새로운 개념의 응용		재구성된 생각을 적용할 상황을 제시하고 설명 → 유용성: 새로운 개념을 적용할 수 있는 다양한 상황 제시
개념 변화 검토		선입 개념과 새로운 생각을 비교하여 생각의 변화 여부 검토

예 2022-B03 : '정전기 유도' 단원을 드라이버(R. Driver)의 개념변화 학습 모형을 구성

단계	내용
오리엔테이션	교사 : 지난 탐구 활동 수업에서 정전기 유도에 대하여 배웠습니다. 이번 시간에는 여러분들이 알고 있는 개념을 확인해 보고, 잘못 알고 있는 개념들을 수정할 수 있도록 탐구 활동을 해 봅시다.
직관적 관념의 표현	교사 : 그림과 같이 컵 위에 구리 막대를 놓고 구리 막대의 끝에는 검전기를 놓아둡시다. 털가죽으로 문질러 대전시킨 플라스틱 막대를 구리 막대에 가까이 가져가면 검전기의 금속박이 어떻게 될지 그림으로 그려 봅시다. 그리고 구리 막대 대신 알루미늄 막대, 유리 막대, 나무 막대로 바꿔 가면서 금속박이 어떻게 될지 각각 그림으로 그려 봅시다. 구리 막대　　검전기 플라스틱 막대　　컵
명료화와 교환	• 교사 : 각자 그린 그림을 발표해 보도록 합시다. • 학생 A : 4종류의 막대 모두 금속박이 벌어지게 그렸어요. • 학생 B : 구리 막대와 알루미늄 막대는 도체이기 때문에 금속박이 벌어지게 그렸고, 유리 막대와 나무 막대는 부도체이기 때문에 금속박이 벌어지지 않게 그렸어요.
갈등 상황에 노출	교사 : 여러분의 예측이 맞는지 시범 실험을 통해서 살펴볼까요? 유리 막대와 나무 막대에 대전체를 가까이 가져갔더니 금속박이 어떻게 되었나요? 여러분의 예측과 비교해 보세요.

새로운 개념의 구성	교사 : 대전체에 의한 부도체의 정전기 유도 현상을 그림으로 살펴보면 다음과 같습니다. 대전체　　　　　부도체
새로운 개념의 평가	교사 : 다양한 재질의 부도체로 정전기 유도 실험을 해 보고, 결과를 다시 확인해 봅시다.
새로운 개념의 응용	교사 : 여러분들은 생활 속에서 부도체의 정전기 유도 현상을 쉽게 경험할 수 있습니다.
개념 변화 검토	• 교사 : 부도체의 정전기 유도 현상에 대한 개념이 어떻게 변하였는지 발표해 봅시다. • 학생 B : 부도체는 정전기 유도가 일어나지 않는다고 생각했었는데, 부도체에도 정전기 유도가 일어난다는 것을 알게 되었어요.

예 ① 직관적 관념(intuitive idea)

학생 A : 도체와 부도체 모두 정전기 유도가 발생한다.

학생 B : 도체는 정전기 유도가 발생하고, 부도체는 정전기 유도가 발생하지 않는다.

② 대체 개념틀 : 부도체는 정전기 유도가 발생하지 않는다.

드라이버의 개념 변화 학습 모형에서 대체 개념틀의 변화가 주된 목적이다. 여기서 학생 B의 경우 인지구조를 보면 '도체에 정전기 유도가 발생한다'는 과학개념과 '부도체는 정전기 유도가 발생하지 않는다'는 오개념 즉, 대체 개념틀을 가지고 있다. 실험을 통해 도체는 예상과 같게 정전기 유도가 발생하였다. 이는 피아제 인지구조 이론에 따르면 동화에 해당한다. 그런데 초기 예상과 다르게 부도체 역시 정전기 유도가 발생하므로 대체 개념틀과 다른 현상을 보였기 때문에 인지갈등이 발생하였다. 그리고 교사의 이론적 설명을 듣고 다른 부도체를 실험하고 동일한 현상이 발생함을 확인함으로써 조절이 일어난다. 새로운 상황에 적용해 보면서 최종적으로 대체 개념틀이 변화가 발생하여 새로운 인지구조를 형성하는 평형화 상태가 된다.

개념 변화가 발생하기 위해서는 포스너의 개념 변화 조건이 선행되어야 한다.

㉠ 기념 개념에 불만족해야 한다 : 학생 B의 경우 '부도체는 정전기 유도가 발생하지 않는다'라는 기존 개념과 실험 결과로 '부도체 역시 정전기 유도가 발생한다'는 현상을 확인하여 인지갈등이 유발된다.

학생 A의 경우 도체와 부도체 모두 정전기 유도가 발생한다고 생각하였기 때문에 인지갈등이 유발되지 않았다.

㉡ 새로운 개념은 이해될 수 있어야 한다 : 교사는 부도체에 정전기 유도가 발생함을 유전분극으로 설명한다. 학생은 이를 개념적으로 이해가 가능해야 한다. 학생 B의 경우 인지구조가 변화하였기 때문에 새로운 개념을 이해했다고 볼 수 있다.

㉢ 새로운 개념은 그럴듯해야 한다 : 유전분극이라는 이해를 통해 대체 개념틀(오개념)이 가진 문제점 즉, '부도체에서 정전기 유도 현상이 관측된다'라는 점을 해소하였기 때문에 이를 만족한다고 볼 수 있다.

이해가 되는데, 그럴듯하지 않은 경우가 있다. 예를 들어 '수소 원자모형에서 전하는 빼곡히 차 있다'라는 오개념을 가지고 있는데 러더퍼드 유핵 모형은 행성 모형처럼 생각하면 되므로 개념적으로 이해가 되고, 산란실험 결과 역시 이에 정상성을 부여한다. 그런데 기존 개념이 생성한 스펙트럼 문제는 해결하지 못한다.

반대로 이해는 안 되는데 그럴듯한 경우가 있다. 양자역학의 확률 모형은 관측 전에는 중첩 상태에 있다가 관측할 때 특정 상태로 붕괴한다는 다소 추상적이고 수학적으로 매우 복잡한 성질을 지니고 있다. 이는 고등학교 수학으로 이해하기 힘들다. 하지만 기존의 개념으로 설명하지 못하는 문제점을 해결한다.

㉣ 새로운 개념은 유용성을 가져야 한다 : 주어진 부도체뿐만 아니라 일상생활에서 발생하는 부도체의 정전기 유도 현상에 적용할 수 있으므로 유용성을 가진다.

05 발생(생성) 학습(generative learning) 모형 – 선개념을 변화시키는데 효과적인 수업 모형

비고츠키와 오수벨의 학습 이론에서는 교사의 역할이 강조된다. 그에 반해 발생 학습은 학습을 전체적 체계로 생각하여 교사뿐만 아니라 학습자 개인의 능동적인 활동을 통한 의미의 구성과 생성을 강조한다.

발생(생성) 학습에서 발생(생성)이 사용되는 이유는 과학 지식이 인지구조에서 '발생(생성)'한다고 주장하기 때문이다. '인지'라는 것은 대상을 분별하고 판단하여 아는 것을 말한다. 선개념을 조사한 이후 발표와 토의를 통한 견해의 교환 과정 그리고 과학개념의 학습 과정을 거치면서 동화와 조절이 발생한다. 교사와 학습 구성원의 적극적인 의사소통과 능동적인 역할이 중요하다. 발생 학습이 드라이버의 개념 변화 학습 모형과 다른 점은 선개념을 먼저 조사하여 개방적 질문으로 흥미를 유발시키면서 학습자의 능동적인 참여를 통한 개념 변화에 목적이 있다는 점이다.

발생 학습(generative learning) 모형은 각각 예비 단계 → 초점 단계 → 도전 단계 → 적용(응용) 단계로 구성된다.

단계	내용
예비 단계	학생들의 선개념을 조사한다.
초점 단계	개방적 질문을 통해 학습 동기와 흥미를 유발시킨다.
도전 단계	학생들이 다양한 의견을 발표 및 토의하게 한다. 과학개념을 소개하고, 실제적 활동을 통해 올바른 개념을 형성하게 한다.
적용 단계	학습한 과학개념을 토대로 문제를 해결하거나 새로운 상황에 적용해 보는 단계이다.

예 빛과 그림자

단계	내용
예비 단계	• 사전 조사를 통해 많은 학생들이 '그림자놀이'와 같은 일상 경험으로 인해 '그림자는 광원의 모양과 관계없이 물체의 모양에 따라서만 결정된다.'라는 오개념을 갖고 있다는 점을 확인한다. • 이러한 오개념을 확인하고 인지갈등을 유발할 수 있는 시범 활동을 구상한다.
초점 단계	• 다음과 같이 시범 장치를 준비하고 직선 모양의 광원을 비출 때 스크린에 생기는 원형 물체의 그림자 모양을 학생들에게 예상하도록 한다. • 같은 예상을 한 학생들끼리 모둠을 이루고 왜 그렇게 생각하는지 각자 글로 작성하도록 한다.

도전 단계	• 서로 다른 생각을 발표 및 토론하게 한다. • 과학개념을 소개하고, 관찰을 통해 자신의 생각과 비교하여 올바른 개념 형성을 돕는다.
적용 단계	• 원형 물체 대신 원형 구멍이 뚫린 판을 놓고 직선 모양의 광원이 켜질 때 스크린에 생기는 모양을 예상하고 관찰하도록 한다. • 관찰한 현상을 도전 단계에서 학습한 과학적 개념으로 설명하도록 한다.

06 인지갈등 수업 모형

인지갈등은 기존개념으로 설명할 수 없는 현상에 직면하여 자신의 생각이 잘못된 것임을 인식하는 상태이다. 인지갈등을 통해 학습자의 선개념이 과학개념으로 변화한다는 수업 모형이다. 인지갈등 수업 모형은 인지구조 갈등 상황을 구조화하여 표현하였다는 것이 앞서 배운 드라이버(R. Driver)의 개념변화 학습 모형, 발생 학습 모형들과 차이가 있다.

1. 파인즈와 웨스트의 포도덩굴 모형

(1) 자발적 지식

학습자가 환경과 상호작용을 통해 획득한 지식(선입 개념), 위로 자라는 포도덩굴

(2) 형식적 지식

학교 교육을 통해 학습한 지식, 아래로 자라는 포도덩굴

(3) 학습

두 종류의 지식을 자기의 것으로 통합하여 만들어 가는 과정

학교에서 학습한 지식 형식적 지식	↓	↓		↑
자연발생적 지식 자발적 지식	↑		↑	↑
상황	갈등 상황	학교 학습 상황	자발적 학습 상황	조화 상황

(4) 상황의 종류

갈등 상황	선입 개념이 학교에서 학습한 개념과 상충되는 경우 → 개념변화 수업이 필요
학교 학습 상황	학교에서 학습한 개념 외에 선입 개념이 형성되지 않는 경우
자발적 학습 상황	학교에서 학습한 개념이 없고 선입 개념만 있는 경우
조화 상황	선입 개념이 학교에서 학습한 개념과 조화되는 경우

2. 하슈웨의 인지갈등 수업 모형

하슈웨는 포스너 등의 개념변화 조건의 한계를 지적하면서 인지 변화에 영향을 미치는 외적 요인을 제시하였다.

아래 그림과 같이 외적 요인을 바탕으로 선입 개념이 잘 바뀌지 않는 이유, 새로운 개념의 획득에 영향을 미치는 요인, 인지적 구성에 미치는 영향을 설명하는 개념 변화 모형을 제시한다.

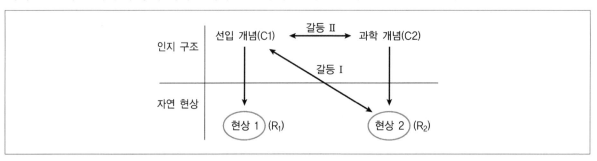

(1) 갈등 상황

① **인지구조와 자연현상 사이의 갈등** : 선개념(C1)과 새로운 현상(R2) 사이의 갈등

② **인지구조 사이의 갈등** : 과학 개념(C2)과 선개념(C1) 사이의 갈등

③ **갈등 1 해소** : 선개념으로 설명할 수 없는 현상(R2) 등장 → 현상(R2)을 설명가능한 과학적 개념 도입

④ **갈등 2 해소** : 선개념과 과학적 개념을 모두 설명 가능한 현상(R1) 등장 → 선개념이 현상(R1)은 설명하지만 현상(R2)은 잘 설명하지 못한다는 것을 제시

(2) 수업 과정

① **선개념 확인 단계** : 선개념 확인 및 선개념으로 설명 가능 현상 제시(R1-C1)

② **인지갈등 유발 단계** : 선개념으로 설명할 수 없는 새로운 상황 제시, 인지갈등 유발(C1-R2)

③ **개념 도입 단계** : 선개념 → 과학적 개념, 인지갈등 해소(C2 도입)

④ **개념 적용 단계** : 주어진 문제를 새로운 생각 의해 설명하고 결과 비교(C2-R1, R2)

⑤ **평가** : 새로운 상황의 문제 제시, 새로운 관념의 정착, 응용 정도 확인(C2-R2, R3)

(3) 변칙 사례를 제공하여도 인지갈등이 유발되지 않는 이유

① 학생들이 변칙 사례를 자신의 원래 생각과 비교하지 않음(무시, 예외 사례로 간주)

② 학생들의 기존 개념이 강하여 변칙 사례를 접해도 자신의 생각에 맞추어 변형, 해석(관찰의 이론 의존성), 선개념으로 설명하려 함

③ 실험을 통해 얻은 자료 중 자신의 생각을 지지할 수 있는 내용들만 선별적으로 취한다.

④ 시간이 지나면 자신이 가지고 있는 직관적 생각으로 돌아간다.

07 실험 탐구 학습 모형(가설 검증 모형) – 실증주의에 기반

문제를 인식하고 가설을 형성하는 과정이 선행되는 연역적 방법을 이용한 학습 모형이다. 대부분의 과학자들이 실제 연구 과정을 수업으로 모형화한 것으로 학생들이 과학을 하는 방법과 정신을 인식할 수 있다. 기존 지식이나 관찰을 바탕으로 문제 해결에 영향을 미치는 변인들의 관계를 경험적으로 검증할 수 있도록 진술하는 과정

단계	내용
문제 인식	갈등 또는 문제의 인지 및 탐구의 출발점 단계
가설 설정	제기된 문제에 대한 잠정적 해답, 즉 가설을 설정하는 단계
실험 설계	변인 확인 및 통제, 실험의 계획과 준비
실험 수행	변인을 통제하면서 실험을 통해 자료를 수집, 관찰, 분류, 측정 등과 같은 기초 탐구 과정 기능 필요
가설 검증	자료 분석 및 해석을 통해 가설이 성립하는지 판단
적용	알게 된 법칙이나 지식을 실제 상황에 적용하고 설명하여 응용하는 단계

1. 변인

실험에 직접적 관련 있는 물리량(독립변인과 종속변인으로 나뉜다.)

(1) 독립변인

실험 결과나 변인에 영향을 미치는 변인이다. 독립변인은 조작변인과 통제변인으로 나눌 수 있다.

① **조작변인** : 독립변인 중에서 가설을 검증하기 위해서 값을 변화시키는 변인이다.

② **통제변인** : 조작변인을 제외한 나머지 독립변인들로 값을 변화시키지 않고 유지시키는 변인이다. 조작변인 외에 다른 변인이 실험에 영향을 미친다면, 그 실험 결과가 오직 그 조작변인에 의한 결과라고 확정할 수 없다. 다른 변인이 영향을 미치지 못하게끔 연구자가 통제하는 변인이 통제변인이다. 이처럼 조작변인 외에 나머지 변인들을 일정하게 유지시키는 행위를 '변인 통제'라 한다.

(2) 종속변인

독립변인에 의해 영향을 받아서 값이 변하는 변인이다. 즉, 독립변인의 결과이자 실험 결과값이다. 독립변인에 종속적이기 때문에 종속변인이라 한다.

2. 참고로 가설-연역적 순환학습 모형과의 차이점은 잠정적인 답에 해당하는 가설에서 실험 탐구 학습 모형은 변인 간의 관계가 명확한 데 있다. 예를 들어 '역학적 에너지가 보존되지 않는 경우는 무엇인가'라는 의문에 대한 답을 '마찰력이 작용하기 때문에 역학적 에너지가 보존되지 않는다'라는 가설을 세워 마찰이 거의 없는 면과 마찰이 작용하는 면에서 실험하여 가설을 검증하는 방식이 가설-연역적 순환학습 모형이라면, 실험 탐구 학습 모형은 더 구체적인 가설 요건을 만족한다. '동일한 물체에서 마찰력은 표면의 거칠기에 비례한다.'라는 가설을 세워 검증하는 방식이다. 그리고 데이터를 통한 자료 분석과 자료 해석이 수행된다.

예 '물체의 가속도에 영향을 주는 요인'에 대한 탐구 학습 모형

[수업 계획]

[준비물] 역학 수레(500g) 1개, 추(500g) 4개, 도르래, 실, 동영상 촬영 장치, 컴퓨터

1. 일상생활에서 경험할 수 있는 여러 가지 물체의 운동이 포함된 동영상을 제시한다. 이를 통해 다양한 물체의 운동이 무엇에 영향을 받는지 생각해 보게 한다.
2. 학생에게 물체의 가속도에 영향을 주는 변인이 무엇이 있는지 찾고 가설을 세우도록 한다.
3. 학생은 자신이 세운 가설을 검증하기 위한 실험을 설계한다.

   ※ 실험 설계에 어려움이 있는 학생에게는 다음과 같은 실험 방법을 안내한다.

   > 가설 : 질량이 일정할 때 물체의 가속도는 힘에 비례한다.
   >
   > ① 그림과 같이 실험 테이블에 도르래를 설치하고 실의 양 끝에 역학 수레와 추를 연결한다. 이때 역학 수레 위에 추 3개를 올려놓는다.
   >
   >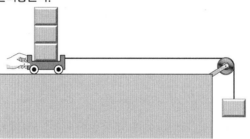
   >
   > ② 손을 놓아 역학 수레의 운동을 동영상으로 촬영하고, 이로부터 가속도를 구한다.
   > ③ 역학 수레에 있는 추를 1개씩 반대쪽 추에 연결한 후 ②의 과정을 반복한다.

4. 학생은 실험 설계에 따라 실험을 수행하고 그 결과를 기록한 후 결과를 정리한다. 이때 실험 결과를 그래프로 나타낸다.
5. 학생은 실험을 통해 얻은 자료를 해석하여 가설이 성립하는지 판단한다.
6. 힘과 가속도의 관계를 다양한 운동에 적용해 본다.

08 과학-기술-사회(STS) 교수 · 학습 모형

사회적 현상에 대해 직접 참여와 행동을 중요시하는 역할 놀이에 기반한 STS 수업 모형은 학생들이 과학, 기술, 사회가 긴밀하게 연관되어 있는 현실에서 이에 대한 문제를 인식하고 스스로 해결 방안을 모색하는 책임 있는 의사결정이 강조된다. 이론적 배경은 사회적 구성주의에 두고, 사회적 쟁점을 도입하여 학생의 문제 해결 능력, 의사소통 능력, 의사 결정 능력, 가치판단 능력, 실천 능력을 함양하는 것을 목표로 한다. STS 수업 모형의 단계는 '문제로의 초대 → 탐색 → 설명 및 해결 방안 제시 → 실행' 단계로 구성된다.

단계	내용
문제로의 초대	교사는 실생활과 관련된 상황을 자료, 현상, 정보, 문제 등을 제시 학생들은 흥미와 호기심을 가지고 의문을 제시 → 탐구 과정 : 문제 인식
탐색	문제에 관련한 다양한 이론이나 개념, 자료와 정보, 사례를 조사하고 수집 문제 해결 방안을 위한 조사 방법이나 실험 계획을 세우고 수행한다. 자료를 근거로 다른 학생들과 토의하여 해결 방안을 모색한다.
설명 및 해결 방안 제시	문제에 포함된 과학적 개념을 정리하고, 수집한 정보와 실험 결과를 토대로 문제 해결 방안에 대해 장단점을 분석한다. 문제 해결 방안에 대해 구성원과 토의하고 그 결과를 발표한 뒤, 전체 발표를 바탕으로 여러 가지 방안을 종합적으로 살펴 적절한 실천 방안, 의견을 결정한다.
실행	문제 해결 방안을 직접 실천에 옮기거나 사회에 영향력을 행사한다.

예 일상 환경의 소음 문제

단계	내용
문제로의 초대	소음이 사회적 문제로 대두되고 있다는 기사를 보여준다.
탐색	소음과 관련된 과학적 원리와 소음이 인체에 미치는 영향을 조사하게 한 후, 소음 측정기를 이용하여 교실, 운동장, 도로변 등 여러 곳에서 소음의 세기를 측정하게 하였다.
설명 및 해결 방안 제시	학습한 내용과 과학 원리를 기초로 소음을 줄이는 방안을 고안하였으며, 역할 놀이와 토의를 통해 다양한 여건을 고려하여 소음 규제가 필요한 지역을 선정하였다.
실행	소음 줄이기 캠페인을 벌였다.

Chapter

04

정답 및 해설_ 331p

2020-A07

01 다음 <자료>는 수업 모형의 선택에 대해 예비 교사와 지도 교사가 나눈 대화이다. 이에 대하여 <작성 방법>에 따라 서술하시오. [4점]

---- < 자료 > ----

예비 교사: 저는 줄다리기 상황을 통해 작용 반작용 법칙에 대한 수업을 계획하고 있습니다. 수업 설계를 위해 발견 학습 모형, 순환학습 모형, 발생 학습 모형 중 어떤 수업모형을 활용해야 할지 고민이 됩니다.

지도 교사: (㉠) 모형은 자연현상을 관찰하고 수집한 자료에서 학생 스스로 규칙성을 찾아 개념화할 수 있는 학습 주제에 적합한 수업모형입니다. 그런데 많은 학생들이 작용 반작용 법칙을 배운 후에도 오개념을 갖고 있습니다. 이 경우 학생들이 교사의 개입 없이 학습 목표에 스스로 도달하기는 어려울 것이므로, (㉠) 모형은 일단 제외하는 것이 좋겠습니다.

예비 교사: 그렇다면 나머지 두 수업모형 중에 어떤 것이 좋을까요?

지도 교사: (㉡) 모형은 학생의 잘못된 선개념 해소에 초점을 두고 제안된 수업모형입니다. 이 수업모형의 단계 중 예비 단계에서는 학생이 갖는 지배적인 선개념을 조사합니다. … (중략) … (㉡) 모형의 마지막 수업 단계에서는 학생들이 ㉢ 학습한 과학 개념을 새로운 상황에 적용하도록 해야 합니다. … (하략) …

---- < 작성 방법 > ----

• 괄호 안의 ㉠에 공통으로 해당하는 수업 모형에서 주로 사용하는 과학적 사고의 유형을 쓰고, 그러한 사고 유형이 ㉠의 수업모형에 적합한 이유를 <자료>를 참고하여 제시할 것
• 괄호 안의 ㉡에 공통으로 해당하는 수업 모형을 쓰고, 포스너 (G. Posner) 등이 제안한 개념변화를 위한 4가지 조건 중 밑줄 친 ㉢과 가장 밀접한 관련이 있는 조건을 제시할 것

02 다음은 교사가 순환학습 모형을 적용하여 진자 운동에 관한 수업을 하고 있는 과정의 일부이다.

> ......
> 교사 : ① 지금까지의 실험 활동에서 네가 발견한 것은 무엇이지?
> 학생 : ② 네, 실에 추를 매단 진자의 운동에서 진자 운동의 주기는 실의 길이의 제곱근에 비례한다는 것입니다.
> 교사 : ③ 그렇지? 그렇다면 우리가 그네를 탈 때, 그네의 주기를 반으로 줄이려면 어떻게 하면 될까?
> 학생 : ④ 그네를 매단 줄의 길이를 1/4로 줄이면 됩니다.

현재 진행되고 있는 과정은 순환학습 모형의 어느 단계에 해당되는지 쓰시오. 또, 그 단계를 나타내는 핵심적인 문장을 위에서 찾아 번호를 쓰시오. [4점]

• 단계 :

• 핵심 문장 :

2006-05

03 다음은 패러데이의 법칙에 관한 순환학습 과정이다.

> **활동 1**: 긴 전선의 양끝을 검류계에 연결한 다음 전선을 줄넘기하듯 돌리면서 검류계에 어떤 변화가 일어나는지 관찰한다. 학생들에게 검류계 바늘이 움직인 이유를 질문한다.
>
> **활동 2**: 학생들은 가설을 세우고 이를 검증하기 위한 실험을 계획하여 실시한다.
>
> **활동 3**: (   )
>
> **활동 4**: 주변에서 활동 1과 유사한 현상이나 원리를 적용한 예를 찾고 설명한다.
>
> **활동 5**: 교사는 "검류계에 검출된 전류의 방향이 바뀌는데, 여기에 어떤 규칙성이 있을까?"라는 새로운 질문을 던진다.
>
> **활동 6**: 학생들은 새로운 질문에 답하기 위한 가설을 세우고 이를 검증하기 위한 실험을 계획하여 실시한다.

활동 3에 해당하는 수업활동을 제시하고, 활동 3을 마친 후에 학생들이 도달하기를 기대하는 인지상태를 피아제 이론을 바탕으로 설명하시오. [3점]

2009-04

04 다음은 '로슨(Lawson)의 순환학습(Learning Cycle)모형'에 따라 수업을 설계한 것이다.

---

(1) 그림과 같이 대전된 PVC 막대를 구리 막대에 가까이 가져가면서 검전기의 금속박이 어떻게 되는지 관찰한다.

(2) 구리막대 대신, 철 막대와 알루미늄 막대를 차례로 올려놓고 같은 실험을 한다.
(3) 실험 결과를 정리하고 규칙성을 생각해 본다.
(4) 이 현상을 설명할 수 있는 적절한 개념과 용어를 소개한다.
(5) 청동 막대, 황동 막대 등에 대해서도 같은 결과가 나타나는지 실험한다.

이 수업에 대한 설명으로 옳지 않은 것은?

① 과정 (1), (2), (3)은 '탐색' 단계이다.

② 과정 (3)은 학생 중심으로 이루어진다.

③ 과정 (4)는 '개념 재구성' 단계이다.

④ 과정 (4)에서 소개될 적절한 개념은 '정전기 유도'이다.

⑤ 과정 (5)는 '개념 적용' 단계이다.

2014-A 서술형 2

05 다음은 '볼록렌즈에 의한 상'에 관한 수업을 순환학습 모형에 따라 단계별로 구성하여 순서 없이 나열한 것이다. 단계 A가 순환학습의 어느 단계에 해당하는지 쓰고, 단계 A의 수업 내용을 그 단계의 특징이 나타나도록 서술하시오. [3점]

단계	수업 내용
A	
B	글씨가 적힌 종이 위에 투명한 필름을 놓고, 그 위에 물방울을 떨어뜨린다. 물방울의 크기가 커짐에 따라 글씨가 확대되는 정도가 다른 것을 관찰한다. 초점거리가 서로 다른 두 개의 볼록렌즈에 의한 상의 배율이 다름을 확인한다.
C	렌즈에서 물체까지 거리, 초점거리와 상의 배율의 관계식을 이용하여 근시와 원시를 교정할 수 있는 렌즈에 적용한다.

2016-A01

06 다음은 '정전기 유도' 수업에서 '순환학습 모형을 확장한 5E 수업 모형'의 수업 단계를 순서 없이 배열한 것이다.

단계	교수 · 학습 활동
(가)	검전기를 이용한 정전기 유도 현상을 학생이 과학적 용어로 설명하고, 이 현상이 적용되는 다양한 상황을 찾아 발표하게 한다.
(나)	학생의 흥미를 유발하기 위해서 대전된 풍선으로 형광등에 불이 켜지는 현상을 보여 주고 정전기 유도 현상과 관련된 경험을 이야기하도록 하여, 학생의 사전 개념을 확인한다.
(다)	학생이 투명 테이프를 이용하여 다양한 시도를 하고, 투명 테이프 두 장을 서로 붙였다 뗀 뒤에 서로 당기는 것을 확인하도록 한다.
(라)	투명 테이프에서 나타난 정전기 유도 현상을 학생 자신의 용어와 의미로 설명하도록 장려하고, 대전, 인력, 척력의 개념을 학생에게 설명해 준다.
평가	정전기 유도 현상에서 나타나는 예를 학생에게 설명하도록 하여 잘못된 개념은 없는지 확인한다.

수업 단계에 맞게 (가)~(라)를 순서대로 배열하고 (나) 단계의 명칭을 쓰시오. [2점]

2022-B05

07 다음 <자료 1>은 '역학적 에너지와 보존'에 대해 예비 교사가 작성한 수업 모형 A, B에 따른 수업 계획이며, <자료 2>는 <자료 1>에 대해 예비 교사와 지도 교사가 나눈 대화이다. 이에 대하여 <작성 방법>에 따라 서술하시오. [4점]

───< 자료 1 >───

[수업 목표]
역학적 에너지가 보존되는 경우와 열 에너지가 발생하여 역학적 에너지가 보존되지 않는 경우를 실험을 이용해 설명할 수 있다.
[준비물] 간이 공기 부상 궤도, 용수철에 연결된 활차, 초시계

ı. A수업 모형에 따른 수업 계획

단계	교수·학습 활동
I	• 교사는 간이 공기 부상 궤도 위에 떠있는 활차와 궤도에 놓여 있는 활차를 각각 5cm 당겼다가 놓았을 때, 어떤 활차가 먼저 멈출지 예측해 보게 하고, 그렇게 생각하는 이유를 활동지에 기록하게 한다.
II	• 교사는 학생이 시범 실험을 관찰하게 하고 실험 결과를 표에 기록하게 한다.
III	• 학생은 자신이 예측한 결과와 실험 결과와의 공통점과 차이점에 대해 모둠별로 토의하고 모둠별 토의 결과를 발표한다. • 교사는 관련 개념을 설명한 후, 실험 결과를 더 잘 설명한 모둠을 선발한다.

ı. B수업 모형에 따른 수업 계획

단계	교수·학습 활동
(가)	• 교사는 야구 선수가 슬라이딩하는 모습을 보여 주고, 야구 선수의 운동 에너지는 왜 감소했는지 질문을 한다. • 학생은 교사의 질문에 대한 가설을 설정하고, 가설을 검증하기 위해 실험을 설계하고 수행한다.
(나)	• 교사는 두 활차 실험에서 간이 공기 부상 궤도를 사용하지 않은 활차는 마찰력에 의해 열에너지가 발생하여 역학적 에너지가 보존되지 않았음을 설명하고 학생들의 실험 결과를 정리한다.
(다)	• 교사는 우리 주변에서 볼 수 있는 역학적 에너지가 보존되지 않는 사례에 대해 질문을 하고, ㉠ <u>학생들은 자신들이 생각한 사례들을 발표한다.</u>

───< 자료 2 >───

예비 교사 : 역학적 에너지와 보존에 대한 수업을 설계해 봤습니다. 그런데 A수업 모형과 B수업 모형 중 어떤 수업 모형을 적용하는 것이 효과적일지 판단하기 어렵네요.
지도 교사 : 수업 모형을 선택할 때는 수업 모형의 특성을 살펴보는 것이 중요하죠. A수업 모형을 사용하면 (㉡) 하는 데 효과적입니다. 그리고 순환 학습 모형 중 하나인 B수업 모형은 새로운 개념의 구성과 추리 기능의 개선에 목적이 있습니다.

───< 작성 방법 >───

• <자료 1>과 <자료 2>를 근거로 A수업 모형과 B수업 모형에 해당하는 수업 모형을 순서대로 쓸 것
• <자료 1>의 밑줄 친 ㉠ 활동이 (다) 단계에서 하는 역할 1가지를 쓸 것
• <자료 1>을 근거로 괄호 안의 ㉡에 해당하는 A수업 모형의 장점 1가지를 쓸 것

2023-B05

08 다음 <자료>는 전반사가 발생하기 위한 조건을 알아보는 수업 계획이다. 이에 대하여 <작성 방법>에 따라 서술하시오. [4점]

< 자료 >

(가) 단계: (㉠   )

반원형 유리   각도기 판
O
레이저 광원

① 그림과 같이 각도기 판 위에 반원형 유리를 올려놓고 레이저 빛이 유리의 둥근 면에 입사하여 ㉡ <u>원의 중심 O를 지나도록</u> 한다.

② 입사각을 변화시키면서 굴절각이 90°가 되는 순간의 입사각을 구한다.

③ 입사각이 ②에서 구한 입사각보다 클 때, 유리의 평평한 면을 빠져나가는 빛이 있는지 관찰한다.

④ 레이저 빛을 공기에서 유리의 평평한 면의 O에 입사시킨 후 입사각을 변화시키면서 입사된 빛이 전부 반사되는 경우가 있는지 관찰한다.

(나) 단계: 개념 도입

• 빛이 한 매질에서 다른 매질로 진행할 때 굴절 없이 전부 반사하는 현상을 전반사라고 설명한다.

• 굴절각이 90°가 되는 순간의 입사각을 임계각이라고 설명한다.

• 전반사가 발생하는 다음의 2가지 조건을 설명한다.

조건 1: 빛은 굴절률이 큰 매질에서 작은 매질로 진행해야 한다.
조건 2: (㉢   )

(다) 단계: (㉣   )

• 전반사 현상이 나타나는 다음의 예에서 빛의 진행을 전반사로 설명한다.

예 1: 레이저 빛이 프리즘에 입사한 후 되돌아 나온다.
예 2: 레이저 빛이 플라스틱 컵의 뚫린 구멍에서 나오는 물줄기를 따라 진행한다.
예 3: 휘어진 광섬유의 끝에서 레이저 빛이 보인다.

• 그 밖에 전반사 현상을 관찰할 수 있는 예를 찾아 친구에게 설명한다.

< 작성 방법 >

• <자료>의 수업 계획에 적용된 과학과 수업 모형의 종류를 쓰고, 괄호 안의 ㉠과 ㉣에 해당하는 수업 모형의 단계명을 제시할 것

• (가) 단계의 밑줄 친 ㉡과 같이 실험하는 이유를 설명할 것

• (가) 단계의 과정 ①~③을 통해 알 수 있는, 괄호 안의 ㉢에 들어갈 전반사 조건을 제시할 것

2020-B01

09 다음은 '전자기 유도'에 대한 수업 계획이다. 적용된 과학과 수업 모형의 종류와 (가)에 해당하는 이 수업 모형의 단계를 각각 쓰시오. [2점]

> **[수업 목표]** 전자기 유도에 대해 설명할 수 있다.
> **[준비물]** 구리 관 1개, 플라스틱 관 1개, 네오디뮴 자석 2개
> **[수업 과정]**
>
> | 수업 단계 | 교수·학습 활동 |
> |---|---|
> | (가) | • 교사는 연직 방향으로 세워진 길이가 같은 구리 관과 플라스틱 관 안에 네오디뮴 자석을 동시에 떨어뜨렸을 때 어느 관 속에 넣은 자석이 먼저 떨어질지 학생이 예측해보게 한다.
• 학생은 실험 결과를 예측하고, 그렇게 생각하는 이유를 기록한다. |
> | (나) | • 교사는 연직 방향으로 세워진 구리 관과 플라스틱 관 각각에 네오디뮴 자석을 동시에 떨어뜨리고 나타나는 결과를 학생이 관찰하게 한다.
• 학생은 관찰 결과를 활동지에 기록한다. |
> | (다) | • 학생은 자신의 예측과 실험 결과가 일치하는지 비교하고, 그와 같은 결과가 나온 이유를 각자 기록한 후 모둠별로 토의한다.
• 교사는 모둠별 토의 결과를 칠판에 쓰고 어떤 것이 실험 결과를 더 잘 설명하는지 학급 전체에서 토의하게 한다.
• 교사는 전자기 유도에 대해 설명하고, 이 개념을 적용하여 실험 결과를 정리한다. |

Chapter

04

2011-04

10 다음은 교사의 수업 계획이다.

(가) 다음과 같은 선개념을 학생이 가지고 있음을 확인한다. '전압은 전류와 저항의 곱이다. ㉠ <u>물체의 저항은 온도에 무관하다.</u>'

(나) 전압과 전류의 관계가 직선으로 나타난 그래프를 제시하고, 그래프로부터 저항값을 구하게 한다.

(다) 다음 그림과 같은 회로에서 전압과 전류의 관계가 곡선으로 나타난 그래프를 제시하고, 왜곡선으로 나타났는지 말해 보게 한다.

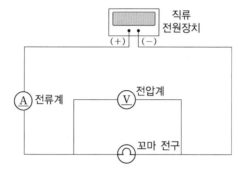

(라) 저항에 열이 발생하면 저항값이 온도에 따라 변함을 설명해 준다.

이 수업 계획에 대한 설명으로 가장 적절한 것은? [2.5점]

① 오수벨(D. Ausubel)의 이론에 의하면, (가)과정에서 ㉠개념은 학생에게 '선행 조직자'가 된다.

② 피아제 (J. Piaget)의 인지발달 이론에 의하면, 이 수업 계획은 (나) 과정에서 학생의 인지구조가 변화되는 '평형화 과정'이 일어나도록 한 것이다.

③ 하슈웨(M. Hashweh)의 개념변화 모형에 의하면, 이 수업 계획은 (다) 과정에서 ㉠개념과 '온도에 따라 물체의 저항값이 변한다.'는 개념 사이의 갈등이 학생의 인지구조 내에서 유발되도록 한 것이다.

④ 오수벨(D. Ausubel)의 이론에 의하면, 이 수업 계획은 (라)과정에서 '수용학습'이 일어나도록 한 것이다.

⑤ 파인즈와 웨스트(A. Pines & L. West)의 포도덩굴 모형에 의하면, (가)~(라)는 '자발적 학습 상황(자연 발생적 학습 상황)'이다.

11 기압에 대한 수업에서 학생들이 지닌 선개념을 변화시키기 위해 김 교사는 시범 활동을 사용하기로 했다. 이를 위해 김 교사는 둥근바닥 플라스크 A의 입구를 밸브로 막고 진공상태로 만들었다. 플라스크 A의 입구를 물이 가득 채워진 플라스크 B 속에 집어넣고 밀봉을 하였다.

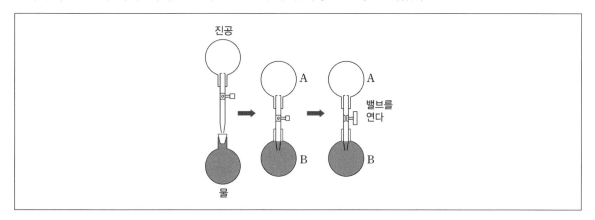

다음은 김 교사가 구성주의적 관점에서 계획한 수업과정이다.

(가) 학생들에게 실험 장치를 보여주고 그 구조를 간단히 설명한 다음, 진공 플라스크의 밸브를 열면 플라스크 B 속의 물이 어떻게 될 것인지 질문한다. 활동지에 자신의 예상을 그려보고, 그렇게 생각하는 이유를 기록하게 한다.

(나) 모둠별로 3~5분 동안 자신의 예상을 토의하고, 가장 그럴듯한 예상과 그 이유를 학급 전체에 발표하도록 한다.

(다) 어떤 예상이 옳은지 주목하게 하면서, 교사는 진공 플라스크의 밸브를 열고, 그때 일어나는 현상을 학생들에게 보여준다.

(라) 자신들의 예상과 실험 결과를 비교해 보고, 그와 같은 결과가 일어난 이유에 대해 모둠별로 10분 동안 토의한 뒤, 학급 전체에서 발표하도록 한다.

(마) 관찰된 실험 결과에 대한 학생들의 서로 다른 생각을 칠판에 적고 어떤 생각이 더 적절한지 학급에서 토의한다.

이와 같은 수업에 대한 다음의 진술 중에서 옳지 않은 것은?

① 시범을 보여주기 전에 예상과 토의를 하게 하는 것은 학생 자신의 생각을 분명하게 인식하도록 하기 위한 것이다.

② "플라스크 B 속의 물이 모두 플라스크 A로 올라간다."고 예상한 학생에게는 관찰 결과가 불일치 사례가 될 수 있다.

③ (다)의 과정에서 학생들에게 관찰 결과를 즉시 기록하게 하는 것은 (라)의 과정에서 학생들의 선개념을 바꾸지 않도록 하기 위한 것이다.

④ (라)와 (마)는 화이트와 건스톤(R. White & R. Gunstone)이 제안한 POE 모형에 의하면 설명단계에 해당한다.

⑤ (라)의 과정에서 학생의 인지적 갈등을 일으키지 않고 관찰 결과를 설명할 수도 있다는 것을 교사가 알 필요가 있다.

2008-03

12 '빛과 그림자'에 대한 다음 수업 과정을 PEOE(예상−설명 1−관찰−설명 2) 모형으로 정리할 때, 각 단계에 해당하는 내용을 2줄 이내로 쓰시오. 단, '설명 2'는 마지막 학생이 답해야 하는 내용 A를 포함하여 쓰시오. [4점]

교사 : 빛은 공기 중에서 어떻게 나아간다고 생각해요?

학생 : 휘어지지 않고 직진해요.

교사 : 그럼, 그것을 어떻게 알 수 있을까요?

학생 : 빛이 지나가는 길에 물체를 놓았을 때 생기는 그림자로 알 수 있을 것 같아요.

교사 : 그럼, 그림자에 대해서 좀 더 이야기해 보죠. 점광원이 아닌 광원으로 물체를 비추면 그림자의 모양은 어떨까요?

학생 : 그림자의 모양은 물체의 모양과 똑같을 거라고 생각합니다.

교사 : 왜 그렇게 생각해요?

학생 : 그림자는 빛이 지나가는 것을 물체가 가려서 생기니까, 그림자의 모양은 물체의 모양과 같겠죠.

교사 : 그럼, 직선 모양의 광원으로 원형인 물체를 비추면, 그림자의 모양이 어떻게 되는지 살펴봅시다.

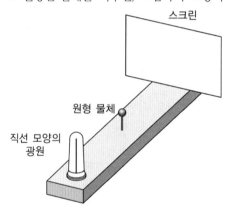

학생 : 제 예상과는 달리 직선 모양의 그림자가 나오네요. 왜 그렇죠?

교사 : 만약 꼬마전구와 같이 점광원으로 원형의 물체를 비추면 원형의 그림자가 나와요. 그런데 꼬마전구가 위아래로 두개가 있다고 하면 그림자가 어떻게 될까요?

학생 : 동그란 그림자가 위아래로 2개가 나오겠죠. 아! 이제 알겠어요. 직선 모양의 광원은 점광원이 위아래로 연속해서 붙어 있는 것이라고 생각할 수 있겠네요.

교사 : 그래요. 그럼, 이제 어떤 것들이 그림자의 모양에 영향을 주는지 알겠지요?

학생 : 예! (A   )

- 예상 단계:

- 설명 1단계:

- 관찰 단계:

- 설명 2단계:

2022-B03

13 다음 <자료>는 교사가 '정전기 유도' 단원을 지도한 후, 학생들의 오개념을 확인하고 이를 변화시키기 위해 드라이버(R. Driver)의 개념 변화 학습 모형으로 지도하는 장면이다. 이에 대하여 <작성 방법>에 따라 서술하시오. [4점]

< 자료 >

(가) 단계

교사 : 지난 탐구 활동 수업에서 정전기 유도에 대하여 배웠습니다. 이번 시간에는 여러분들이 알고 있는 개념을 확인해 보고, 잘못 알고 있는 개념들을 수정할 수 있도록 탐구 활동을 해 봅시다.

(나) 단계

교사 : 그림과 같이 컵 위에 구리 막대를 놓고 구리 막대의 끝에는 검전기를 놓아둡시다. 털가죽으로 문질러 대전시킨 플라스틱 막대를 구리 막대에 가까이 가져가면 검전기의 금속박이 어떻게 될지 그림으로 그려 봅시다. 그리고 구리 막대 대신 알루미늄 막대, 유리 막대, 나무 막대로 바꿔 가면서 금속박이 어떻게 될지 각각 그림으로 그려 봅시다.

(다) 단계

교사 : 각자 그린 그림을 발표해 보도록 합시다.

학생 A : 4종류의 막대 모두 금속박이 벌어지게 그렸어요.

학생 B : 구리 막대와 알루미늄 막대는 도체이기 때문에 금속박이 벌어지게 그렸고, 유리 막대와 나무 막대는 부도체이기 때문에 금속박이 벌어지지 않게 그렸어요.

(라) 단계

교사 : 여러분의 예측이 맞는지 시범 실험을 통해서 살펴볼까요? 유리 막대와 나무 막대에 대전체를 가까이 가져갔더니 금속박이 어떻게 되었나요? 여러분의 예측과 비교해 보세요.

(마) 단계

교사 : 대전체에 의한 부도체의 정전기 유도 현상을 그림으로 살펴보면 다음과 같습니다.

… (중략) …

(바) 단계

교사 : 다양한 재질의 부도체로 정전기 유도 실험을 해 보고, 결과를 다시 확인해 봅시다.

(사) 단계

    교사 : 여러분들은 생활 속에서 부도체의 정전기 유도 현상을 쉽게 경험할 수 있습니다.

… (중략) …

(아) 단계

    교사 : 부도체의 정전기 유도 현상에 대한 개념이 어떻게 변하였는지 발표해 봅시다.

    학생 B : 부도체는 정전기 유도가 일어나지 않는다고 생각했었는데, 부도체에도 정전기 유도가 일어난다는
            것을 알게 되었어요.

〈작성 방법〉

- 개념 변화 학습 모형에서 (다) 단계의 역할을 쓸 것
- (라) 단계명을 쓰고, (라) 단계에서 시범 실험의 역할을 쓸 것
- 학생 B의 개념 변화에 대해 (다)~(아) 단계를 근거로 피아제(J. Piaget)가 제시한 인지구조와 환경과의 적응
  과정으로 설명할 것

2010-05

14 다음은 발생 학습(generative learning) 모형을 적용한 수업이다.

단계 (가): 렌즈에 의한 상에 대해 학생들의 생각을 조사한다.

단계 (나): 학생들에게 그림과 같이 볼록렌즈에 의해 생기는 촛불의 상을 보여주고, "볼록렌즈의 위쪽 절반을 두꺼운 판지로 가리면 촛불의 상이 어떻게 될까?"라는 질문을 한다.

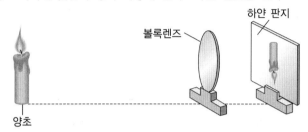

단계 (다): 위와 같은 문제에 대해 자신의 생각을 서로 토론하고, 실제적인 활동을 통해 그에 대한 증거를 찾도록 한다.

단계 (라): 적용 단계로서 (   )

이 수업에 적용한 방법으로 옳은 것은?

① 단계 (가)는 도전 단계로 흥미 유발을 위해 사진기의 원리를 설명하는 읽을거리를 제시한다.

② 단계 (나)에서 과제를 분명하게 이해시키기 위해 교사는 학생들이 자신의 생각을 명료하게 인식하도록 도와준다.

③ 단계 (다)에서 학생들에게 오목렌즈를 이용하여 촛불의 상을 찾도록 한다.

④ 단계 (라)에서 교사는 학생들의 선개념을 명확하게 드러낼 수 있는 과제를 제시한다.

⑤ 오목거울을 이용한 태양열 조리기의 원리를 설명하도록 하는 과제는 단계 (라)에서 사용할 수 있는 적절한 사례가 된다.

2010-06

15 다음은 힘과 운동에 대한 교사와 학생의 대화를 나타낸 것이다.

교사 : 이전 시간에 등속운동의 개념에 대해서 배웠죠? 그럼 등속운동과 힘에 대해서 이야기해 봅시다.

학생 : 물체가 등속운동을 하기 위해서는 힘이 꼭 필요하다고 생각해요. ㉠ 물체에 힘이 작용하지 않으면, 그 물체는 멈추지요.

교사 : 그럼 얼음 위에서 물체를 밀었을 때는요?

학생 : 어? 이상하네요. 그러고 보니까 ㉡ 얼음 위에서는 힘을 주지 않아도 물체가 멈추지 않고 움직이는 것을 본 적이 있어요.

교사 : 네. ㉢ 알짜 힘이 0이면 물체는 등속으로 움직입니다. 그럼 물체에 일정한 힘이 계속 작용하면 어떻게 운동하는지 알아봅시다.

― 생략 ―

학생 : 물체에 일정한 크기의 힘이 작용하니까 속도가 일정하게 변하네요.

교사 : 네. 일정하게 힘이 작용하면 가속도가 일정한 값이 됩니다. ㉣ 다음 시간에는 등속 운동과 가속도 운동을 모두 설명할 수 있는 뉴턴의 운동 법칙에 대해서 공부해 봅시다.

이 대화의 내용과 관련된 설명으로 옳은 것을 <보기>에서 모두 고른 것은?

--- 보기 ---

ㄱ. 하슈웨(M. Hashweh)의 개념변화 모형에 의하면, ㉠과 ㉡의 갈등은 학생의 사전개념과 실제 세계와의 갈등이다.

ㄴ. 피아제(J. Piaget)의 지능발달 이론에 의하면, ㉠에서 ㉢으로 학생의 인지구조가 변하는 과정을 동화(assimilation)라고 한다.

ㄷ. 오수벨(D. Ausubel)의 학습이론에 의하면, ㉣과 같이 등속운동과 가속도 운동을 학습한 학생이 뉴턴의 운동 법칙을 학습하는 것을 파생적 포섭이라고 한다.

① ㄱ
② ㄷ
③ ㄱ, ㄴ
④ ㄴ, ㄷ
⑤ ㄱ, ㄴ, ㄷ

2020-B04

16 다음 <자료 1>은 '등속 원운동하는 물체에 작용하는 힘'에 대한 형성 평가 문항과 응답 결과의 일부이고, <자료 2>는 등속 원운동에 대한 오개념 중 일부를 나타낸 것이다. <자료 3>은 <자료 1>과 <자료 2>에 대해 교사들이 나눈 대화의 일부이다. 이에 대하여 <작성 방법>에 따라 서술하시오. [4점]

< 자료 1 >

[평가 문항]

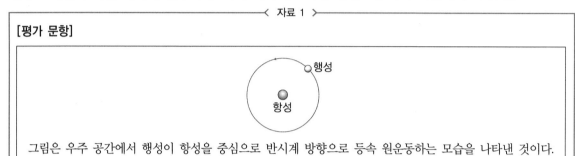

그림은 우주 공간에서 행성이 항성을 중심으로 반시계 방향으로 등속 원운동하는 모습을 나타낸 것이다. 관성 좌표계에서 이 행성에 작용하는 모든 힘을 화살표로 나타내고 그 이유를 설명하시오.

[응답 결과]

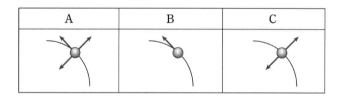

A	B	C

< 자료 2 >

[등속 원운동에 대한 오개념]
- (㉠)
- (㉡)
- 등속 원운동은 속도가 일정한 운동이다.

< 자료 3 >

김 교사 : '등속 원운동' 단원 수업 후 '등속 원운동하는 물체에 작용하는 힘'에 대한 학생들의 개념을 분석해보니 (㉠), (㉡)와/과 같은 2가지 오개념을 모두 가진 학생들은 평가 문항에 대해 A와 같이 응답했습니다.

이 교사 : 수업 후에도 개념변화가 잘 일어나지 않고 기존 개념을 고수하거나 수업 전과 다른 오개념을 갖게 되는 경우가 많은 것 같습니다.

김 교사 : 네. 평가 문항에서 (㉢)와/과 같이 응답한 학생들은 자신이 탔던 자동차가 커브 길을 돌 때 자신의 몸이 커브 길 바깥 쪽으로 밀리는 경험 때문에 원심력이 작용한다고 생각했는데, 수업 시간에는 구심력이 작용한다고 배워서 혼란스럽다고 응답 이유를 적었습니다.

─────〈작성 방법〉─────

• 괄호 안의 ㉠과 ㉡에 해당되는 오개념을 각각 서술할 것
• 괄호 안의 ㉢에 해당하는 학생 응답을 <자료 1>의 [응답 결과] A~C에서 2가지 찾고, 이렇게 응답한 학생들이
  처한 상황을 파인즈와 웨스트(A. Pines & L. West)가 제안한 포도덩굴 모형의 4가지 상황 중 1가지 제시할 것

2024-B03

17 <자료 1>은 '특수상대성 이론'에 대해 예비교사가 작성한 교수·학습 지도안이고, <자료 2>는 <자료 1>에 대해 예비 교사와 지도 교수가 나눈 대화이다. <작성 방법>에 따라 서술하시오. [4점]

―< 자료 1 >―

학습 목표	특수상대성 이론의 광속 불변의 원리로부터 시간 팽창과 길이 수축 현상을 이해한다.
단계	교수·학습 활동
I	1. 교사는 특수상대성 이론의 원리와 관련된 시공간 개념을 확인한다. 2. 교사는 학생들이 사물의 길이와 시간이 절대적이라는 뉴턴 역학적 관점을 가지고 있다는 것을 확인한다.
II	1. 이전 차시에 학습했던 내용 중 특수상대성 이론의 광속 불변 원리와 상대성 원리에 관해서 간단히 복습한다. 2. 다음 2가지 주제에 대한 학생의 생각을 글로 쓰고, 발표하게 하여 학생 스스로 자신의 생각을 명확히 하게 한다. ⑴ 우리가 지구에서 측정하는 1분, 1초 같은 시간의 간격은 빠르게 날아가는 우주선 안에서도 같을까? ⑵ 정지해 있을 때 측정한 우주선의 길이는 L이다. 날아가는 우주선의 길이를 측정한 값은 L과 같을까? 우주선의 길이가 L이라고 하는 것은 불변의 사실인가?
III	1. 모둠을 구성해 학생들이 자신의 생각을 서로 비교 해보고 타당한 결론을 도출하기 위한 토론을 진행하게 한다. 2. 광속 불변 원리로부터 시간 팽창, 길이 수축 현상이 도출됨을 설명하고, 시간과 공간의 개념이 절대적이라는 사전 개념과 비교하게 하여 학생들의 생각을 과학자적인 생각으로 바꾸어 준다.
IV	학생이 위성 항법 장치(GPS)의 활용에 특수상대성 이론의 시간 팽창 원리가 적용되는 방법을 조사하게 한다.

―< 자료 2 >―

예비 교사 : 특수상대성 이론에 관해 작성한 수업 지도안인데, (㉠) 모형이 적절할 것 같아서 적용했어요.

지도 교수 : (㉠) 모형은 학생의 개념변화에 효과적인 수업 모형인데, 특수상대성 이론 수업과 관련해서 개념 변화가 필요한 학생의 선개념을 충분히 드러나게 할 필요가 있겠네요. 그런데 (㉠) 모형을 활용하더라도 지도안을 보니 과정·기능 목표도 달성할 수 있을 것 같습니다.

예비 교사 : 저도 고민을 해 봤는데 특수상대성 이론에 관한 실험이 어렵기 때문에 과정·기능 목표를 정하지 않았습니다.

지도 교수 : 과정·기능이 실험을 통해서만 학습되는 것은 아니죠. 특수상대성 이론의 광속 불변의 원리에서 시작해서 시간 팽창, 길이 수축 현상을 설명하는 과정에서 학생들은 (㉡) 과정을 통해 '과학적 사고에 근거하여 추론하기'라는 과정·기능을 학습할 수 있지 않을까요?

예비 교사 : 아, 과학적 사고가 과정·기능의 일부라는 것을 잊고 있었어요. 저는 과정·기능이 실험을 통해서만 학습된다고 오해를 했네요.

지도 교수 : 한 가지 더 고려해야 할 것이 있어요. 학습 단계 IV에서 제시한 사례는 2022 개정 과학과 교육과정의 진로 선택 과목인 '역학과 에너지'를 학습해야 온전히 설명할 수 있습니다. 특수상대론적 효과에 의해 인공위성에서 시간이 느리게 가는 현상과 함께 (㉢) 현상도 고려해야 실제 GPS의 시간 보정을 설명할 수 있기 때문입니다.

┌─〈작성 방법〉─┐

- <자료 1>을 참고하여 <자료 2>의 괄호 안의 ㉠에 공통으로 해당하는 학습 모형의 이름을 쓰고, <자료 1>의 학습 단계 Ⅳ에 대응하는 포스너(G. Posner) 등이 제안한 개념변화 조건 1가지를 제시할 것
- <자료 2>의 괄호 안의 ㉡에 해당하는 과학적 사고 유형을 제시할 것
- <자료 2>의 괄호 안의 ㉢에 들어갈 내용을 제시할 것

2014-A04

18 인지갈등을 개념 변화 수업에 적용할 때에는 갈등의 유형에 따라 수업의 형태가 달라질 수 있다. 다음 수업에서 사용된 인지갈등의 유형을 쓰시오. [2점]

> 교사는 지구 주위를 돌고 있는 우주 정거장에서 우주인이 무게를 느끼지 못하는 경우에 대한 이유를 학생들이 어떻게 생각하는지 조사하여 학생들의 의견을 크게 2가지 주장으로 구분하였다. 교사는 그중 어느 주장이 타당한지 비교하며 수업하였다.
>
>> **주장 A**: 우주인이 무게를 느끼지 못하는 이유는 지구에서 멀어져 지구의 중력에서 벗어났기 때문이다.
>> **주장 B**: 우주인이 무게를 느끼지 못하는 이유는 우주 정거장이 중력을 구심력으로 하여 지구를 중심으로 원운동하고 있기 때문이다.

19 다음 <보기>는 열과 온도에 대해 교사와 영희가 나눈 대화의 일부이다.

> ─< 보기 >─
>
> **영희**: 선생님, 물질마다 고유한 온도가 있다고 생각해요. 예를 들면, 철과 솜은 온도가 다르잖아요.
>
> **교사**: 물질의 속성에 따라 온도가 결정된다고 생각하는구나. 왜 그렇게 생각하니?
>
> **영희**: 철을 만져 보면 차고, 솜을 만지면 따뜻한 느낌이 들어요.
>
> **교사**: 그러면, 온도계를 이용하여 철과 솜의 온도를 측정해 볼까? (철과 솜의 온도를 각각 측정한다.)
>
> **영희**: 어, 이상하네요. 온도계를 이용하여 철과 솜의 온도를 측정해 보니 철과 솜의 온도가 같아요. 왜 그렇죠?
>
> **교사**: 두 물체가 접촉해 있으면 온도가 같아질 때까지 온도가 높은 물체에서 온도가 낮은 물체로 열이 이동하는 거지. 같은 장소에 오래 둔 철과 솜은 각각 주위의 공기와 온도가 같게 되어 열평형 상태가 되지. 따라서 철과 솜의 온도는 같아.
>
> **영희**: 아하! 공기와 철, 공기와 솜 사이의 열 이동에 의해 열평형 상태가 되어 철과 솜의 온도가 같아지는 거군요. 그런데, 손으로 만졌을 때 왜 철이 더 차게 느껴지죠?
>
> **교사**: (㉠   )

인지갈등 모형에 따르면 영희에게 두 유형의 인지갈등이 일어나고 있다. 두 유형의 인지갈등에 대해 <보기>의 대화를 근거로 각각 설명하시오. 그리고 괄호 안의 ㉠에서 교사가 설명해야 할 핵심 과학개념 하나를 쓰시오. [5점]

Chapter

04

2021-A01

20 다음 <자료 1>은 일의 개념에 대한 문항이고, <자료 2>는 <자료 1>을 바탕으로 교사와 학생이 나눈 대화의 일부이다.

< 자료 1 >

수평인 빙판 위에서 스케이트 선수가 벽을 밀어 미끄러지고 있다. 벽을 미는 동안 벽이 선수에게 수평 방향으로 작용한 힘의 크기는 F로 일정하며 벽을 미는 동안 미끄러진 거리는 d이다. 이때 벽이 선수에게 작용한 힘이 한 일은?

빙판

< 자료 2 >

교사 : 벽이 선수에게 작용한 힘이 한 일은 얼마인가요?

학생 : 이 경우에 일은 힘의 크기와 이동한 거리의 곱이므로 힘이 한 일은 Fd입니다.

교사 : ㉠ 지난주에 배운 에너지 전달의 관점으로 힘이 한 일을 설명해 보세요.

학생 : 벽으로부터 선수에게 Fd만큼의 에너지가 전달돼요.

교사 : ㉡ 그렇다면 벽의 에너지가 줄어들 텐데, 벽의 어떤 에너지가 선수에게 전달될까요?

학생 : 벽으로부터 선수에게 전달된 에너지는 없는 것 같아요.

교사 : 네, 그래요.

학생 : 에너지 전달의 관점에서 생각해 보니 벽이 선수에게 작용한 힘이 한 일은 0이네요. ㉢ 일을 힘의 크기와 이동한 거리의 곱이라고 생각하는 것과 일을 에너지 전달로 생각하는 것이 서로 다른 결과가 나오니 혼란스럽네요.

                                                              … (하략) …

비고츠키(L. Vygotsky)의 이론을 바탕으로 교사의 언어활동 ㉠, ㉡의 공통적인 역할을 쓰고, 인지갈등 모형을 바탕으로 ㉢에서 보이는 인지갈등의 유형을 쓰시오. [2점]

2006-06

21 다음은 운동량과 충격량의 관계에 대한 물리교재 내용의 일부이다.

> 힘을 F, 질량을 m, 가속도를 a라고 할 때 속도의 변화량을 Δv, 시간을 Δt라고 하면 뉴턴의 제2법칙에 의해 $F = m\dfrac{\Delta v}{\Delta t}$이다. 이를 다시 쓰면 $F\Delta t = m\Delta v$이다. 이때 힘과 작용 시간의 곱인 $F\Delta t$는 충격량이며 $m\Delta v$는 운동량의 변화량이다. 그러므로 충격량은 운동량의 변화량과 같음을 알 수 있다. 또한 동일한 충격량이라도 충돌 시간이 짧으면 작용한 힘이 커짐을 알 수 있다.

A교사는 위 내용이 수식 위주의 설명이어서 학생들이 실생활과 관련짓지 못하는 경향이 있음을 알았다. A교사는 위의 내용을 지도하기 위하여 과학-기술-사회(STS) 교수-학습 모형을 적용하는 것이 좋다고 판단하였다. STS 모형을 적용할 때, 이 수업의 첫째 단계와 마지막 단계에 적절한 학생 활동을 구체적인 사례와 근거를 포함하여 진술하시오. [3점]

• 첫째 단계 활동 :

• 마지막 단계 활동 :

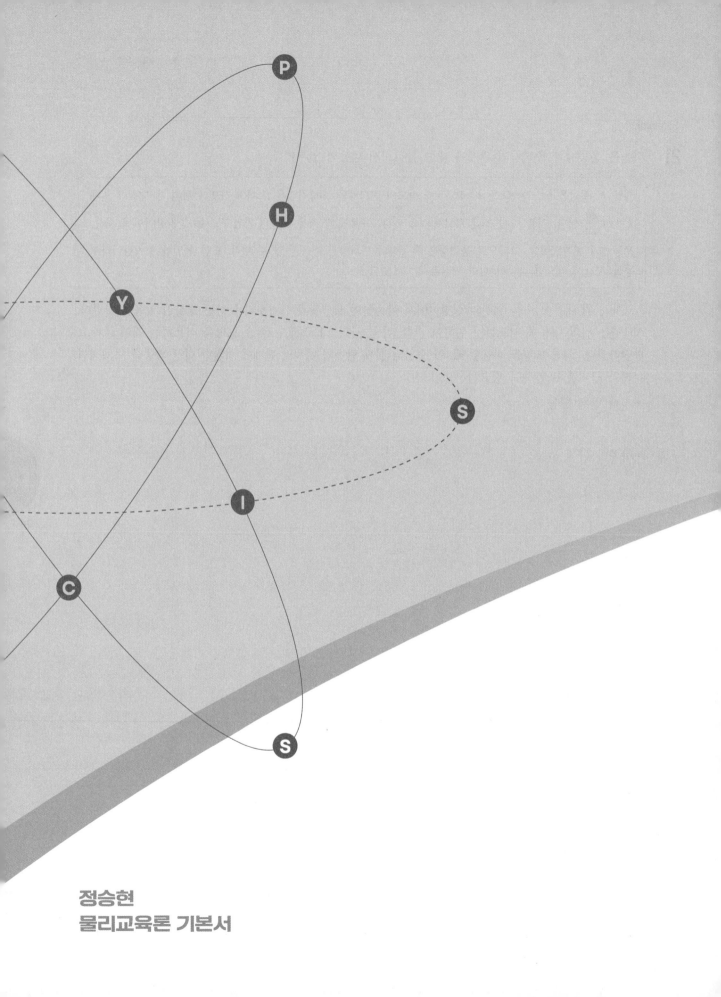

정승현
물리교육론 기본서

Chapter

05

과학 교수·
학습 전략

Chapter 05 과학 교수 · 학습 전략

교수 · 학습 전략은 다양한 교수 · 학습 모형의 개별 과정에서 학습의 효율을 증진시키기 위한 수업 도구나 방식이다.

01 개념도

서로 다른 개념과 명제들 사이의 관계를 시각화한 모형이다.

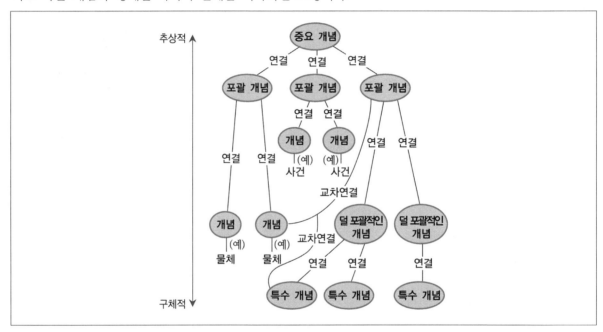

개념도는 구체적인 하위개념들이 일반적이고 추상적인 상위개념에 통합되거나 포섭되는 유의미 학습을 통해 효과적인 학습이 일어난다는 오수벨의 유의미 학습 이론에 기초한다.

1. 구성요소

(1) 개념

관찰, 분류(범주화), 명명의 과정을 거쳐 사건이나 사물의 규칙성에 대한 명칭을 표현한 용어

(2) 명제

개념들 사이의 관련성을 연결어를 사용하여 나타내는 문장

(3) 위계

상위개념과 하위개념들 간의 연결을 선으로 표시

(4) 교차 연결

상하위 개념 관계가 아닌 개념들 간의 연결을 선으로 표시

(5) 실례

개념이나 명제에 대한 예시

> 예 감속운동의 예시: 위로 던진 공
> 등속운동의 예시: 일정한 속력으로 이동하는 자동차

2. 개념도의 유용성

(1) 개념의 위계관계를 시각화하여 효과적 개념 형성이 가능

(2) 사전지식과 오개념 파악에 용이

3. 개념도 예시

ıl. 역학적 에너지에 대한 개념도

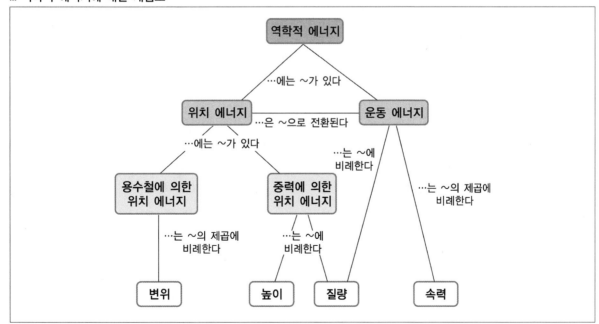

4. 분석

(1) 역학적 에너지는 위치 에너지와 운동 에너지로 분류되므로 위계관계이다.

(2) 위치 에너지는 용수철과 중력에 의한 위치 에너지로 분류되므로 위계관계이다.

(3) 용수철의 위치 에너지는 변위를 요소로 가지고 있으므로 위계관계이다.

(4) 중력에 의한 위치 에너지는 높이와 질량을 요소로 가지고 있으므로 위계관계이다.

(5) 운동 에너지는 질량과 속력을 요소로 가지고 있으므로 위계관계이다(질량은 중력과 운동 에너지 모두에 포함되는 요소).

(6) 위치 에너지는 운동 에너지로 전환이 될 수 있으므로 교차 연결이다.

(7) 위계와 교차 연결을 규정하는 명제는 총 10개가 있다.

02 V도 수업 전략

오수벨의 유의미 학습 이론에 기반을 두고 있으며, 인식론적 V(브이)도는 과학지식의 구조와 의미의 파악에 효과적이다.

1. V도와 그 예시

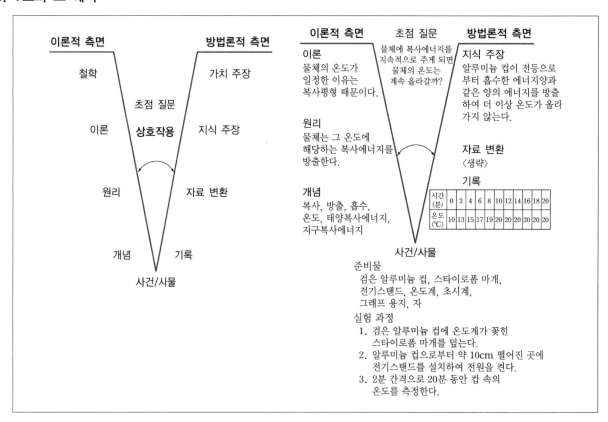

2. 특징

방법론적 측면은 자료를 바탕으로 법칙이나 원리를 일반화하거나 개념과 이론이 형성하는 과학적 탐구 과정이고, 이론적 측면은 방법론적 측면과 관련된 개념·원리·이론이 전개되는 과학지식을 구성하는 과정이다.

3. 구성 요소

초점 질문	학습할 사건이나 사물에 관한 탐구에 대해 변인을 포함하여 서술한 질문
사건 및 사물	초점 질문에 대한 답을 찾기 위한 탐구 실험방법, 준비물
이론적(개념적) 측면	객관적인 과학지식의 발달 과정을 보여주는 이론적 - 인식론적 과정 개념 - 원리(개념과 개념 사이의 관계) - 이론 - 철학(과학적 사고)
방법론적 측면	자연현상에 대해 자료를 수집하고 해석함으로써 지식을 획득하는 과정 기록 - 자료 변환 - 지식 주장 - 가치 주장 기록 : 관찰, 측정한 자료 수집 자료 변환 : 데이터를 표나 그래프로 표현 지식 주장 : 귀납적 사고로부터 일반화를 통해 초점 질문에 대한 답을 구한다. 가치 주장 : 가치판단(장단점, 유용성 판단)

03 비유(모형) 활용 수업 전략

직관적으로 이해되는 개념을 비유를 통해 익숙하지 않은 목표 개념에 연결시켜 이해하는 수업 방식이다.

1. 비유물의 조건

(1) 학습자에게 친숙해야 한다.

(2) 비유물이 학생들에게 이해될 수 있어야 한다.

(3) 목표물과 대응 관계가 명확하고 설명 가능성이 높아야 한다.

2. 비유의 장점

비유를 통해 추상적인 개념과 익숙하고 친숙한 개념과의 유사성을 바탕으로 보다 쉽게 목표개념을 이해할 수 있다.

3. 비유의 한계점

⑴ 오개념을 불러올 수 있다.

⑵ 비유물과 목표물이 모두 일대일 대응 관계가 있는 것은 아니다.

⑶ 비유물의 친숙함이 필요조건이긴 하지만 충분조건은 되지 못한다.

⑷ 비유를 이해하는 데 인지적 부담 가능성이 있다.

예 전기 회로

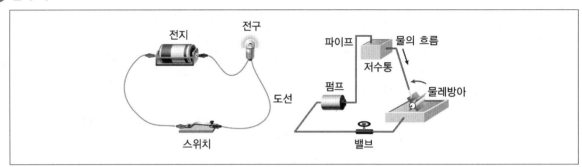

① 비유 관계

> 전지 − 펌프　　도선 − 파이프　　전류 − 파이프 속을 흐르는 물
> 전자의 유동 속력 − 물의 유속　　전구 − 물레방아　　스위치 − 밸브

② 한계점 : 전류의 흐름과 전자의 흐름은 반대이다. 파이프가 끊기면 물이 밖으로 배출되는 것을 생각하여 도선이 끊기면 전류가 밖으로 흐른다는 오개념을 불러올 수 있다.

4. 클레멘트(Clement, 1987) 연결 비유

클레멘트(Clement, 1987)는 학생들의 오개념을 수정하는 한 방법으로 연결 비유(bridging analogy)라는 교수·학습 전략을 고안하였다(연결 비유 전략을 가교 전략이라고도 한다. 원문에는 연결 비유로 되어 있음).

요소	내용
목표물(목표 개념)	익숙하지 않은 개념이나 상황
정착자(anchor) 혹은 정착 예(anchoring example)	직관적으로 이해되는 개념이나 상황
연결자(bridging case)	정착자와 목표물 특징을 모두 가지는 사례
연결 비유(bridging analogy)	연결자를 사용하여 정착자와 목표물을 연결하는 수업 전략

5. 클레멘트 비유의 조건

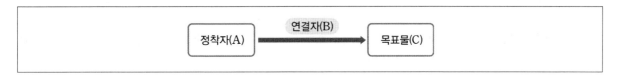

(1) 정착자(A)가 이해 가능해야 한다.

(2) 연결자(B)가 그럴듯해야 한다(타당성 필요).

(3) 정착자(A)가 목표물(C)에 적용 가능해야 한다(유용성을 연결자가 확보).

6. 클레멘트(Clement, 1987) 원문

(1) Student must understand case A with some degree of conviction

(2) Student must confirm the plausibility the analogy relation B

(3) Student must apply findings from case A to case C

예 두 물체의 충돌 시 작용·반작용 법칙

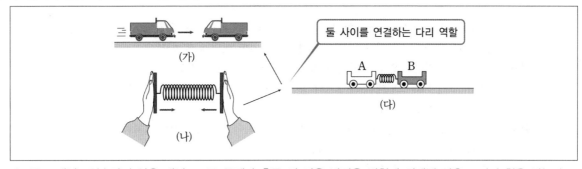

① 목표 개념 : 익숙하지 않은 개념 → 두 물체가 충돌 시 작용 반작용 법칙에 의해서 같은 크기의 힘을 받는다.
② 정착자 : 비유물에서 직관적으로 이해되는 개념 → 용수철을 양손으로 누를 때 양손이 받는 힘
③ 연결자 : 정착자와 목표 개념 사이를 연결해 주는 중간 매개체를 활용한 새로운 비유 → (다)와 같이 앞에 용수철을 달고 있는 두 자동차가 충돌하는 경우 자동차가 받는 힘
④ (나)의 상황이 (가)로 바로 적용이 되지 않기 때문에 (다)의 상황이 필요한 것이다. (나)의 상황이 (가)에 적용할 수 있는 유용성을 (다)가 확보해 준다.

예제 다음 〈자료〉는 '운동량 보존 법칙'에 대한 교사와 학생과의 수업 대화 내용이다. 이에 대하여 〈작성 방법〉에 따라 서술하시오. [4점]

〈 자료 〉

학생 : 네! A, B 두 물체 모두 정지해 있으니깐 초기 운동량이 0입니다. 질량이 같으니 두 물체 모두 같은 속력으로 서로 반대 방향으로 움직입니다.

교사 : 맞아요. 잘했어요. 그럼 아래와 같이 벽에 고정된 용수철에 A만 매달아 압축시켰을 때는 어떻게 되는지 설명해 볼까요?

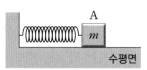

학생 : 초기 운동량이 0인데, 어..., A만 움직이니 운동량 보존 법칙이 맞지 않는 거 같네요?

교사 : 네, 그런 거 같죠? 그런데 우리는 여기서 중요한 고정관념을 가지고 있어요. 자! 아래와 같은 상황을 볼까요? A의 질량을 100배 키워봅시다. 그럼 어떻게 되나요?

학생 : 네, 운동량 보존 법칙을 적용하면 A보다 B가 100배 더 빠르게 움직입니다.

교사 : 네, 맞아요. 그럼 A의 질량을 아주 크게 증가시키면 어떻게 될까요?

학생 : A는 거의 움직이지 않고, B만 움직이는 것처럼 보일 거 같네요.

교사 : 좋아요. 그거예요. 그런데 우리는 A의 질량을 한없이 키울 수 있을까요? 자연에서는 무한한 질량은 없는 것처럼 한계가 있습니다.

학생 : 아!! 네, 이제 확실히 알 거 같아요. 운동량 보존 법칙이 적용되지 않은 것처럼 보이는 이 현상 역시 설명이 가능하군요.

교사 : 훌륭합니다. 선생님의 수업 목표를 이룬 거 같네요.

〈작성 방법〉

• 클레멘트(J. Clement) 학습 이론에 따르면 'A의 질량을 크게 증가시키는 비유 사례'는 무엇에 해당하는지 용어를 적고, 비유물의 조건 중 수업 목표와 관련된 사항을 제시할 것
• 피아제(J. Piaget) 인지 발달 이론에 따르면 학생이 수업을 마쳤을 때의 인지 상태에 해당하는 용어를 쓰고, 그 이유를 〈자료〉를 참고하여 기술할 것

정답

1) 연결자
2) 목표물(target)과의 대응 관계가 명확하고 목표물에 대한 설명 가능성이 높아야 한다.
3) 평형화
4) 동화와 조절을 통해 인지구조가 확장되었다.

04 협동 학습 전략

사회적 구성주의와 비고츠키의 인지발달 이론에 기반을 두고 있다.

협동 학습 전략은 탐구 수업 모형과 유사하게 교사의 촉진자로서의 역할을 강조한다. 탐구 수업 모형에서 핵심이 질문이라면 이 모형의 핵심은 사회적 상호작용에 기반한 팀 단위의 협업이다. 팀 단위로 과제가 주어지고 협업 자체를 가치 있게 다룬다.

1. 협동 학습 원리와 특징

협동 학습은 공동의 목표를 성취하기 위해 구성원 간의 긍정적인 상호작용을 통하여 학습하도록 하는 활동이다. 이때 협동 학습에 나타나는 특징은 다음과 같다.

(1) **긍정적 상호 의존성**

집단의 성공을 위해 자신뿐만 아니라 동료들도 과제를 성공적으로 수행할 수 있도록 돕는 관계 형성

(2) **개별 책무성**

학생 개개인에게 집단 목표의 성취를 위해 일정한 책임을 지도록 한다.

(3) **동시적 상호작용**

상호작용은 개인이 가지고 있는 생각을 말이나 글, 또는 그 밖의 다양한 방법을 통하여 다른 사람들과 서로 교류하도록 한다.

(4) **사회적 기술(지도력의 공유)**

협동학습은 개개인이 책무를 지니므로 능력이 뛰어난 일부 학생에게 지도력이 주어지는 것이 아니라 집단이 공유하도록 해야 한다.

(5) **교사의 적극적인 개입**

구성원 간의 상호작용을 통해 개인과 집단의 학습 목표를 최대한으로 달성하고자 하는 것이 협동학습이므로 교사의 학습활동을 관찰하고 적극적으로 개입하여야 한다.

2. 장단점

(1) 장점

① **학업성취의 향상**: 수행 능력이 높은 학생은 학습 과제를 설명하는 과정에서 학습 내용을 정교, 명료화할 수 있고, 반면에 수행 능력이 낮은 학생은 다른 학습자의 학습전략을 관찰하고 모방함으로써 학업성취 향상

② **학습 능력의 증진**: 문제 해결 능력, 분석적 사고, 비판적 사고, 의사소통 능력, 자기조절 능력

③ **학습 동기의 촉진**: 자신의 노력이 소집단의 성공에 기여하므로 자기 효능감이 증진된다.

④ **사회적 기능의 발달**: 역할 분담을 통해 과제를 해결함으로써 긍정적인 상호작용

⑤ **자아실현의 경험**: 과제 해결에 적극적으로 참여함으로써 자아실현을 경험하고 자존감 향상

(2) 단점

① **오류발생**: 소집단이기 때문에 집단구성원 전체가 잘못 이해하고 있는 내용이 옳은 것인 양 그대로 굳어질 수 있다.

② 학습보다 집단 응집성이 강조될 수 있다.

③ **학습의 부익부 빈익빈 현상**: 학습 능력이 높은 학생이 다른 학생보다 도움을 많이 주고받으며, 긍정적이든 부정적이든 많은 반응을 보임으로써 학업성취가 향상될 뿐만 아니라 소집단을 장악하는 현상이 발생된다.

④ **무임승차**: 소집단 내에서 능력이 다소 떨어지는 학습자의 경우 상호작용의 기회를 상실하게 되어 집단에 편승하게 된다.

3. 협동 학습 분류

유형	학생팀 학습 유형(STL)	협동적 프로젝트 유형(CP)
구조	협동적 보상 구조	협동적 과업 구조
형식	집단 내 협동 강조 + 집단 간 경쟁 유도	집단 내, 집단 간 모두 협동
종류	과제 분담 학습 II(직소 II) 성취 과제 분담(STAD) 팀 경쟁 학습(TGT) 팀 보조 개별학습(TAI)	과제 분담 학습 I(직소 I) 자율적 협동학습(Co-op Co-op) 집단 조사(GI) 함께 학습하기(LT)

4. 주요 모형

⑴ 과제 분담 학습(직소) 모형

직소 퍼즐(jigsaw puzzle)에서 유래하였고 가장 잘 알려진 협동 학습 유형이다.

집단 내의 동료로부터 배우고, 동료를 가르치는 모형, 모집단이 전문가 집단으로 갈라져서 학습한 후 다시 모집단으로 돌아와서 가르치는 형태의 학습 모형, 집단 간 상호 의존성과 협동성을 유발한다.

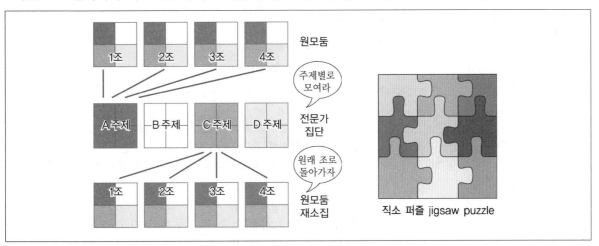

직소 퍼즐 jigsaw puzzle

유형	직소 Ⅰ	직소 Ⅱ
방식	• 모집단 구성 • 전문가 과제 분담(과제 하나씩 분담) • 전문가 학습(같은 과제 학습끼리) • 모집단 활동 학습(모집단으로 복귀, 전문 내용공유) • 평가(개별)	• 모집단 구성 및 학습 단원 전체 학습 • 개인별 전문과제 부과 • 전문가 집단 학습 • 모집단 활동 학습 • 평가(개별) / 향상 점수에 따른 소집단 보상 • 직소 Ⅰ+STAD 방식+단원 전체 학습 • STAD : 개인별 향상 점수+팀 점수, 팀 보상
특징	• 학습 과제 해결을 위한 상호 의존성이 높다. • 직소 Ⅰ모형은 개인 점수만 있고 집단 점수가 부여되지 않기 때문에 개별 책무성이 낮다는 문제점이 발생	• 직소 Ⅰ보다 개별 책무성이 강화 • 전체 학습하기에 다소 상호 의존성이 떨어질 수 있다.

@ 직소 Ⅰ모형
'미래 사회에서 에너지 문제'를 주제로 구성한 탐구 활동 자료

[목표]
화석 연료의 생성 과정과 매장량 및 사용량을 조사하여 에너지가 고갈되는 시점을 예측하고 이에 대한 대안을 찾는다.

[과정]
① 3명으로 한 모둠을 구성하고, 각 모둠원은 다음 주제 중 하나를 선택하자.

주제 1	석탄은 어떻게 생성되었는가?
주제 2	석유와 천연가스는 어떻게 생성되었는가?
주제 3	화석 연료의 매장량과 사용량은 얼마나 되는가?

② 각 모둠에서 동일한 주제를 선택한 사람은 따로 소집단을 구성하고, 도서관이나 인터넷 등을 이용하여 조사하자.
③ 각 소집단의 구성원은 조사한 내용을 소집단 내에서 발표하고 토의한 후, 토의한 내용을 정리하자.
④ 소집단의 구성원은 원래 모둠으로 돌아가서 주제별로 조사하고 토의한 내용을 바탕으로 다음 주제 4에 대해 서로의 생각을 이해하고 존중하며 토의하자(이때 각 모둠 내 토의 과정에서의 의견 조정과 진행을 위해 대표를 정하도록 한다).

| 주제 4 | 미래 사회에서 에너지 문제는 어떻게 될까?
－ 현재와 같은 비율로 화석 연료의 사용량이 증가할 경우 에너지가 고갈되는 시점은 언제인가?
－ 미래 사회의 에너지 고갈 문제를 해결하기 위한 대안은 무엇인가? |

[결과]
각 모둠의 대표는 주제 4에 대해 토의한 내용을 정리하여 발표하자.

---

(2) 학생팀 학습 유형(STL)

① 성취 과제 분담(STAD): 기본 지식이나 기능의 완전 학습을 위해 고안된 학습 방법으로, 구성원 모두가 학습 내용을 완전히 숙지할 때까지 팀 학습을 진행한다. 개별 학습자 향상 점수를 모둠 점수로 환산해 보상하는 전형적인 조별 과제 방식이다.

㉠ 단계: 시범 수업(학습 내용 제시) － 이질적 구성원 간의 팀별 학습 － 학급 전원에 대한 퀴즈 실시－ 향상 점수의 산출 － 팀 점수의 게시와 보상

1단계 학습 과제 제시	학습 과제 제시, 시범 보이기 예제문제 연습
2단계 집단 학습	4~5명의 이질적 집단 구성(상위권 1, 중위권 2, 하위권 1) 집단과제 해결
3단계 평가	개별 시험 개별 점수를 근거로 집단 점수 부여
4단계	사전에 설정한 기준 달성 시 집단 안정 제공 칭찬, 학급신문 게재, 상장 수여 등 동기적 보상 제공

ⓒ **특징**: 집단 보상, 개별 책무성, 성취 결과의 균등 분배 등 개인의 향상 점수에 의해 집단 보상이 주어진다.

ⓒ **장점**

ⓐ **개별 책무성 향상**: 개인의 성과에 기초하여 집단 보상을 받는다.

ⓑ **균등한 성공 기회 제공**: 절대 점수가 아닌 향상 점수에 의해 보상이 주어지기 때문에 누구나 모둠의 성공에 기여할 수 있다.

ⓒ **긍정적 상호의존성 증진**: 구성원 간의 동료 지도학습을 통해 완전 학습이 이루어진다.

② **과제 분담 학습 Ⅱ(직소 Ⅱ)**: 개별 책무성을 높이기 위해 STAD의 평가 방식을 적용하였으며, 모든 학생들이 단원 전체를 학습한다. 하지만 직소 Ⅱ도 전체 학습하기에 다소 상호 의존성이 떨어지고, 모둠학습 직후 평가가 실시되어 충분한 준비가 없다는 문제점이 발생한다.

③ **팀 경쟁 학습(TGT)**: 수준별 토너먼트 게임으로 보상(수준별 퀴즈, 모둠 점수로 합산)

예 STAD 모형

학습 단계	학습 내용	비고
교사 수업 안내	학습 목표 ① LED의 원리와 종류를 설명할 수 있다. ② 태양전지의 원리와 일상생활에 활용되는 사례를 설명할 수 있다. ③ 협동 학습 활동 규칙을 설명한다. ④ 다양한 학습 자료를 활용하여 LED와 태양전지에 대해 설명한다.	학습 목표와 규칙 이해 전체 학습을 통한 학습 내용 강의
소집단 학습	4~6명으로 구성된 이질적 소집단을 구성하고 소집단별로 학습지를 1~2장을 받는다. 정해진 순서에 의해 한 학생이 과제를 읽고 모두 함께 그 과제를 해결한다. 팀원 모두가 동일한 답을 내었는지 확인하고 답을 기록한다. 만약 답이 서로 다를 경우 토론을 통해 하나로 통일한다. 다음 문제를 다른 학생이 읽고 같은 방식으로 해결한다. 팀원끼리 아무리 노력해도 해결되지 않는 문제는 모두 손을 들어 교사에게 질문한다. 시간 내에 과제를 해결한 팀은 팀원끼리 서로 질문하고 대답하는 시간을 가진다. ※ 유의점: 수업의 방관자가 발생하지 않도록 교사는 순회하면서 지도한다.	전체 학생 참여 유도 순회 지도학습 과제지 배포
개별 평가	① 형성 평가를 실시한다. ② 개별적 평가이므로 서로 돕지 못한다.	형성 평가지 개인별 배포
점수 계산 및 보상	① 개인별 향상 점수와 팀별 향상 점수를 계산한다. ② 소집단 점수에 따른 개인별 & 팀별 보상을 실시한다.	점수 계산 및 보상

① **점수 계산 방식**

㉠ **기본 점수**: 이전 단원의 형성 평가 점수 혹은 누적 점수 평균을 기본 점수로 한다.

㉡ **향상 점수**: 각자의 기본 점수에서 이번의 형성 평가 점수가 어느 정도 향상되었는지에 따라 부여되는 점수를 말한다.

② 향상 점수 기준표(예시)

형성 평가 점수	향상 점수
기본 점수에서 10점 이상 하락	0
기본 점수에서 1~10점 미만 하락	10
기본 점수에서 0~10점 미만 상승	20
기본 점수에서 10점 이상 상승	30
만점	30

팀명 : 실리콘밸리							
팀원	박주커	마일론	선다희	나델라	향상 점수 총점	팀 점수	등수
기본 점수	50	60	100	90			
형성 평가	50	55	100	70			
형성-기본	0	−5	0	−20			
향상 점수	20	10	30	0	60	15	2등

팀 점수는 개인별 향상 점수의 산술 평균이 된다.

④ 팀 보조 개별학습(TAI) : 협력학습과 개별학습의 혼합형태이며, 특히 수학 과목에 적합한 모형입니다.

ⓐ 단계 : 팀 구성 − 개별적 진단검사 − 수준에 맞는 학습지를 제공하여 개별학습 실시 − 동료에게 점검하여 완전 학습까지 동료 및 교사의 도움 − 단원 평가 문제 풀기 − 평가 점수가 80% 이상이면 개별시험 실시 − 개별시험의 점수의 합으로 팀 점수를 산정하고 보상

1단계 집단 구성	4~5명의 이질적 집단 구성
2단계 과제 제시	강의 → 진단평가 → 개별화 프로그램 제공
3단계 집단 학습	동료, 교수집단의 도움을 받아 과제 해결
4단계 집단 인정	주말마다 집단점수 계산, 기준을 달성한 집단에게 보상

ⓛ 특징
  ⓐ 개별학습과 모둠학습이 동시에 이루어지는 형태
  ⓑ 이질적 집단을 구성하며 학습자는 스스로 학습하고 필요할 경우 도움을 받음
  ⓒ 교사는 같은 수준 학습자들을 모아 직접 가르치고 다른 모둠원들은 학습을 이어감
    → 초등학교(3~6) 수학 수업방식
ⓒ 장점
  ⓐ 개별화 수업의 단점인 학습에 대한 권태를 이질적 동료와의 상호작용으로 극복할 수 있다.
  ⓑ 팀 경쟁을 통해 학습 동기 유발
  ⓒ 기본적으로 개별화 수업의 형태를 갖고 있으므로 능력 수준에 맞는 학습 기회 제공

(3) 협동적 프로젝트 유형(CP)

① **과제 분담 학습 I(직소 I)** : 학습 과제를 소주제로 나누고 같은 소주제를 선택한 학습자들끼리 모여 학습하고 원래 모둠으로 돌아가 자신이 학습한 내용을 설명하는 방식의 수업방식이다.

직소 I모형은 개인 점수만 있고 집단 점수가 부여되지 않기 때문에 개별 책무성이 낮다는 문제점이 발생하였다.

② **집단 조사(GI)** : 교수자가 학습 주제를 설명하고 소주제를 제시하면, 학습자들이 관심 있는 부분을 선택해 같은 선택자들끼리 모둠을 구성해 과제 수행하는 형태

③ **자율적 협동학습(Co-op Co-op)** : 학급에서 정한 전체 과제를 여러 모둠으로 나누어 모둠별로 학습하고 그 결과를 합하여 전체 결과물을 만드는 방식으로 진행된다.

05 사고실험 수업 전략

사고실험은 실제로 실험을 수행하는 대신 머릿속으로 단순화된 실험 장치와 조건을 가정하고 추론하여 수행하는 실험이다. 현실적인 여건으로 실제로 진행하기 어려운 실험을 수행하거나, 실제 실험에서 있을 수밖에 없는 오차나 변수를 고려하지 않아도 된다는 장점이 있다. 하지만 논리적으로 추리할 수 있는 능력과 수학적 사고 능력이 필수적이라는 단점이 있다. 피아제(J. Piaget) 이론에서 추상적 사고를 할 수 있는 형식적 조작기에 사용이 가능하다.

⊙ **갈릴레오 자유낙하 사고실험** : 갈릴레오는 사고실험으로 기존 아리스토텔레스의 역학 '무거운 물체가 질량에 비례해서 속력을 얻기 때문에 더 빨리 떨어진다'를 부정했다. 그는 무게가 다른 두 물체를 하나로 묶었을 때 낙하하는 속도에 대한 가설을 제시하고 논리적 추리를 통해 아리스토텔레스의 주장이 틀렸음을 증명하였다.

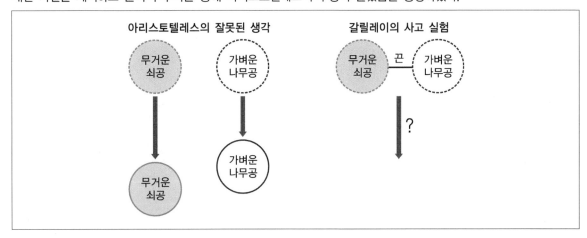

06 MBL(Microcomputer-Based Laboratory) 활용 수업 전략

컴퓨터 기반 과학실험 장비인 MBL은 그림과 같이 전자 장비이다. 센서, 인터페이스, 하드웨어로 구성되어 있다.

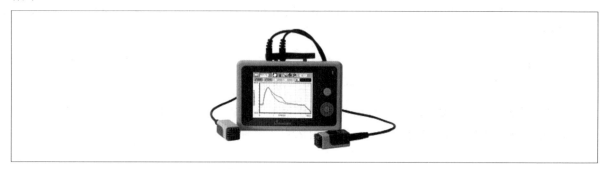

교육적 효과는 다음과 같다.

1. 데이터 수집의 효율성

2. 자료 수집과 해석의 편리성

3. 토론 활동 비중 증가로 인한 인지 개념 변화 향상

정답 및 해설_ 338p

2009-09

01 다음은 '돌림힘(토크)의 평형'에 대한 실험 과정이다.

[과정 1]

같은 질량의 추를 수평 막대 양쪽에 걸어 평형을 이루도록 한다. 평형을 이루었을 때, 막대의 중심으로부터 추까지의 길이를 재고, 추의 질량과 함께 기록한다.

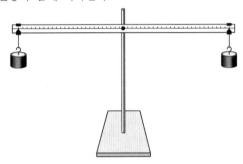

[과정 2]

수평 막대 양쪽에 있는 추의 질량과 위치를 변화시키면서 평형이 되었을 때, 막대의 중심으로부터 추까지의 거리와 추의 질량을 기록한다.

[과정 3]

기록된 데이터로부터 '(막대의 중심에서 추까지의 길이) × (추의 무게)'를 구한 다음, 수평 막대 양쪽의 값을 비교한다.

이 실험을 인식론적 V도로 나타내는 과정으로 옳은 것을 <보기>에서 모두 고른 것은?

< 보기 >

ㄱ. '초점 질문'은 '수평 막대에 작용하는 돌림힘의 평형 조건은 무엇일까?'이다.

ㄴ. 개념적(이론적)측면의 '원리'는 '힘, 돌림힘, 길이, 무게'이다.

ㄷ. 방법론적 측면의 '지식 주장'에는 '평형이 되었을 때, 막대의 중심에서 추까지의 길이와 추의 무게를 곱한 양은 수평 막대 양쪽의 경우 거의 같다'라는 내용이 포함될 수 있다.

① ㄱ   ② ㄴ

③ ㄱ, ㄷ   ④ ㄴ, ㄷ

⑤ ㄱ, ㄴ, ㄷ

02 다음은 협동학습 모형을 적용하여 24명의 학생을 지도하기 위한 수업 계획이다.

[수업 목표]

대체 에너지를 이용한 발전의 종류, 특징, 원리를 설명할 수 있다.

[수업 과정]

(가) 4개의 책상 위에 아래와 같이 [자료]를 준비한다.

연료전지를 이용한 발전 관련 자료	태양전지를 이용한 발전 관련 자료	풍력을 이용한 발전 관련 자료	조력을 이용한 발전 관련 자료

(나) 과학 성취도 상위 1명, 중위 2명, 하위 1명으로 구성된 소집단을 6개 편성한다.

(다) 각 소집단의 구성원들은 한 명씩 자신이 학습할 자료가 놓여있는 책상으로 가서, 다른 소집단으로부터 온 학생들과 함께 제공된 자료를 학습하게 한다.

(라) '(다)'에서 활동했던 학생들은 처음의 소집단으로 돌아와 각자 자신이 학습한 내용을 설명하고, 토의를 통하여 4가지 발전 방식의 기본적인 특징과 원리를 종합하여 표로 정리하게 한다.

(마) 소집단 학습이 끝난 후 4가지 발전 방식에 대하여 OX 퀴즈를 본다.

[OX 퀴즈 문항]

A. 연료전지, 태양전지(solar cell), 풍력, 조력을 이용한 발전의 원리는 모두 패러데이 법칙으로 설명할 수 있다. (O , X)

B. (생략)

이 수업 계획에 관련된 설명으로 옳은 것은?

① 비고츠키의 이론에 의하면, [수업 목표]를 달성하기 위해서는 제시된 [자료]의 내용 수준이 학생들의 '잠재적 발달 수준'보다 높아야 한다.

② STAD 협동학습 모형을 적용한 것이다.

③ (나)에서 구성한 소집단은 '전문가 집단'이다.

④ (다)에서는 '개인별 책무성'이 요구된다.

⑤ 퀴즈 문항 A의 답은 'O'이다.

2021-B05

03 다음 <자료>는 교사가 학생들의 마찰력에 대한 오개념을 확인하고 이를 변화시키기 위해 비유 전략을 적용하는 과정이다. 이에 대하여 <작성 방법>에 따라 서술하시오. [4점]

―< 자료 >―

교사 : 어떤 사람이 무거운 상자를 일정한 힘 F로 당기고 있지만 상자는 움직이지 않습니다. 이때 상자에 작용하는 마찰력의 방향과 크기에 대해 말해 볼까요?

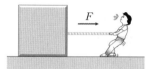

학생 A, B : 마찰력은 아래 방향으로 작용해요. 물체의 무게가 운동을 방해하기 때문이죠. 따라서 마찰력의 크기는 물체의 무게와 같아요.

교사 : 뉴턴의 운동 법칙을 적용해 보세요. 상자는 어떻게 되어야 하나요?

학생 A, B : 힘을 받으면 속력이 변해야 하는데, 상자의 속력이 0이네요. 어떻게 된 거지?

교사 : 마찰력에 대한 이해를 돕기 위해서, 아래 그림과 같은 요철을 생각해 봅시다. 아래쪽 요철은 바닥에 고정되어 있고, 위쪽 요철은 오른쪽으로 F의 힘으로 당겨지고 있습니다. 이때 위쪽 요철의 운동을 방해하는 원인은 무엇일까요?

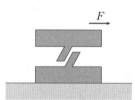

학생 A, B : 아래쪽 요철이 위쪽 요철의 움직임을 방해해요.

교사 : 이때 운동을 방해하는 힘의 방향과 크기를 말해 볼까요?

학생 A, B : 오른쪽으로 당겨지는 걸 막고 있으니까 방해하는 힘의 방향은 왼쪽입니다. 크기는 오른쪽으로 당기는 힘과 같은 크기네요.

교사 : 위쪽 요철의 움직임을 아래쪽 요철이 방해하는 상황을 상자의 움직임을 바닥이 방해하는 상황과 비교해 보세요.

학생 A : 아하, 두 상황이 서로 닮았네요. 그렇다면, 상자가 받는 마찰력은 운동하려는 방향과 반대이고, 그 크기는 외력과 같은 거군요.

학생 B : 저는 받아들일 수 없어요. 상자가 받는 마찰력과 요철의 운동을 방해하는 힘은 다른 경우라고 생각해요. 요철의 경우는 튀어나온 부분에서만 힘을 받지만, 상자는 바닥면 전체에서 힘을 받잖아요.

―< 작성 방법 >―

• <자료>에서 교사가 사용한 정착 예(anchoring example) 또는 정착 개념이 무엇인지 쓸 것
• 포스너(G. Posner) 등이 제안한 개념 변화 조건 중, 학생 B가 개념 변화를 일으키기 위해 교사가 제시하는 비유가 갖추어야 할 '조건'을 1가지 제시하고, 학생 A와 B의 반응을 참고하여 그 이유를 설명할 것
• 학생 B에게 이 '조건'을 충족시키기 위해 교사가 도입할 수 있는 다리 연결 비유(bridging analogy)의 사례를 1가지 제시할 것

04 다음은 2015 개정 교육과정에 따른 고등학교 과학 교과에서 '미래 사회에서 에너지 문제'를 주제로 구성한 탐구 활동 자료이다.

< 자료 >

[목표]

화석 연료의 생성 과정과 매장량 및 사용량을 조사하여 에너지가 고갈되는 시점을 예측하고 이에 대한 대안을 찾는다.

[과정]

① 3명으로 한 모둠을 구성하고, 각 모둠원은 다음 주제 중 하나를 선택하자.

주제 1	석탄은 어떻게 생성되었는가?
주제 2	석유와 천연가스는 어떻게 생성되었는가?
주제 3	화석 연료의 매장량과 사용량은 얼마나 되는가?

② 각 모둠에서 동일한 주제를 선택한 사람은 따로 소집단을 구성하고, 도서관이나 인터넷 등을 이용하여 조사하자.

③ 각 소집단의 구성원은 조사한 내용을 소집단 내에서 발표하고 토의한 후, 토의한 내용을 정리하자.

④ 소집단의 구성원은 원래 모둠으로 돌아가서 주제별로 조사하고 토의한 내용을 바탕으로 다음 주제 4에 대해 서로의 생각을 이해하고 존중하며 토의하자(이때 각 모둠 내 토의 과정에서의 의견 조정과 진행을 위해 대표를 정하도록 한다).

주제 4	미래 사회에서 에너지 문제는 어떻게 될까? – 현재와 같은 비율로 화석 연료의 사용량이 증가할 경우 에너지가 고갈되는 시점은 언제인가? – 미래 사회의 에너지 고갈 문제를 해결하기 위한 대안은 무엇인가?

[결과]

각 모둠의 대표는 주제 4에 대해 토의한 내용을 정리하여 발표하자.

위 <자료>에 해당하는 협동 학습 모형은 무엇인지 쓰시오. 협동 학습에서 적극적인 상호 작용을 위해 필요한 기초 탐구 과정 1가지를 쓰고, 그렇게 답한 이유를 위 <자료>를 참고하여 설명하시오. [4점]

2013-08

05 다음은 30명의 학생으로 이루어진 학급에서 교사가 교과서에 소개된 5가지 신소재(그래핀, 초전도체, 탄소 나노 튜브, 유전체, 액정)에 관해 수업하는 과정을 나타낸 것이다.

> (가) 수업 진행 방법을 학생들에게 설명하고 5명씩으로 구성된 학습 모둠을 만든다. 각 학습 모둠의 구성원들에게 신소재의 기본 성질과 이용 사례에 대한 조사 과제를 적은 학습지를 나누어 주고 한 명씩 서로 다른 신소재를 담당하여 전문가 역할을 하게 한다.
> (나) 각 모둠에서 동일한 과제를 맡은 학생들끼리 따로 전문가 모둠을 구성하여 함께 학습 활동을 하게 한다. 이 학습 활동은 ㉠ 담당한 조사 과제를 수행하는 것이다.
> (다) 각 학생은 전문가 모둠 활동을 끝내고 학습 모둠으로 돌아와서 학습한 내용을 다른 동료들에게 설명하게 한다.

이에 대한 설명으로 옳은 것을 <보기>에서 고른 것은? [1.5점]

〈 보기 〉

ㄱ. (나)의 ㉠은 '초전도체의 기본 성질과 이용 사례 조사하기'를 포함한다.
ㄴ. (나)에서 전문가 모둠의 수는 6개이다.
ㄷ. (다)에서 학습 모둠의 모둠원들은 새로 배우는 내용의 대부분을 동료 모둠원들에게서 배운다.
ㄹ. 이 수업은 STAD 모형을 이용하였다.

① ㄱ　　② ㄱ, ㄷ
③ ㄴ, ㄷ　　④ ㄴ, ㄹ
⑤ ㄷ, ㄹ

Chapter 05

2012-11

06 다음은 관성 개념의 지도에 관한 교사 A와 B의 대화이다.

> A: 뉴턴이 "모든 물체는 그 물체의 상태를 변화시키는 힘이 작용하지 않는 한, 정지한 상태나 일정하게 직선으로 움직이는 상태를 계속 유지한다."라고 말했어요. 관성의 법칙이 이렇게 간단하긴 해도, 수업에서는 설명하기가 쉽지 않아요. 흔히 마찰을 제거한 갈릴레이의 ㉠ <u>사고실험(thought experiment)</u>을 도입하기도 하지만, ㉡ <u>갈릴레이의 관성도 완전한 개념은 아니에요.</u>
>
> B: 맞아요. 마찰이 없는 우주 공간에서도 뉴턴적 의미의 관성을 관찰할 수 있어요. 왜냐하면 ㉢ <u>중력으로부터 자유로운 공간은 존재하지 않기 때문이에요.</u> 따라서 하늘이나 땅에서도 완전한 관성은 결코 관찰될 수 없어요.
>
> A: 간단한 법칙이지만, 생각할수록 간단한 법칙이 아니군요.
>
> B: 그렇습니다. 역사적으로 보면 완전한 관성의 개념을 얻기까지 천 년 이상이 소요되었어요. 갈릴레이 시기까지만 해도 운동하는 물체에는 인간처럼 지쳐서 '스스로 정지하려는 속성'이 내재해 있었기 때문에 자발적으로 정지하게 된다는 관점과 '운동을 지속하려는 의지'가 외부의 방해에 의해 정지한다는 관점이 경쟁하고 있었어요. 그런데 ㉣ <u>어린 시기의 아이들은 물체의 운동을 전자의 관점에서 생각하는 경향이 있어요.</u> 반면 관성의 개념은 후자의 관점에서 유래되었지요.
>
> A: 하지만 중학생이 되면 이미 관성의 법칙을 암기하고 있기 때문에 관성 개념을 어떻게 지도해야 할지 모르겠어요.
>
> B: 학생들이 숙고하여 스스로 알게 된 것이 아니기 때문에 현상과 개념이 서로 연결되지 않는 경우가 많아요. 그래서 중학교 수준에서는 먼저 ㉤ <u>마찰이 작을수록 물체가 점점 더 멀리 갈 수 있다는 것을 관찰하게 한 다음, 마찰이 없을 때 어떻게 될지를 생각하게 합니다.</u> (이하 생략)

이에 대한 설명으로 옳은 것만을 <보기>에서 있는 대로 고른 것은?

> **〈 보기 〉**
>
> ㄱ. ㉠은 순수하게 논리적으로 이루어지는 실험이기 때문에 형식적 조작기에 도달한 학생들에게 적용할 수 없다.
>
> ㄴ. ㉡의 이유는 갈릴레이가 ㉢의 상황을 고려하지 않았기 때문이다.
>
> ㄷ. ㉣로부터 자연에 대한 아동들의 개념 발달 과정과 과학 개념의 역사적 발달 과정이 서로 똑같다는 결론을 내리는 것이 타당하다.
>
> ㄹ. ㉤의 활동에는 귀납적 추론과 외삽(extrapolation)이 필요하다.

① ㄱ, ㄴ   ② ㄱ, ㄹ

③ ㄴ, ㄹ   ④ ㄷ, ㄹ

⑤ ㄱ, ㄴ, ㄷ

2023-B04

07 다음 <자료>는 통합과학의 '자유 낙하와 수평으로 던진 물체의 운동'에 관한 수업 상황을 제시한 것이다. 이에 대하여 <작성 방법>에 따라 서술하시오. [4점]

< 자료 >

교사 : 질량이 같은 물체 A, B가 있다고 생각해 봅시다. 같은 높이에서 동시에 수평으로 던진 A와 정지 상태에서 가만히 놓은 B 중 어느 쪽이 더 늦게 지면에 떨어질까요?

학생 : A가 더 늦게 떨어져요.

교사 : ⊙ 만약 관찰자가 A의 처음 속도로 등속 직선 운동하면서 A, B를 관찰하면, A, B 중 어느 쪽이 더 늦게 떨어질까요?

학생 : 관찰자가 움직이면서 관찰해도 여전히 A가 더 늦게 떨어지겠죠.

교사 : 그럴까요? 운동하는 관찰자에게 A는 정지 상태에서 가만히 놓은 것으로 보이고 B는 (ⓛ   )(으)로 보이게 됩니다. 그러니 학생의 생각대로라면 B가 더 늦게 떨어지게 되겠네요.

학생 : 그렇겠네요. 이상한데요. 제가 뭔가 잘못 생각했나요?

교사 : 이 모순을 해결할 수 있는 방법은 (ⓒ   ) 밖에 없습니다.

학생 : 아, 그렇군요. 이제 이해가 되었어요.

<작성 방법>

• <자료>와 같이 논리적 생각만으로 하는 가상의 실험을 무엇이라 하는지 쓸 것

• 포스너(G. Posner) 등이 제안한 개념 변화를 위한 4가지 조건 중 교사가 밑줄 친 ⊙을 제시한 이유와 가장 밀접한 관련이 있는 조건을 제시할 것

• 관찰자에게 B가 어떻게 운동하는 것으로 보일지를 괄호 안의 ⓛ에 쓰고, <자료>에 나타난 학생의 오개념에 대응되는 과학적 개념을 괄호 안의 ⓒ에 쓸 것

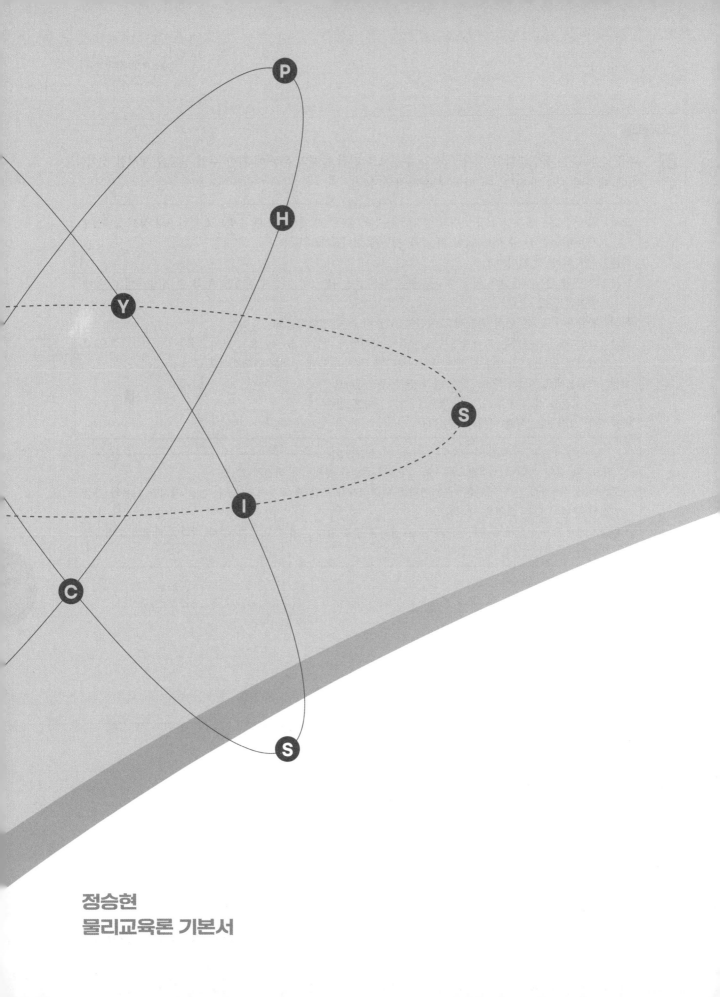

정승현
물리교육론 기본서

과학 교육 평가

Chapter 06

과학 교육 평가

01 과학 교육 목표 분류

1. 블룸(Bloom)의 교육 목표 분류

학습자의 행동을 인지적(cognitive) 영역, 정의적(affective) 영역, 심동적(psychomotor) 영역으로 구분하였다. 각각의 분야마다 학습 위계를 지적 활동이 낮은 수준에서부터 높은 수준으로 분류하여 체계화하였다.

(1) 인지적 영역(주로 안다는 일과 관계되는 기초적인 정신적·지적 과정)

복잡성의 원리에 따라 '지식 − 이해 − 적용 − 분석 − 종합 − 평가' 6단계로 구분하고 전자로 갈수록 하위 정신 능력이고, 후자로 갈수록 고등 정신 능력에 속한다.

범주		특성	예시
지적 능력과 기능 저 ↓ 고	지식	학습한 내용을 기억하고 상기해 내는 능력	중력의 정의를 말할 수 있다.
	이해	자료의 의미를 파악하는 능력 해석, 추론 능력이 포함된다.	자유 낙하 운동에서 속도와 시간 관계를 그래프로 나타낼 수 있다.
	적용	학습 내용을 새로운 구체적 상황에 이용	옴의 법칙을 이해하고 전류와 저항이 주어질 때 전압을 구한다.
	분석	구조를 파악하기 위해 자료를 그 요소로 나누는 능력	포물선 운동을 수평 방향의 등속도 운동과 수직 방향의 등가속도 운동으로 분석한다.
	종합	요소를 결합하여 하나의 새로운 전체를 구성	진자 운동 시 물체가 받는 여러 가지 힘을 합성한다.
	평가	준거를 세우고 적용하여 자료의 가치를 판단	물체의 운동 데이터로부터 운동 방정식, 에너지 보존법칙, 운동량 보존 법칙을 적용하여 데이터의 가치를 판단

(2) 정의적 영역(흥미나 태도에 관련되는 과정)

감정, 가치, 신념과의 관련에서 발달한 성향과 연관된 지식의 영역

범주	특성	예시
수용	자극을 감지하고 집중해 수동적으로 받아들임	환경오염이 건강에 미치는 영향에 대해 관심있게 듣는다.
반응	자극에 관심의 수준을 넘어 자발적 행동을 함	신문에서 폐기물 방류 기사를 찾아서 읽는다.
가치화	특정한 대상, 활동에 대해 의의와 가치를 두고 행동함	공장의 수질 오염에 대해 항의하는 편지를 쓴다.
조직화	서로 다른 수준의 가치를 비교하고 연관시켜 통합함	자신의 신체기능에 맞는 운동을 정한다.
인격화	가치가 일관성 있게 내면화됨	분리수거를 철저히 하는 생활 습관을 유지한다.

⑶ **심동적 영역**

신체적 행위를 통한 신체적 능력과 기능을 발달시키는 것과 연관된 영역

① Simpson의 분류 방식

범주	특성	예시
지각	감각기관을 통하여 대상과 대상의 특징 및 관계 등을 알아보는 과정	골프에 관심을 가짐
태세	신체적 준비 자세, 특정한 행동에 필요한 준비	복장과 장비 등을 준비함
유도 반응	타인의 지도를 받아 복잡한 운동 기능을 배우는 초기 단계	골프 전문가를 통해 기초를 배움
기계화	습득된 행동의 습관화	안정된 자세로 잘 침
복잡한 외현 반응	최소의 에너지로 신속하고 부드럽게 행동함	기술적으로 힘을 덜 들이고 잘 침
적응	상황에 적절하게 숙달된 행동을 함	벙커에 공 빠질 때 잘 꺼냄
창작	특정한 상황에 맞게 새로운 동작 패턴을 고안	커브볼을 고안함

② Harrow의 분류 방식

범주	특성	예시
반사적 운동	개인의 의사와 관계없이 나타나는 동작	신생아들의 특수 반사
초보적 기초운동	여러 가지 반사운동의 통합	능동적으로 앉고 일어서는 동작
운동지각 능력	감각기관을 통해 자극을 지각하고 해석	날아오는 공을 인식함
신체적 기능	체력과 근육운동의 통합	턱걸이를 30개 함
숙련된 운동기능	복잡한 운동기능을 실행하는데 나타나는 능률성, 숙련성, 통합성의 정도	춤추면서 줄넘기함
동작적 의사소통	간단한 얼굴 표정이나 신체를 통해 감정이나 의사를 표현	얼굴이나 눈으로 욕함

2. 클로퍼(L. Klopfer)의 과학교육 목표 분류

과학의 지식과 이해, 탐구 과정, 조작적 기능, 태도와 흥미, 과학·기술 발달과 경제발전과의 상호 관계, 과학적 탐구의 사회적 도덕적 영향에 관한 인식, STS 교육과 관련된 목표를 포괄하고 있다. 분류 내용은 다음과 같다.

⑴ **지식과 이해**

⑵ **관찰과 측정**

⑶ **문제 인식과 해결 방안 모색**

⑷ **자료의 해석과 일반화**

⑸ **이론적 모델의 설정**

⑹ **과학지식과 과학적 방법의 응용**

⑺ **수공적 실험 기능**

도구를 다루는 손재주를 말한다.

⑻ **태도와 흥미**

⑼ **오리엔테이션**

02 개정 교육과 내용 체계 및 평가

2022년도 개정 교육과 과학과는 다양한 탐구 중심의 학습을 통해 지식·이해, 과정·기능, 가치·태도의 세 차원을 상호보완적으로 함양함으로써 영역별 핵심 아이디어에 도달하고, 행위 주체로서 갖추어야 할 과학적 소양을 기를 수 있을 것이다.

1. 지식·이해

과학과 영역별로 학생이 알고 이해해야 하는 내용

2. 과정·기능

학생들이 과학학습을 통해 개발할 것으로 기대하는 과학과 탐구 기능과 과정

⑴ **문제 인식**

물리 현상에서 문제를 인식하고 가설을 설정하기

> 예 자유 낙하 실험에서 물체의 질량이 낙하 속도에 영향을 미치는지 탐구
> ① 문제: 물체의 질량이 낙하 시간에 영향을 줄까?
> ② 가설: 물체의 질량이 클수록 낙하 시간이 짧아질 것이다.

⑵ **탐구 설계 및 수행**

변인을 조작적으로 정의하여 탐구 설계하기

> 예 진자의 주기에 영향을 미치는 요소 탐구
> ① 조작변인: 진자의 길이
> ② 통제변인: 진자의 질량, 초기 각도
> ③ 종속변인: 진자의 주기
> ④ 설계: 진자의 길이를 각각 10cm, 20cm, 30cm로 설정하고 주기를 측정
> * (독립변인과 종속변인 그리고 설계에 대한 내용이 등장해야 한다.)

(3) 자료 수집 · 분석 및 해석

① 다양한 도구와 수학적 사고를 활용하여 정보를 수집 · 기술하기

> **예** 등속 직선 운동 실험
> ① 도구 : 초시계, 줄자, 동영상 분석 소프트웨어
> ② 수집 : 시간과 이동 거리 데이터를 표로 정리

② 증거와 과학적 사고에 근거하여 자료를 분석 · 평가 · 추론하기

> **예** 모터에서 전류 방향과 회전 방향의 관계 탐구
> ① 분석 : 전류 방향과 회전 방향의 데이터를 수집
> ② 평가 : 플레밍의 왼손 법칙에 따라 이론과 실험 결과를 비교
> ③ 추론 : 전류 방향과 자기장의 상호작용에 의해 회전 방향이 결정된다.

(4) 결론 도출 및 일반화

결론을 도출하고 자연 현상 및 기술 상황에 적용하여 설명하기

> **예** 빛의 굴절 실험
> ① 결론 : 굴절률이 높을수록 빛이 더 많이 굴절한다.
> ② 적용 : 렌즈 설계, 광섬유의 작동 원리 설명

(5) 의사소통과 협업

다양한 매체를 활용하여 표현하고 의사소통하기

> **예** 태양광 패널의 효율성을 시뮬레이션으로 표현
> ① 매체 : 컴퓨터 시뮬레이션, 그래프, 슬라이드 발표
> ② 의사소통 : 태양광의 입사각과 효율의 관계를 시뮬레이션 결과로 설명하며, 최적의 설치 각도를 제안 및 토의

(6) 추가적 과정 · 기능 내용 요소

모형을 생성하고 활용하기

> **예** 자기력선을 교차하지 않은 곡선으로 표현하여 설명, 수소 원자에서 전자의 확률 분포를 구름 모형으로 표현, 일반 상대론의 시공간 곡률을 고무판의 휘어짐으로 표현

3. 가치 · 태도

과학 가치(과학의 심미적 가치, 감수성 등), 과학 태도(과학 창의성, 유용성, 윤리성, 개방성 등), 참여와 실천 (과학문화 향유, 안전 · 지속 가능 사회에 기여 등)으로 구성

(1) 과학의 심미적 가치

과학의 심미적 가치란 과학적 결과물에 대한 아름다움이나 예술, 디자인 등과 관련된 가치를 의미한다.

> **예** 인공지능으로 음악을 창작하거나 로봇을 활용한 연주를 통해 심미적 가치를 느끼게 된다.

(2) 과학 유용성

과학 유용성이란 과학 발전에 따라 만들어진 도구나 물건이 특정 목적을 달성하기 위해 편의성을 제공하는 것을 말한다.

> 예 ① 교통 기술의 발달로 만들어진 자동차, 비행기 등으로 우리는 먼 거리를 보다 빠르게 도달할 수 있게 되었다.
> ② 통신 기술의 발달로 탄생한 핸드폰이나 컴퓨터로 정보를 빠르게 전달할 수 있게 되었다.
> ③ 특수 상대론과 일반 상대론이 적용된 GPS 시스템인 내비게이션을 이용해 모르는 길을 빠르게 찾을 수 있게 되었다.

(3) 자연과 과학에 대한 감수성

자연과 과학에 대한 신비로움, 흥미나 호기심 등의 감정을 느끼는 것을 의미한다.

> 예 가장 짧은 시간과 긴 시간, 가장 짧은 거리와 긴 거리는 무엇인지 등에 관한 질문으로부터 다양한 시공간 규모를 인간의 경험 세계와 비교·탐색함으로써 자연 세계의 신비를 느끼게 하고 과학 탐구에 대한 호기심을 유발한다.

(4) 과학 창의성

과학 창의성이란 새롭고 중요하다는 의미를 가지고 있다.

> 예 ① 서로 양립 불가능한 파동과 입자가 동시에 존재할 수 있다는 생각을 바탕으로 원자의 특성을 연구한다.
> ② 시간과 공간이 서로 다른 개념이 아니라 시공간이라는 통합된 개념으로 상대론을 탄생시킨다.

(5) 과학 활동의 윤리성

과학 활동에서는 생명 존중, 연구 진실성, 지식 재산권 존중 등과 같은 연구 윤리를 준수해야 한다.

> 예 ① 동물에 대한 임상실험 시 동물에 대해서 적절한 존중과 보살핌으로 다루어야 한다.
> ② 논문, 보고서, 연구비 신청서들에서 데이터를 날조, 변조하거나 왜곡하여 제시해서는 안 된다.

(6) 과학 문제 해결에 대한 개방성

연구자는 데이터, 결과, 방법, 아이디어, 기법, 도구, 재료 등을 공유해야 하며, 다른 연구자들의 비판을 수용하는 한편, 새로운 아이디어에 대해 열려 있어야 한다.

> 예 ① 강입자 가속기 CERN에서 힉스 보존의 성공적인 탐지는 기관 간에 데이터를 공유하여 결과를 교차 검증하는 방식 덕분에 이뤄질 수 있었다.
> ② 에딩턴의 일반상대론 검증 과정에서 브라질 소브랄에서 관측한 별의 위치는 상대성 이론의 예측과는 달라 발표에서 제외하였다. 하지만 소브랄의 관측 결과는 망원경의 이상에 의한 것으로 밝혀져, 더 이상의 논란이 나오지 않았다. 실험적인 문제가 있거나 측정 결과의 오차가 매우 큰 경우 타당한 이유를 근거로 증거에서 제외할 수 있다.

(7) 안전·지속 가능 사회에 기여

과학 기술의 발달은 인류의 안전과 지속 가능성에 긍정적 또는 부정적 영향을 준다.

> 예 ① 기상관측 기술의 발달, 지진이나 태풍에 대비한 건축 설계 등이 삶의 안전과 지속 가능 사회에 기여하고 있다.
> ② 감염병에 대한 백신 개발로 인해 생명의 안전과 지속성에 영향을 미친다.
> ③ 소행성의 관측과 지구 충돌 회피에 대한 연구도 이에 해당한다.
> ④ 화석 연료 사용의 증가로 인해 기후 변화가 발생하였고, 기후 위기 대응이 사회적 관심사가 되었다.
> ⑤ 자원고갈에 대비하여 지속 가능한 대체 에너지의 개발이 연구되고 있다.

(8) 과학 문화 향유

우리 생활 방식을 변화시키는 중요한 문화적 요인이 되고 있는 과학기술을 함께 체험하고 즐기는 것을 말한다.

예 VR과 증강 현실을 직접 체험하는 과학 축제를 개최하여 시민들이 직접 체험한다.

ⅰ. 2022년도 개정 교육과 〈과학 탐구 실험 1〉 내용 체계

핵심 아이디어		• 과학사와 과학자들의 탐구실험에서 과학의 다양한 본성이 발견되며, 과학 탐구 수행 과정에서 과학의 본성을 경험할 수 있다. • 탐구할 문제와 상황 특성에 따라 탐구 활동은 문제 발견, 탐구 활동 계획 수립, 탐구 수행, 결과표상 등의 과정으로 진행된다. • 주제에 따라 다양한 과학 탐구 방법을 활용하고, 과학에 대한 흥미와 호기심, 즐거움 등을 함양한다. • 과학 탐구는 흥미와 호기심, 협력, 증거에 근거한 결과 해석 등 다양한 과학적 태도가 필요하다.
범주 \ 구분		내용 요소
지식·이해	과학의 본성과 역사 속의 과학 탐구	• 패러다임의 전환을 가져온 결정적 실험 • 과학의 본성 • 선조들의 과학
	과학 탐구의 과정과 절차	• 귀납적 탐구 • 연역적 탐구 • 탐구 과정과 절차
과정·기능		• 자연현상에서 문제를 인식하고 가설을 설정하기 • 변인을 조작적으로 정의하여 탐구 설계하기 • 다양한 도구를 활용하여 정보를 조사·수집·해석하기 • 수학적 사고와 모형을 활용하여 통합 및 융합 과학 관련 현상 설명하기 • 증거에 기반한 과학적 사고를 통해 자료를 과학적으로 분석·평가·추론하기 • 결론을 도출하고 자연현상 및 융복합 문제 상황에 적용·설명하기 • 과학적 주장을 다양한 방법으로 소통하고, 의사결정을 위해 과학적 지식 활용하기
가치·태도		• 과학의 심미적 가치 • 과학 유용성 • 자연과 과학에 대한 감수성 • 과학 창의성 • 과학 활동의 윤리성 • 과학 문제해결에 대한 개방성 • 안전·지속 가능 사회에 기여 • 과학 문화 향유

2022년도 개정 교육과 〈물리학〉 내용 체계

핵심 아이디어	• 물체에 알짜힘이 작용하면 속도 변화가 일어나며, 이러한 관계는 일상생활에서 안전하고 편리한 삶에 적용된다. • 자연계에서 벌어지는 모든 현상에서 에너지는 보존되고 전환되며, 이때 전환되는 에너지를 효율적으로 활용하는 것은 현대 기술 문명에서 중요하다. • 전하를 띤 입자는 전기장을 만들어 다른 전하에 전기력을 가하며, 이는 전기회로에서 전기 에너지를 저장하고 소비하는 장치의 기본 원리이다. • 전기와 자기가 서로 관련되는 현상은 전기 에너지의 전환, 전기 신호와 에너지 전달과 관련된 기술에 적용된다. • 빛이 중첩, 간섭, 굴절하고 물질과 상호작용하는 성질은 광학 기기, 정밀 측정, 영상 장치 등 다양한 기술에 활용된다. • 원자 내의 전자는 양자화된 에너지 준위를 가지며, 이러한 성질은 반도체 소자의 발명으로 응용되어 현대 문명과 산업을 혁신적으로 변화시켰다.

범주	구분	내용 요소		
지식 · 이해	힘과 에너지	• 평형과 안정성 • 역학적 에너지 보존	• 뉴턴 운동 법칙 • 열과 에너지 전환	• 일-에너지 정리
	전기와 자기	• 전기장과 전위차 • 전류의 자기 작용	• 축전기 • 전자기 유도	• 자성체
	빛과 물질	• 중첩과 간섭 • 에너지띠와 반도체	• 굴절 • 광속 불변	• 빛과 물질의 이중성
과정 · 기능		• 물리 현상에서 문제를 인식하고 가설을 설정하기 • 변인을 조작적으로 정의하여 탐구 설계하기 • 다양한 도구와 수학적 사고를 활용하여 정보를 수집 · 기술하기 • 증거와 과학적 사고에 근거하여 자료를 분석 · 평가 · 추론하기 • 결론을 도출하고 자연 현상 및 기술 상황에 적용하여 설명하기 • 모형을 생성하고 활용하기 • 다양한 매체를 활용하여 표현하고 의사소통하기		
가치 · 태도		• 과학의 심미적 가치 • 과학 유용성 • 자연과 과학에 대한 감수성 • 과학 창의성 • 과학 활동의 윤리성 • 과학 문제 해결에 대한 개방성 • 안전 · 지속 가능 사회에 기여 • 과학 문화 향유		

4. 평가

(1) 문항 분석

① 문항 난이도 : 쉽고 어려운 정도를 나타내는 지수

$$P = \frac{R}{N} \quad (R:\ \text{문항의 답을 맞힌 인원수},\ N:\ \text{총인원수})$$

② 변별도 : 문항의 변별 정도를 나타내는 수치. 총인원을 상위집단과 하위집단으로 동일 인원으로 나눈 후 상위집단의 정답자 비율과 하위집단의 정답자 비율의 차이로 변별도를 측정한다.

$$\text{변별도지수(discrimination index)}\ DI = \frac{R_u - R_L}{f}$$

$$(R_u = \text{상위집단의 정답자 수},\ R_L = \text{하위집단의 정답자 수},\ f = \text{상위집단 또는 하위집단의 인원수})$$

(2) 채점표

채점표는 총체적(holistic) 채점표와 분석적(analytical) 채점표로 나뉜다.

① **총체적 채점표** : 여러 개의 채점 준거를 하나의 포괄적 채점 준거로 묶어 구성하는 방식이다.

채점 기준	배점
직각삼각형 ABC가 직선 l 위를 1회전 하는 모습과 점 B가 이동한 흔적을 바르게 그린 경우	4점
직각삼각형 ABC가 직선 l 위를 1회전 하는 모습과 점 B가 이동한 흔적을 바르게 그렸으나 점 A, B, C 또는 직각 표시를 하지 않은 경우	3점
직각삼각형 ABC가 직선 l 위를 1회전 하는 모습만 바르게 그린 경우	2점
직각삼각형 ABC가 직선 l 위를 1회전 하는 모습만 바르게 그렸으나 점 A, B, C 또는 직각 표시를 하지 않은 경우	1점

예 운동량 보존 법칙 실험

[실험 활동]

• 실험 목표: 두 수레가 분리되기 전의 운동량 합과 분리된 후의 운동량의 합을 비교할 수 있다.

• 준비물: 역학 수레 2개, 추, 두꺼운 책, 자, 나무 막대, 저울

• 탐구 과정

(가) 그림과 같이 평평하고 매끄러운 책상의 양 끝에 두꺼운 책을 놓는다.

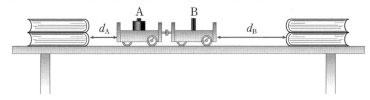

(나) 수레 A에 추를 얹어 두 수레 A, B의 질량 m_A, m_B를 측정한다.

(다) 수레에 부착된 용수철을 압축하여 A와 B를 마주 놓는다.

(라) 수레의 용수철 압축 해제 장치를 나무 막대로 가볍게 쳐서 두 수레를 분리한 후 두 수레가 책과 충돌하는 소리를 듣는다.

(마) 분리 전 수레의 위치를 바꾸어 가며 과정 (다)~(라)를 반복하여 수행해 두 수레가 책과 동시에 충돌하는 위치를 찾는다. 이때 두 수레의 이동 거리 d_A, d_B를 측정한다.

(바) A에 얹는 추의 질량을 바꾸어 가면서 과정 (나)~(마)를 반복한다.

• 결과 및 정리

… (하략) …

[실험 활동 평가표]

평가 기준	점수
실험 수행이 우수함 자료 수집 및 분석과 해석이 우수함 결과 정리 및 결론 도출이 우수함	9점
실험 수행이 양호함 자료 수집 및 분석과 해석이 양호함 결과 정리 및 결론 도출이 양호함	6점
실험 수행이 미흡함 자료 수집 및 분석과 해석이 미흡함 결과 정리 및 결론 도출이 미흡함	3점
실험에 참여하지 않음	0점

---

① 특징

　㉠ 전체적인 성과를 한 번에 평가

　㉡ 여러 기준을 통합하여 하나의 점수 또는 등급으로 평가

② 장점

　㉠ 간단하고 빠름: 평가자가 과제를 종합적으로 판단하므로 평가 시간이 단축된다.

　㉡ 종합적인 인상 평가 제공: 수행 과제의 전체적인 질을 평가하기에 적합하다.

　㉢ 적용 용이성: 평가 도구의 설계와 적용이 비교적 간단하여 많은 평가 대상자를 다룰 때 유리하다.

③ 단점
　　㉠ 구체적 피드백 부족 : 학습자에게 구체적인 개선 방향을 제시하기 어렵다.
　　㉡ 주관성 증가 가능성 : 평가자의 주관적 판단에 따라 점수가 달라질 가능성이 높다.
　　㉢ 기준 간의 중요도 불명확 : 여러 평가 기준이 통합되므로 어떤 요소가 더 중요한지 명확하지 않다.

② 분석적 채점표 : 채점 준거를 세부적으로 설정하여 나열하고 각 채점 준거마다 점수를 부여하도록 구성한다.

평가 항목	평가 준거	채점 기준	점수/배점
실험 설계	20분 내에 열평형에 도달한 온도를 구하기 위한 방법으로 타당한가?	(학생들의 실험 설계 예시) 스티로폼 용기　　유리 시험관 A(　)점　　　　B(　)점	(　)점/5점
측정	일정한 시간 간격으로 온도를 측정하였는가?	〈생략〉	(　)점/5점
자료 변환	측정값을 시간 간격으로 온도를 측정하였는가?	〈생략〉	(　)점/5점
자료 해석	그래프로부터 열평형에 도달한 온도를 올바르게 구하였는가?	〈생략〉	(　)점/5점
합계			(　)점/20점

예 단진자에 작용하는 힘에 대한 이해 수준을 평가하기 위한 [평가 목표], [평가 문항], [모범 답안] 및 [평가 기준표]이다.

[평가 목표]

단진자에 작용하는 힘의 상대적인 크기와 방향을 설명할 수 있다.

[평가 문항]

그림과 같이 실에 추를 매달아 옆으로 당겼다가 가만히 놓았더니 추가 A, B 사이를 단진동 하였다. A, B는 각각 단진동에서의 최고점이고 O는 최저점이다.

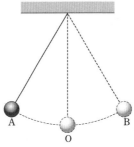

위치 A, O, B에서 단진자에 작용하는 중력과 장력의 크기 및 방향을 화살표로 나타내시오.

[모범 답안]

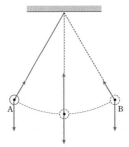

[평가 기준표]

평가 영역	평가 준거	배점
힘의 크기와 방향	A, O, B에서 중력의 크기를 동일하게 그렸는가?	1
	A, O, B에서 중력의 방향을 옳게 그렸는가?	1
	A, B에서 장력의 크기를 동일하게 그렸는가?	1
	A, O, B에서 장력의 방향을 옳게 그렸는가?	1
총점		4

※ 평가 준거마다 조건을 모두 만족하는 경우에만 1점으로 채점한다.

---

① 특징
   ㉠ 세부 평가 기준에 따라 각 기준별로 점수를 차등 부여
   ㉡ 평가 기준이 명시적이고 항목별로 나뉨
② 장점
   ㉠ 구체적인 피드백 제공 : 학습자의 강점과 약점을 명확히 알 수 있으므로 특정 영역을 개선하기 위한 정보를 제공할 수 있다.
   ㉡ 객관성 향상 : 평가 기준이 명확히 제시되어 있으므로 평가자 간의 신뢰도를 높인다.
   ㉢ 종합적인 학습 성과 분석 가능 : 각 평가 항목별 성취도를 비교하여 성과를 구체적으로 분석할 수 있다.

③ 단점
  ㉠ 평가 시간의 증가 : 각 기준을 세부적으로 평가하므로 시간이 더 많이 소요된다.
  ㉡ 복잡성 증가 : 설계와 적용 과정이 복잡하며, 평가자에게 추가적인 훈련이 필요할 수 있다.
  ㉢ 전체적인 인상 파악의 어려움 : 세부 요소에 초점을 맞추다 보니 결과의 종합적인 질을 판단하기 어려울 수 있다. 예를 들어 실험 결과를 내지 못한 학생이 준비와 과정에서는 좋은 점수를 받았고, 실험 결과까지 맞힌 학생이 준비와 과정에서 보다 낮은 점수를 받았지만 결과까지 완성하였다면, 누가 더 실험을 잘 수행하였는지 파악이 모호해진다.

⑶ **비교표**

범주	총체적 채점표	분석적 채점표
핵심	전체적인 인상	구성요소의 세부 분석
속도	보다 빠르게 완료	시간이 더 많이 소요
주관성	평가자의 개인적인 편견에 의해 영향	정의된 기준으로 인해 보다 객관적
피드백	구체적인 개선 방향을 제시하기 어려움	상세하고 구체적인 피드백 가능
주요점	빠른 평가, 종합 파단	진단, 세부 성능 평가
예시	창의적 글쓰기 대회, 미술 실기 평가	과제 채점 및 실험 평가

Chapter
06

Chapter **06** 연습문제

✎ 정답 및 해설_ 340p

01 교사는 '파동의 성질과 활용'을 지도한 후, 개념 형성을 평가하기 위하여 학생들에게 개념도를 작성하게 하였다. (가)는 학생이 작성한 개념도의 예이고, (나)는 개념도를 평가하기 위해 교사가 작성한 평가표의 일부이다. 이에 대하여 <작성 방법>에 따라 서술하시오.

─< 자료 >─

(가) 학생이 작성한 개념도

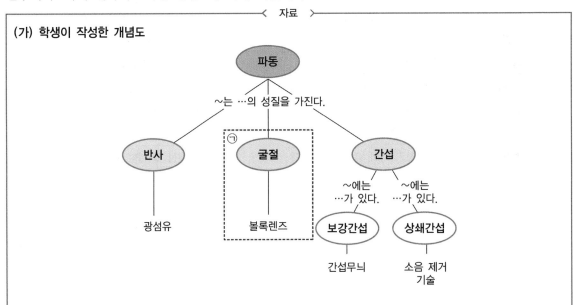

(나) 교사가 작성한 평가표

평가 항목	평가 준거
명제	(ⓛ)
위계	개념들의 위계적 배열이 타당한가?
(ⓒ)	개념도의 한 부분에 있는 개념을 다른 부분에 있는 개념과 의미 있고 타당하게 연결하였는가?
예	개념의 특수한 사건이나 사물의 예가 타당한가?

─<작성 방법>─
• 학생이 '신기루'를 추가로 학습하여 ㉠ 부분에 추가할 경우, 오수벨(D. Ausubel)이 제시한 유의미 학습의 유형 중 어떤 포섭이 일어나는지 쓰고, 근거를 제시할 것
• 개념도의 구성요소에 근거하여 ⓛ과 ⓒ에 해당하는 내용을 제시할 것

2009-10

02 다음은 '수레의 운동'에 대한 평가 문항이다.

[실험 과정]

1. 1초에 60타점을 찍는 시간기록계를 장치하고 수레에 종이테이프를 연결한다.

2. 시간기록계를 켜고 빗면에서 수레를 굴린다.

3. 종이테이프를 6타점 간격으로 구간을 잘라 순서대로 붙인다.

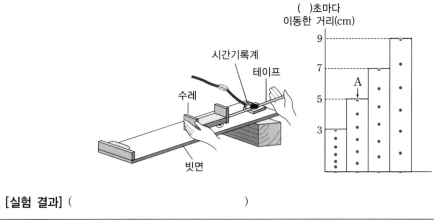

[실험 결과] (   )

(1) 세로축의 값은 (   )초마다 이동한 거리를 의미한다. (   )에 들어갈 값을 쓰시오.

(2) A구간의 평균 속력은 몇 cm/s인지 쓰시오.

(3) [실험 결과]에 적합한 내용을 쓰시오.

이 문항에 대한 설명으로 옳은 것을 <보기>에서 모두 고른 것은?

> ─< 보기 >─
>
> ㄱ. (3)에 대해서 '빗면을 내려오는 동안 수레의 속력은 일정하게 증가한다.'로 답하면 정답으로 평가한다.
> ㄴ. 이 실험의 내용은 제7차 과학과 교육과정의 8학년 '여러 가지 운동'에서 학습한다.
> ㄷ. 클로퍼의 과학교육목표 분류 중 '자료의 해석과 일반화'에 중점을 둔 평가 문항이다.
> ㄹ. '힘과 운동의 법칙에 대한 실험을 통하여 힘과 가속도가 비례함을 안다'를 평가하는 것이다.

① ㄱ, ㄴ   ② ㄴ, ㄹ

③ ㄷ, ㄹ   ④ ㄱ, ㄴ, ㄷ

⑤ ㄱ, ㄷ, ㄹ

2011-03

03 다음은 [실험 평가 과제]와 [채점표]이다.

[실험 평가 과제]

〈실험 목표〉

주어진 실험 준비물 중 적절한 것을 선택하여 시간에 따라 변하는 물의 온도를 측정하고, 물이 열평형에 도달한 온도로 부터 실온을 구할 수 있다.

〈실험 수행 조건〉
• 20분 내에 실험을 완결해야 한다.
• 주어진 실험 준비물 중 적절한 것을 선택하여 구체적인 실험 방법을 설계한다.
• 측정 결과를 그래프로 나타낸다.

〈실험 준비물〉

스티로폼 용기(500mL), 유리 시험관(50mL), 50℃ 물, 온도계, 초시계 등

[채점표]

평가항목	평가 준거	채점 기준	점수/배점
실험 설계	20분 내에 열평형에 도달한 온도를 구하기 위한 방법으로 타당한가?	(학생들의 실험 설계 예시) 스티로폼 용기　유리 시험관 A(　)점　　　B(　)점 〈기타 예시 생략〉	(　)점/5점
측정	일정한 시간 간격으로 온도를 측정하였는가?	〈생략〉	(　)점/5점
자료 변환	측정값을 시간 간격으로 온도를 측정하였는가?	〈생략〉	(　)점/5점
자료 해석	그래프로부터 열평형에 도달한 온도를 올바르게 구하였는가?	〈생략〉	(　)점/5점
합계			(　)점/20점

이 [실험평가 과제]와 [채점표]에 대한 설명으로 옳은 것만을 <보기>에서 모두 고른 것은?

< 보기 >

ㄱ. <실험 수행 조건>으로 보아 채점 기준에서 A보다 B에 더 높은 점수를 부여하는 것이 타당하다.

ㄴ. 이 [채점표]의 유형은 '총체적(holistic) 채점표'에 해당된다.

ㄷ. 이 [채점표]는 가설-연역적 사고 능력을 평가하는데 적절하다.

① ㄱ ② ㄴ
③ ㄷ ④ ㄱ, ㄴ
⑤ ㄴ, ㄷ

2019-B01

04 다음은 고등학교 물리 교사가 등가속도 운동에 관한 수업을 위해 설계한 [실험 활동]과 [탐구 기능 평가 표]의 일부를 정리한 글이다.

[실험 활동]

실험 목표 : 마찰력에 의한 등가속도 운동에서 이동거리와 속력의 관계를 설명할 수 있다.

준비물 : 레일, 수레, 속력 측정기, 스탠드, 집게, 줄자

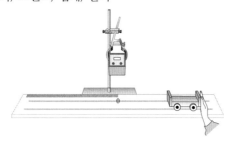

〈수행 과정〉

① 그림과 같이 수레와 레일을 수평면 위에 설치하고, 수레가 지나가는 속력을 측정할 수 있도록 속력 측정기를 스탠드에 설치한다.

② 속력 측정기의 센서 밑에 줄자의 0이 오도록 하여 줄자를 레일에 고정시킨다.

③ 속력 측정기를 초기화하고, 수레를 손으로 밀어 수레가 속력 측정기를 지나 이동하다가 멈출 때까지 기다린다.

④ 수레가 속력 측정기를 지날 때의 수레의 속력을 측정하여 표에 기록한다.

⑤ 속력이 측정된 지점부터 수레가 멈춘 지점까지의 거리를 측정하여 표에 기록한다.

⑥ 수레를 미는 힘의 크기를 각기 달리 하여 과정 ③~⑤를 5회 이상 반복한다.

〈결과 및 정리〉

① 주어진 그래프 용지에 이동 거리와 속력의 관계가 드러나는 그래프를 작성한다.

② 이동 거리와 속력 사이의 관계에 대한 증거로부터 수레가 (㉠) 운동을 했다는 결론을 제시한다.

[탐구 기능 평가표]

탐구 기능		배점	채점 기준
기초 탐구 기능	㉡	2	속력과 이동 거리를 제대로 읽고 측정함
		1	속력 또는 이동 거리 중 1개만 제대로 측정함
		0	속력과 이동 거리를 모두 측정하지 못함
통합 탐구 기능	자료 수집	2	5회 이상의 서로 다른 속력에 대한 이동 거리를 기록함
		1	5회 미만의 서로 다른 속력에 대한 이동 거리를 기록함
		0	속력과 이동 거리에 대한 자료를 제시하지 않음
	자료 변환	2	㉢
		1	…(생략)…
		0	…(생략)…
	자료 해석	2	㉣
		1	…(생략)…
		0	…(생략)…

실험 목표와 내용을 고려하여 ㉠에 들어갈 용어를 제시하고, 채점 기준을 고려하여 ㉡에 적절한 탐구 기능을 제시하시오. 또한 [실험 활동]을 반영하여 ㉢과 ㉣에 해당하는 채점 기준을 제시하시오. [4점]

2010-07

05 다음은 김 교사가 작성한 평가 문항과 그에 대한 학생들의 응답 분포 결과이다.

[평가 문항]

지구에서 무게가 60N인 나무토막이 있다. 지구와 달에서 이 나무토막을 가지고 실험을 한다고 할 때 이에 대한 설명으로 옳은 것을 <보기>에서 모두 고른 것은?

---〈 보기 〉---

A. 달에서 나무토막의 무게는 10N이다.

B. 지구와 달에서 나무토막의 질량은 같다.

C. 마찰력과 공기저항을 무시할 때, 바닥면에서 나무토막에 같은 크기의 힘을 수평으로 작용하면 달에서의 속도 변화가 지구에서 보다 더 크다.

가. A   나. B   다. A, B   라. A, B, C

[응답 분포 결과]

번호	성적 상위집단 응답수(명)	성적 하위집단 응답수(명)
가	3	35
나	2	0
다	20	5
라	25	10

이에 대한 설명으로 옳은 것을 <보기>에서 모두 고른 것은?

---〈 보기 〉---

ㄱ. 성적 하위집단 학생들에게 달의 중력이 지구의 중력보다 작다는 것을 지도할 필요가 있다.

ㄴ. '라'에 답한 학생이 물체의 가속도는 관성질량과 관계있다는 것을 아는지 점검할 필요가 있다.

ㄷ. 이 문항의 변별도지수(discrimination index)는 0.15이다.

---

① ㄴ   ② ㄷ

③ ㄱ, ㄴ   ④ ㄱ, ㄷ

⑤ ㄱ, ㄴ, ㄷ

06 다음은 단진자에 작용하는 힘에 대한 이해 수준을 평가하기 위한 [평가 목표], [평가 문항], [모범 답안] 및 [평가 기준표]이다.

[평가 목표]

단진자에 작용하는 힘의 상대적인 크기와 방향을 설명할 수 있다.

[평가 문항]

그림과 같이 실에 추를 매달아 옆으로 당겼다가 가만히 놓았더니 추가 A, B 사이를 단진동 하였다. A, B는 각각 단진동에서의 최고점이고 O는 최저점이다.

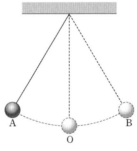

위치 A, O, B에서 단진자에 작용하는 중력과 장력의 크기 및 방향을 화살표로 나타내시오.

[모범 답안]

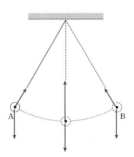

[평가 기준표]

평가 영역	평가 준거	배점
힘의 크기와 방향	A, O, B에서 중력의 크기를 동일하게 그렸는가?	1
	A, O, B에서 중력의 방향을 옳게 그렸는가?	1
	A, B에서 장력의 크기를 동일하게 그렸는가?	1
	A, O, B에서 장력의 방향을 옳게 그렸는가?	1
총점		4

※ 평가 준거마다 조건을 모두 만족하는 경우에만 1점으로 채점한다.

단진자에 작용하는 힘에 대한 학생의 이해 수준을 보다 정확하게 평가하기 위해 [평가 기준표]를 보완하려고 한다. 이때 [평가 문항]과 [모범 답안]을 고려하여 [평가 기준표]에 추가해야 할 평가 준거를 2가지 쓰시오. 또 채점 시 위와 같이 평가 준거를 세분화함으로써 얻을 수 있는 이점을 쓰시오. [4점]

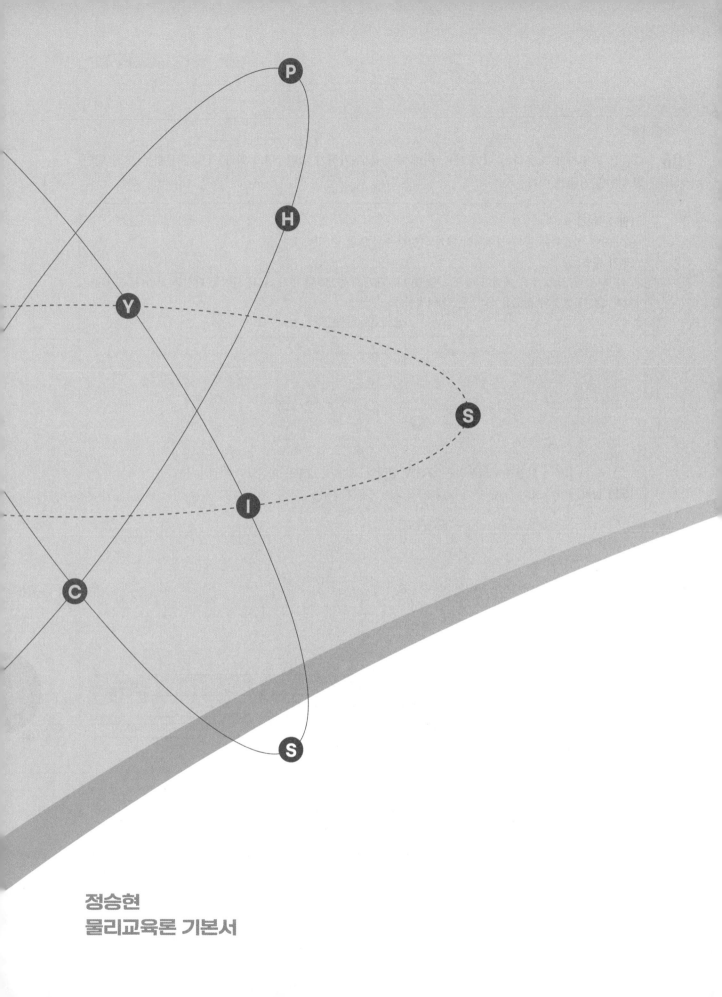

정승현
물리교육론 기본서

교과서 실험

교과서 실험

물리 실험은 크게 '학습의 목적에 기반한 실험'과 '연구를 목적으로 하는 실험' 2가지로 나뉜다.

01 학습의 목적에 기반한 실험

이미 선행자(과학자)들이 실험을 통해 검증되고 이론으로 확립된 실험을 확인하는 학습이 주된 목적이다. 그러므로 이 실험을 통해 검증하고자 하는 목표와 이론적 수식을 기본으로 알고 있어야 한다. 또한 통상적인 오개념 역시 알고 있어야 하며 왜 오개념이 발생하였는지 잘못된 가설을 인지할 필요가 있다. 예를 들어 '진공에서 무거운 물체가 빨리 떨어진다.'라는 오개념이 있다고 하자.

우리는 이미 실험과 이론을 통해 진공 안의 같은 높이에서 자유 낙하하는 물체는 동시에 떨어진다고 알고 있다. 진공에서 물체의 질량(조작변인)을 변화시키면서 같은 높이(통제변인)에서 낙하시켰을 때 걸리는 시간(종속변인)을 확인하면 된다. 오개념 발생 원인은 질량이 클수록 큰 힘이 가해지므로 빨리 떨어진다는 잘못된 가설에서 출발하는 것이다. 실제로는 힘보다 가속도가 시간을 결정한다.

우리가 하는 중고등 실험은 수식을 통한 사전작업이 가능하고 실험실이 실내라는 제약이 있다. 그러므로 가능한 물리적 측정 변수(시간, 위치, 속도) 등이 공간과 측정 장비의 허용 범위 안에 있어야 한다. 중고등 실험장비로는 마이크로초, 나노초의 측정은 불가능하다. 또한 물체의 운동범위가 수십 미터거나 반대로 밀리미터, 마이크로미터의 크기는 측정이 어렵다. 그래서 올바른 실험을 위해서는 이론적 수식을 기반으로 허용 가능한 시간설정과 공간설정의 사진작업이 어느 정도 필요하다.

중고등 실험은 더 나아가 아주 이상적인 상황의 실험이 많다. 공기 및 지표면 마찰력을 무시하거나 진자의 주기 실험에서 각이 매우 작다고 가정한다. 이는 이상적인 물리적 상황을 통해 실험의 기본을 이해하고 물리적 이론을 확인하는 데 주된 목적이 존재하기 때문이다. 새로운 것을 알아가는 것이 아니라 기존의 것을 답습한다는 데 목적이 있음을 명심하자. 사전에 실험 목적, 변인, 데이터 변수의 범위 설정, 결과 및 주요 오개념은 실험 주최자(선생님)는 이미 알고 있어야 한다.

02 연구를 목적으로 하는 실험

연구실험은 기존의 것보다 보다 새로운 즉, 알려지지 않는 이론이나 실험을 검증하는 데 주된 목적이 있다. 따라서 학습에 기초한 실험과는 근본적으로 결이 다르다. 어떠한 연구실험은 이론조차 정립되지 않은 상태이고, 심지어 개념도 없는 경우가 있다. 무에서 유를 창조하는 작업이 대부분이다.

03 물리 실험의 개요

1. 목표

확인하고자 하는 물리적 가설 및 이론

2. 변인

변인은 독립변인과 종속변인으로 나뉜다.

(1) 독립변인

실험 결과나 변인에 영향을 미치는 변인이다. 독립변인은 조작변인과 통제변인으로 나눌 수 있다.

① **조작변인**: 독립변인 중에서 가설을 검증하기 위해서 값을 변화시키는 변인이다.

② **통제변인**: 조작변인을 제외한 나머지 독립변인들로 값을 변화시키지 않고 유지시키는 변인이다. 조작변인 외에 다른 변인이 실험에 영향을 미친다면, 그 실험 결과가 오직 그 조작변인에 의한 결과라고 확정할 수 없다. 다른 변인이 영향을 미치지 못하게끔 연구자가 통제하는 변인이 통제변인이다. 이처럼 조작변인 외에 나머지 변인들을 일정하게 유지시키는 행위를 '변인 통제'라 한다.

(2) 종속변인

독립변인에 의해 영향을 받아서 값이 변하는 변인이다. 즉, 독립변인의 결과이자 실험 결과값이다. 독립변인에 종속적이기 때문에 종속변인이라 한다.

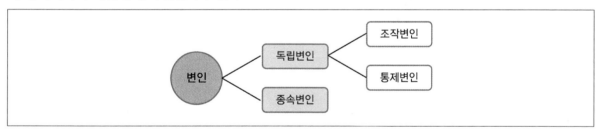

3. 결과

결과값 확인 및 해석, 데이터 신뢰도, 오개념

(1) 실험데이터 해석

실험의 목표에 맞게 자료 변환 및 해석

(2) 데이터 신뢰도

오차 범위 내에 유의미한 실험 결과값

(3) **오개념 확인**

일반적으로 만연한 잘못된 오개념의 이유 및 이론적 해석

(4) 고등 실험은 20여 개 내외이므로 실험에 사용되는 기본 개념과 수식을 이해하고 있어야 한다.

4. 자료 변환 시 유의 사항

다음과 같은 곡선이 주어져 있다. 그런데 우리는 이를 $y = x^2$, $y = x^{3/2}$인지 혹은 다른 곡선인지 그래프만을 봐서는 알지 못한다.

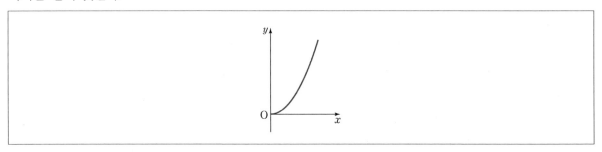

따라서 자료 변환 시 그래프로 나타낼 때는 반드시 1차 비례 관계로 변환하여 나타내야 한다. 예를 들어 운동에너지와 속력과의 관계식을 표현할 때는 $E_k = \frac{1}{2}mv^2$이므로 $y = E_k$, $x = v^2$에 관계로 나타내면 이로써 운동 에너지는 속력의 제곱에 비례하므로 운동 에너지와 속력과의 관계를 파악할 수 있다.

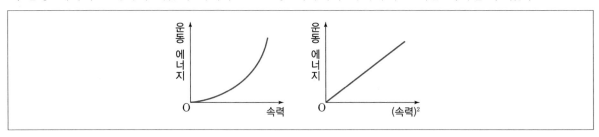

또한 캐플러 법칙 주기와 장반경의 관계는 $T^2 \propto a^3$이므로 다음과 같이 표현해야 한다.

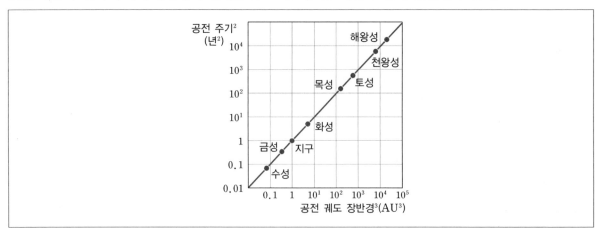

04 교과서 실험

실험1 중력장 물체 운동 및 자유 낙하 운동

1. 목표 : 자유 낙하 운동과 수평 방향으로 던진 물체의 운동을 비교하여 설명할 수 있다.

2. 준비물 : 쇠구슬, 쇠구슬 발사 장치, 모눈종이, 디지털사진기 또는 휴대전화

3. 과정

(1) 1m 정도의 높이에 쇠구슬 발사 장치를 고정한다.

(2) 쇠구슬 A는 자유 낙하 운동, 쇠구슬 B는 수평 방향으로 이동하도록 장착한다.

(3) 쇠구슬 발사 장치를 작동하여 두 쇠구슬이 동시에 운동을 시작하도록 한 후, 바닥에 닿은 소리를 들어 어느 쇠구슬이 먼저 바닥에 닿는지 비교한다.

(4) 모눈종이를 배경으로 쇠구슬 발사 장치를 작동하여 두 쇠구슬의 운동 모습을 동영상으로 촬영한다.

※ 1m 정도의 실험실 제약 조건 고려, 쇠구슬은 공기 저항 및 부력을 덜 받기 때문에 사용한다.

4. 실험 결과 데이터

(1) 동영상 파일을 재생한 후 0.1초마다 두 쇠구슬의 위치를 다음과 같이 나타낸다(모눈종이 1칸은 5cm이다).

(2) 측정 데이터 눈금 값이 고려되어야 한다. 0.1초에 떨어지는 거리가 5cm이다(유효숫자 고려).

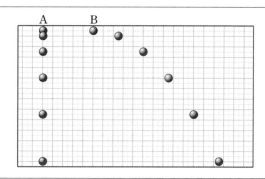

5. 결과 및 논의

(1) 두 쇠구슬이 구간별로 이동한 거리를 시간에 따라 표에 기록해 보자.

① 자유 낙하하는 쇠구슬 A

시간(s)	0~0.1	0.1~0.2	0.2~0.3	0.3~0.4	0.4~0.5
연직 아래 방향 구간 거리(m)	0.05	0.15	0.25	0.35	0.45

② 수평 방향으로 던진 쇠구슬 B

시간(s)	0~0.1	0.1~0.2	0.2~0.3	0.3~0.4	0.4~0.5
연직 아래 방향 구간 거리(m)	0.05	0.15	0.25	0.35	0.45
수평 방향 구간 거리(m)	0.25	0.25	0.25	0.25	0.25

연직 아래 방향으로 약 1m 정도의 높이가 초기 설정되었으므로 측정 가능한 시간은 약 0.5초이다.

$$h = \frac{1}{2}gt^2 \simeq 1.25m$$

I. 목표 확인

자유 낙하 운동과 수평 방향으로 던진 물체는 바닥에 동시에 도달한다.

II. 변인

(1) 독립변인

① 조작변인 : 수평 방향 속도

② 통제변인 : 초기 연직 방향 속도

(2) 종속변인

낙하 시간

III. 결과

(1) 실험데이터 해석

수평 방향의 속도는 수직 방향의 운동에 영향을 주지 않는다. 즉, 동시에 바닥에 도달한다.

(2) 데이터 신뢰도

① 0.1초 간격으로 4~5구간을 확인하였을 때, 모눈종이 눈금 간격과 크기로 확인 가능

② 5구간 확인할 때 1.25m 이상의 모눈종이가 필요함

③ 시간 간격이 작으면 모눈종이의 크기가 작아지지만, 사람의 눈으로 비교분석의 어려움이 발생한다.

④ 반대로 시간 간격이 크면 모눈종이의 크기가 매우 커져 실내 실험이 불가능해진다.

※ 쇠구슬 말고 공기저항이나 부력의 영향이 큰 물체는 사용이 어렵고, 수평 속도 역시 제한이 필요하다.

2020-B03

01 다음 <자료 1>은 '통합과학' 과목의 '중력을 받는 물체의 운동'에 대한 실험 지도를 위해 예비 교사가 작성한 실험 계획이고, <자료 2>는 <자료 1>에 대해 예비 교사와 지도 교사가 나눈 대화이다. 이에 대하여 <작성 방법>에 따라 서술하시오. [4점]

< 자료 1 >

- **실험 목표** : 자유 낙하 운동과 수평 방향으로 던진 물체의 운동을 비교하여 설명할 수 있다.
- **준비물** : 쇠구슬 2개, 쇠구슬 발사 장치, 모눈종이(1m × 1m), 삼각대, 스마트폰

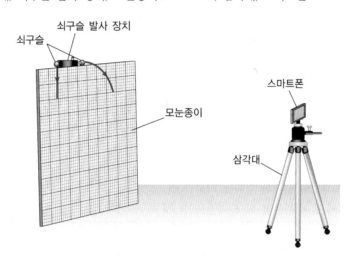

- **실험 과정**
  1) 쇠구슬 발사 장치와 모눈종이(1m×1m)를 테이블에 고정하고 두 쇠구슬을 발사 장치의 양쪽에 장착한다.
  2) 쇠구슬을 발사하고 모눈종이를 배경으로 두 쇠구슬의 운동모습을 동영상으로 촬영한다.
  3) 동영상 파일을 재생한 후 0.1초마다 모눈종이에 나타난 두 쇠구슬의 위치를 측정하여 수직 방향과 수평 방향의 구간별 이동 거리를 구한다.
- **실험 결과**
  1) 수직 방향 운동

시간(s)	0~0.1	0.1~0.2	0.2~0.3	0.3~0.4
자유 낙하하는 쇠구슬의 구간별 수직 이동 거리(cm)				
수평으로 던진 쇠구슬의 구간별 수직 이동 거리(cm)				

··· (하략) ···

< 자료 2 >

예비 교사: 두 쇠구슬이 동시에 운동을 시작할 때, 수평으로 던진 쇠구슬이 자유 낙하하는 쇠구슬보다 더 나중에 바닥으로 떨어진다는 생각을 많은 학생들이 가지고 있습니다. 그래서 수직 방향으로는 두 쇠구슬이 (㉠)은/는 것을 학생들이 확인하게 하고싶습니다. ㉡ 그러기 위해서 실험할 때 쇠구슬 발사장치가 수평을 이루도록 주의해야 합니다. 그런데 1m × 1m 모눈종이를 구하기가 어렵습니다. 현재 확보하고 있는 40cm × 40cm 모눈종이로 바꾸어 실험해도 괜찮을까요?

지도 교사: ㉢ 그렇다면 모눈종이를 이어 붙여서 1m × 1m 이상의 모눈종이로 만드는 것이 좋습니다. 현재 0.1초마다 구간 이동 거리를 구하는데 … (중략) …

이 실험에서는 자료 수집이나 자료 해석 과정에 비해 (㉣) 과정에서 시간이 많이 소요됩니다. 이후에 '물리학 Ⅰ' 또는 '물리학 Ⅱ' 과목의 등가속도 운동 관련 실험들에서도 유사한 문제가 나타날 수 있습니다.

MBL(Microcomputer-Based Laboratory)이나 스마트폰 내장 센서를 활용하면 (㉣) 과정에서 소요되는 시간을 줄이고 자료 해석 등을 위한 시간을 더 확보할 수 있습니다.

< 작성 방법 >

- 괄호 안의 ㉠에 들어갈 내용을 제시할 것
- 밑줄 친 ㉡의 이유를 변인 통제의 관점에서 서술할 것
- 밑줄 친 ㉢의 과정이 필요한 이유를 서술할 것
- 괄호 안의 ㉣에 들어갈 통합 탐구 과정을 쓸 것

정답

㉠ 동시에 도달
㉡ 발사장치에 의한 수직 방향의 초기 속력이 자유 낙하와 일치하도록 통제 변인 설정
㉢ 주어진 측정 시간의 범위(0 ~ 0.4s)를 모두 확인 가능
㉣ 자료 변환

해설

㉠ 수직 방향으로 초기 속력이 없는 두 물체는 같은 높이에서 낙하 시 동시에 도달한다.

자유 낙하 공식 $h = \dfrac{1}{2}gt^2$

그래서 이 실험으로 알아 보고자 하는 것은 수평 방향의 속력 유무와 관계없이 수직 방향으로 동시에 도달하는 것을 알아 보고자 함이다.

㉡ 초기 위치부터 연직 아래 방향의 +를 기준으로 하여 수직을 세우면 $y = v_{y0}t + \dfrac{1}{2}gt^2$이다. 그래서 연직 방향의 초기 속도 v_{y0}에 관련하여 낙하 시간이 달라 지게 되므로 $v_{y0} = 0$ 인 자유 낙하와 동일하게 통제 변인을 설정하여야 한다.

㉢ 주어진 실험 결과 데이터 테이블을 보면 낙하 시간이 0.4초까지 나와 있다.

	시간(s)	0~0.1	0.1~0.2	0.2~0.3	0.3~0.4
자유 낙하하는 쇠구슬의 구간별 수직 이동 거리(cm)					
수평으로 던진 쇠구슬의 구간별 수직 이동 거리(cm)					

그러면 $h = \dfrac{1}{2}gt^2$ 으로 부터 중력가속도를 $10\text{m}/\text{s}^2$ 으로 설정하여 계산해 보면 $h = \dfrac{1}{2}10 \times (0.4)^2 = 0.8\text{m}$ 이다. 따라서 데이터 측정을 모두 확인하기 위해서는 최소 $0.8\text{m} \times 0.8\text{m}$ 이상의 모눈종이가 필요하다. 측정 오차까지 감안하면 여유롭게 $1\text{m} \times 1\text{m}$ 이상의 모눈종이가 필요하다.

ⓔ 자료 변환은 일차식의 관계를 찾는 것을 의미한다.

예를 들어 $y = x^2$ 을 그래프로 나타내면 포물선이 나온다. 그런데 $y = x^3$ 의 그래프와 데이터상으로 둘 사이의 식별이 어렵다. 그래서 자료 변환은 1차식 관계로 자료를 변환하여 그래프로 나타내는 작업을 의미한다. $y = x^2$ 와 $y = x^3$ 은 각각 y 와 x^2 의 데이터와 1차 관계식을 갖고 마찬가지로 y 와 x^3 의 데이터와 1차 관계식을 만족한다.

그래서 $h = \dfrac{1}{2}gt^2$ 를 h 와 t^2 의 관계를 그래프로 나타내면 1차 관계를 갖게 된다.

2007-07

02 뷰렛 끝에서 떨어진 물방울이 바닥까지 도달하는 데 걸린 시간을 측정하여 중력가속도를 알아내기 위한 '물방울 낙하시간 측정하기' 실험을 아래와 같이 실시하였다.

과정 1. 실험 장치를 그림과 같이 설치하고, 뷰렛에 물을 가득 채운다.

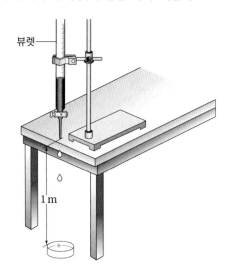

뷰렛

1 m

과정 2. 뷰렛의 콕을 조절하여 떨어지는 물방울이 바닥에 닿는 순간 다음 방울이 떨어지게 한다.

과정 3. 10방울이 떨어지는 데 걸리는 시간을 10으로 나누어 한 방울이 떨어지는 데 걸리는 시간을 알아낸다.

과정 4. 이 시간과 물방울이 떨어진 거리를 자유 낙하 운동에서 사용하는 식에 대입하여 중력가속도를 계산한다.

과정 5. 정확한 측정값을 구하기 위해 2~4의 과정을 반복한다.

학생들이 구한 중력가속도 값은 다음 표와 같았다.

(단위: m/s^2)

1회	2회	3회	4회	5회	6회
9.7	9.5	9.4	9.2	8.7	8.3

구한 중력가속도 값의 편차를 줄이기 위해 통제해야 할 변인을 쓰고, 개선해야 할 실험 과정을 찾아서 수정하시오. [3점]

• 통제해야 하는 변인:

• 개선해야 할 실험 과정과 수정 내용:

정답

1) 통제해야 하는 변인 : 뷰렛 속의 물 높이
2) 개선해야 할 실험 과정과 수정 내용 : 과정 2. 뷰렛에 계속 물을 공급하여 물의 높이를 항상 일정하게 유지시켜 주어야
   한다.

해설

뷰렛에 담겨 있는 물의 양이 달라지면 뷰렛의 끝에서 물방울이 만들어지는 시간 간격이 변하게 되므로 스포이트를 이용하여
뷰렛에 계속 물을 공급하여 물의 높이를 항상 일정하게 유지시켜 주어야 한다. 그래서 통제 변인으로 뷰렛 속의 물 높이를
설정하고, 실험 과정에서 이를 유의하면서 진행하여야 한다.

참고 사항

　자유 낙하하는 물방울은 공기 저항에 의해서 대략 1.5m 정도 떨어지면 등속도 운동을 하게 되므로 뷰렛과 은박접시 사이
의 거리는 1m를 넘지 않도록 한다. 그리고 야외용 은박접시를 이용하면 물방울이 떨어지는 소리를 크게 들을 수 있다.

실험 2 운동량 보존

1. **실험 목표**: 두 수레가 분리되기 전의 운동량 합과 분리된 후의 운동량의 합을 비교할 수 있다.

2. **준비물**: 역학 수레 2개, 추, 두꺼운 책, 자, 나무 막대, 저울

3. **실험 과정**

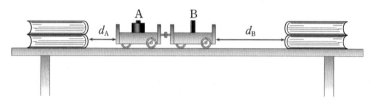

(1) 그림과 같이 평평하고 매끄러운 책상의 양 끝에 두꺼운 책을 놓는다.
(2) 수레 A에 추를 얹어 두 수레 A, B의 질량 m_A, m_B를 측정한다.
(3) 수레에 부착된 용수철을 압축하여 A와 B를 마주 놓는다.
(4) 수레의 용수철 압축 해제 장치를 나무 막대로 가볍게 쳐서 두 수레를 분리한 후 두 수레가 책과 충돌하는 소리를 듣는다.
(5) 분리 전 수레의 위치를 바꾸어 가며 과정 3~4를 반복하여 수행해 두 수레가 책과 동시에 충돌하는 위치를 찾는다. 이때 두 수레의 이동 거리 d_A, d_B를 측정한다.
(6) A에 얹는 추의 질량을 바꾸어 가면서 과정 2~5를 반복한다.

4. **데이터 테이블**

횟수	m_A(kg)	d_A(m)	$m_A d_A$	m_B(kg)	d_B(m)	$m_B d_B$	$\dfrac{m_B d_B}{m_A d_A}$
1							
2							
3							
4							

I. 목표

두 물체가 정지상태로부터 같은 크기의 힘을 받아 분리될 때 운동량의 크기는 서로 동일하다.

II. 변인

(1) 독립변인

① **조작변인**: 각 수레의 질량

② **통제변인**: 충돌 시간 → 시간이 동일하므로 이동 거리로 속력을 알 수 있다(수레가 용수철을 순간적으로 벗어나므로 대부분의 시간이 등속이라고 가정하여 실험한다).

(2) 종속변인

각각의 수레의 도달거리

III. 결과

(1) 실험데이터 해석

질량에 관계없이 $m_A\, d_A = m_B\, d_B$가 모두 동일하다. 즉, 운동량의 크기는 항상 동일하다.

(2) 데이터 신뢰도 조건

수레와 바닥 사이의 마찰력의 최소화, 책상의 수평을 확인한다.

2021-A05

03 다음 <자료 1>은 예비 교사가 운동량 보존에 대해 설계한 [실험활동]과 [실험 활동 평가표]이다. <자료 2>는 예비 교사와 지도교사가 <자료 1>에 대해 나눈 대화의 일부이다. 이에 대하여 <작성 방법>에 따라 서술하시오. [4점]

< 자료 1 >

[실험 활동]

· 실험 목표 : 두 수레가 분리되기 전의 운동량 합과 분리된 후의 운동량의 합을 비교할 수 있다.

· 준비물 : 역학 수레 2개, 추, 두꺼운 책, 자, 나무 막대, 저울

· 탐구 과정

(가) 그림과 같이 평평하고 매끄러운 책상의 양 끝에 두꺼운 책을 놓는다.

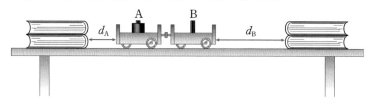

(나) 수레 A에 추를 얹어 두 수레 A, B의 질량 m_A, m_B를 측정한다.

(다) 수레에 부착된 용수철을 압축하여 A와 B를 마주 놓는다.

(라) 수레의 용수철 압축 해제 장치를 나무 막대로 가볍게 쳐서 두 수레를 분리한 후 두 수레가 책과 충돌하는 소리를 듣는다.

(마) 분리 전 수레의 위치를 바꾸어 가며 과정 (다)~(라)를 반복하여 수행해 두 수레가 책과 동시에 충돌하는 위치를 찾는다. 이때 두 수레의 이동 거리 d_A, d_B를 측정한다.

(바) A에 얹는 추의 질량을 바꾸어 가면서 과정 (나)~(마)를 반복한다.

· 결과 및 정리

… (하략) …

[실험 활동 평가표]

평가 기준	점수
실험 수행이 우수함 자료 수집 및 분석과 해석이 우수함 결과 정리 및 결론 도출이 우수함	9점
실험 수행이 양호함 자료 수집 및 분석과 해석이 양호함 결과 정리 및 결론 도출이 양호함	6점
실험 수행이 미흡함 자료 수집 및 분석과 해석이 미흡함 결과 정리 및 결론 도출이 미흡함	3점
실험에 참여하지 않음	0점

─────〈 자료 2 〉─────

예비 교사: 이 실험에서는 수레의 속력 대신 수레가 이동한 거리를 측정해서 수레의 운동량을 구해요. 그렇게 하기 위해 (　　㉠　　)을/를 통제 변인으로 설정하고 있어요.

지도 교사: 이런 경우 속력을 측정하지 않기 때문에 수레의 운동량이 얼마인지 알 수 없지만, 수레의 질량과 수레가 이동한 거리의 곱이 운동량의 개념으로 사용되죠. 따라서 학생들이 이 실험을 충분히 이해하기 위해서는 (　㉡　) 논리가 필요해요. 피아제(J. Piaget)는 형식적 조작기에 이러한 논리를 수행할 수 있다고 말했어요.

예비 교사: 학생들의 인지 발달 정도를 고려해서 실험 과정을 충분하게 설명해 줄 필요가 있겠네요. 선생님, 제가 작성한 [실험 활동 평가표]에 대해 말씀해 주세요.

지도 교사: [실험 활동 평가표]는 수정이 필요해요. ㉢ 이 평가표로는 학생의 실험 활동에 대해 점수를 부여하기 어려운 경우가 있어요. 예를 들면, 어떤 학생이 '실험수행', '자료 수집 및 분석과 해석' 둘 다 우수하지만 '결과 정리 및 결론 도출'이 양호한 경우에는 몇 점을 주어야 할지를 알 수 없어요.

… (하략) …

─────〈 작성 방법 〉─────

• ㉠에 해당하는 통제 변인을 쓰고, 이 변인을 통제하는 실험 과정을 <자료 1>의 '탐구 과정'을 참고하여 설명할 것
• ㉡에 해당하는 논리를 쓸 것
• ㉢을 바탕으로 [실험 활동 평가표]의 수정 방안을 제시할 것

정답

㉠ 충돌하는 데 걸린 시간
㉡ 비례 논리
㉢ [실험 활동 평가표]를 실험 수행, 자료 수집 및 분석과 해석, 결과 정리 및 결론 도출의 세 가지 평가 준거 별로 점수를 차등 적용한다.

해설

㉠ $d=vt$이므로 충돌하는 데 걸린 시간이 같다면 수레의 이동 거리를 측정함으로써 수레의 속력을 알 수 있게 된다. 탐구 과정 일부에서도 언급한 내용이 있다.
　(라) 수레의 용수철 압축 해제 장치를 나무 막대로 가볍게 쳐서 두 수레를 분리한 후 두 수레가 책과 충돌하는 소리를 듣는다.
　(마) 분리 전 수레의 위치를 바꾸어 가며 과정 (다)~(라)를 반복하여 수행해 두 수레가 책과 동시에 충돌하는 위치를 찾는다.
㉡ $d=vt$이므로 충돌 시간이 통제 변인이면 이동 거리와 속력은 1차 비례하게 된다. 따라서 비례관계를 수식화할 수 있고 정량적인 관계들을 이해하는 비례 논리가 필요하다.
㉢ 주어진 [실험 활동 평가표]는 실험 수행, 자료 수집 및 분석과 해석, 결과 정리 및 결론 도출의 세 가지 평가가 서로 융합되어 있다. 그래서 세 가지 평가 준거 별로 각각 점수 배점을 차등 적용하는 것이 유용하다.

실험 3 **뉴턴의 운동법칙(가속도 법칙)**

1. 목표 : 알짜힘과 가속도, 질량과 가속도의 관계를 알 수 있다.

2. 준비물 : 역학 수레, 추, 용수철저울, 실, 줄자, 동영상 촬영 장치, 컴퓨터

3. 실험 과정

⑴ 책상 위에 역학 수레를 올려놓고 줄자를 접착테이프로 책상 위에 고정한 다음, 동영상 촬영을 준비한다.

⑵ 역학 수레에 용수철저울을 걸고 눈금이 일정한 값을 가리키도록 당기면서 동영상을 촬영한다.

⑶ 용수철저울의 눈금을 2배, 3배로 증가시키면서 과정 2를 반복한다.

⑷ 역학 수레에 추를 올려 질량을 변화시키면서 과정 2를 반복한다.

4. 실험 결과 데이터

⑴ 힘과 가속도 관계의 자료 변환 및 해석

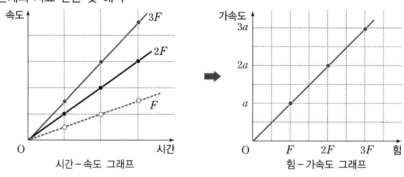

시간 - 속도 그래프   힘 - 가속도 그래프

※ 가속도와 힘의 관계 : 질량이 일정할 때 가속도는 힘에 비례한다.

⑵ 질량과 가속도 관계의 자료 변환 및 해석

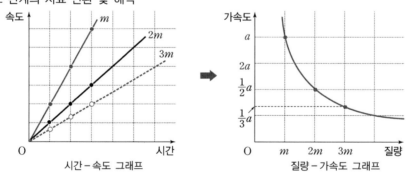

시간 - 속도 그래프   질량 - 가속도 그래프

※ 가속도와 질량의 관계 : 힘의 크기가 일정할 때 가속도는 질량에 반비례한다.

  ① 자료 변환 시에는 곡선의 형태가 아닌 1차 비례 혹은 상수 형태가 나와야 한다.

  ② 즉, 가속도의 역수와 질량과의 관계 그래프를 그려서 해석하도록 한다.

I. 목표

가속도와 힘, 가속도와 질량 사이의 관계를 알 수 있다.

II. 변인

(1) 독립변인

① 조작변인
- ㉠ 힘의 크기
- ㉡ 질량

② 통제변인
- ㉠ 질량
- ㉡ 힘의 크기

(2) 종속변인

가속도의 크기

III. 결과

(1) 실험데이터 해석

가속도는 힘의 크기에 비례하고, 질량에 반비례한다.

(2) 데이터 신뢰도

① 수레와 바닥의 마찰을 최소화한다.

② 측정시간에 따라 적당한 힘의 크기와 수레의 질량을 고려하지 않으면 측정 거리가 매우 짧아지거나 매우 커지게 됨에 유의한다.

2009-10

04 다음은 '수레의 운동'에 대한 평가 문항이다.

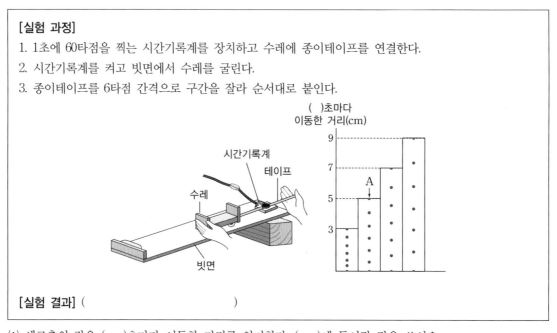

[실험 과정]

1. 1초에 60타점을 찍는 시간기록계를 장치하고 수레에 종이테이프를 연결한다.
2. 시간기록계를 켜고 빗면에서 수레를 굴린다.
3. 종이테이프를 6타점 간격으로 구간을 잘라 순서대로 붙인다.

( )초마다 이동한 거리(cm)

시간기록계

테이프

수레

빗면

[실험 결과] ( )

(1) 세로축의 값은 ( )초마다 이동한 거리를 의미한다. ( )에 들어갈 값을 쓰시오.

(2) A 구간의 평균 속력은 몇 cm/s인지 쓰시오.

(3) [실험 결과]에 적합한 내용을 쓰시오.

이 문항에 대한 설명으로 옳은 것을 <보기>에서 모두 고른 것은?

─< 보기 >─

ㄱ. (3)에 대해서 '빗면을 내려오는 동안 수레의 속력은 일정하게 증가한다.'로 답하면 정답으로 평가한다.

ㄴ. 이 실험의 내용은 제7차 과학과 교육과정의 8학년 '여러 가지 운동'에서 학습한다.

ㄷ. 클로퍼의 과학교육목표 분류 중 '자료의 해석과 일반화'에 중점을 둔 평가 문항이다.

ㄹ. '힘과 운동의 법칙에 대한 실험을 통하여 힘과 가속도가 비례함을 안다'를 평가하는 것이다.

① ㄱ, ㄴ

② ㄴ, ㄹ

③ ㄷ, ㄹ

④ ㄱ, ㄴ, ㄷ

⑤ ㄱ, ㄷ, ㄹ

정답 ④

해설

ㄱ. 이 실험은 빗면에서 수레의 가속도가 일정함을 확인하기 위한 실험이다. '수레의 속력이 일정하게 증가한다'와 '가속도의 크기가 일정하다'라는 말은 같은 말이므로 [실험 결과]의 정답에 해당한다.

ㄴ. 여러 가지 운동에서 가속도의 측정을 다룬다.

ㄷ. 일정한 시간 간격의 종이테이프를 붙이는 것은 자료 변환에 해당한다. 그리고 이를 해석하고 결론을 도출하는 것이 자료 해석과 일반화이다. 이 실험은 자료 변환까지의 전반적인 내용이 자세히 설명되어 있고 이후 자료 해석과 일반화에 초점이 맞춰져 있다.

ㄹ. 빗면에서 수레의 가속도가 일정함을 확인하기 위한 실험이다. 힘과 가속도가 비례함을 확인하기 위해서는 질량을 통제변인으로 두고 힘이 일정하게 증가하는 실험을 수행하여야 한다.

> 참고 사항
>
> 빈칸에 들어가는 답은 다음과 같다.
>
> (1) 0.1
>
> 1초에 60타점이고 6타점 간격으로 구간을 잘랐으므로 각 구간의 시간 간격은 0.1초가 된다.
>
> (2) 50cm/s
>
> 평균 속력$=\dfrac{\text{이동 거리}}{\text{걸린 시간}}$이다.
>
> 따라서 $\dfrac{5\text{cm}}{0.1\text{s}} = 50\text{cm/s}$
>
> (3) 수레의 가속도의 크기는 일정하다.
>
> 이 실험은 빗면에서 수레의 가속도의 크기가 일정함을 알아보기 위한 실험이다.

2005-07

05 힘, 질량, 운동 사이의 관계를 알아보기 위해 다음 그림과 같이 장치하고 실험하였다.

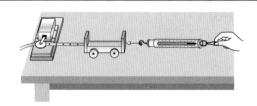

〈실험 과정〉

단계 1 : 위 그림과 같이 실험장치를 한 다음 용수철저울의 눈금이 1N을 가리키도록 수레를 끌면서 운동을 종이테이프에 기록하였다. 그런 다음, 같은 수레를 당기는 힘을 2N, 3N, …으로 증가시키면서 이 과정을 반복하였다.

단계 2 : 용수철저울의 눈금을 1N으로 유지하고, 수레의 질량을 2배, 3배, …로 증가시키면서 수레를 끌어 그 운동을 종이테이프에 기록하였다.

단계 3 : (   )

단계 4 : 자료 해석을 통하여 물체에 작용한 힘과 질량과 물체의 운동 사이의 관계를 도출하였다.

위의 단계 1과 단계 2를 수행할 때 공통으로 요구되는 탐구 과정을 쓰고, 단계 3에서 수행해야 할 활동과 그 활동에 해당되는 탐구 과정을 쓰시오. (단, 탐구과정은 제7차 과학과 교육과정에 명시된 용어를 쓰되, 관찰과 측정은 제외한다.) [4점]

• 단계 1, 2에서 공통으로 요구되는 탐구 과정 :

• 단계 3에서 수행해야 할 활동 :

• 단계 3의 활동에 해당되는 탐구 과정 :

정답

1) 변인 통제
2) 가속도와 힘과의 관계, 가속도와 질량 관계의 그래프를 작성한다.
3) 자료 변환

해설

단계 1에서는 질량을 통제 변인으로 단계 2에서는 힘을 통제 변인으로 설정하여 실험해야 한다.

일정한 시간 간격으로 종이테이프를 이어 붙이면 기울기가 가속도가 된다. 이 데이터와 힘과의 그래프를 그리면 1차 비례함을 확인할 수 있다. 그리고 가속도와 질량의 관계에서는 반비례 그래프가 된다. 변인 간의 관계를 도출하는 것이 자료 변환이고, 이를 이용해 최종적으로 변인 간의 관계를 이해하는 것이 자료 해석이다.

실험 4 마찰에 따른 용수철 진자의 역학적 에너지 감소

1. 목표 : 마찰면에 따라 용수철 진자의 역학적 에너지가 어떻게 달라지는지 비교할 수 있다.

2. 준비물 : 용수철, 나무토막, 유리판, 사포, 초시계, 1m 자, 스탠드, 클램프(집게)

3. 실험 과정

(1) 그림과 같이 실험대 위에서 스탠드에 용수철의 한쪽 끝을 고정하고 다른 쪽 끝에 나무토막을 연결한다.

(2) 용수철의 처음 길이를 표시하고, 나무토막을 당겨 용수철을 일정한 길이만큼 늘어나게 한다.

(3) 나무토막을 가만히 놓아 진동시키고 나무토막의 진동이 멈출 때까지 걸린 시간을 측정한다. 같은 실험을 세 번 반복하고 평균값을 표에 기록한다.

(4) 실험대 위에 유리판, 사포 등을 놓아 나무토막이 왕복 운동하는 표면의 마찰을 다르게 하고 과정 2~3을 반복한다.

4. 이론 참고

$$\frac{k}{2}\Delta x(2x - \Delta x) = f(2x - \Delta x) \ \rightarrow \ \frac{k}{2}\Delta x = f$$

$$\Delta x = \frac{2f}{k} \ (\Delta x : \text{감소한 진폭변화량}, \ f : \text{운동마찰력}, \ k : \text{용수철 상수})$$

I. 목표

마찰력이 클수록 역학적 에너지 감소는 증가한다.

II. 변인

(1) 독립변인

① 조작변인 : 마찰면(마찰계수)

② 통제변인 : 질량, 용수철상수, 용수철 초기 길이

(2) 종속변인

진동이 멈추기까지 총 걸린 시간

III. 결과

(1) 실험데이터 해석

마찰력이 클수록 진폭의 감소 효과가 크므로 진동이 멈추기까지 걸린 시간이 감소한다.

(2) 데이터 신뢰도

일직선 운동의 유지 확인 → 최대정지마찰력보다 큰 초기 탄성력 필요

※ 마찰력에 관계없이 한번 멈추는 데까지 걸린 시간은 동일하다.

06 물체와 바닥 사이의 운동마찰계수 μ_k를 측정하기 위하여 그림 (가)와 같이 압축된 용수철에서 발사된 물체가 바닥을 미끄러져서 정지할 때까지 이동한 거리를 측정하였다. 물체의 처음 속력 v_0는 포토게이트 타이머를 이용하여 측정하였으며, 물체가 타이머를 지나는 동안의 속력 변화는 무시할 수 있다고 가정한다. 물체의 처음 속력을 변화시키면서 이동 거리 s를 측정하여 그린 그래프는 그림 (나)와 같다. 중력 가속도는 $g = 10\text{m}/\text{s}^2$으로 가정한다. [4점]

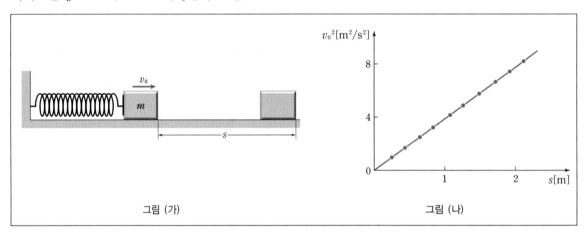

그림 (가)   그림 (나)

1) 발사된 물체와 바닥 사이의 운동 마찰 계수를 구하시오. [2점]

2) 만약에 물체를 같은 재료로 만들어진 질량이 큰 물체로 바꾸어 실험할 경우, 그래프의 모양 변화를 설명하시오. [1점]

3) 용수철의 압축 길이가 10cm 일 때 물체의 이동 거리가 s_0였다면, 압축 길이가 20cm 와 30cm 일 때의 이동 거리를 각각 구하시오. [1점]

해설

1) 역학적 에너지 보존으로부터 $\dfrac{1}{2}kA^2 = \dfrac{1}{2}mv_0^2$, $v_0 = A\omega$

$$\frac{1}{2}mv_0^2 = f_k s = \mu_k mgs$$

$$v_0^2 = 2\mu_k gs = A^2\omega^2$$

$$\therefore \mu_k = \frac{v_0^2}{2gs} \simeq 0.2$$

2) 같은 재질이라면 마찰계수가 동일하고 질량은 영향을 미치지 못하므로 그래프의 형태는 동일하다.

3) $v_0^2 = 2\mu_k gs = A^2\omega^2$ 으로 부터 s는 A^2에 비례하므로 20cm 일 때는 $4s_0$이고, 30cm 일 때는 $9s_0$가 된다.

2010-11

07 다음은 로슨(A. Lawson)의 3가지 순환학습 모형 중 하나를 적용한 수업이다.

> 단계 (가): 교사는 나무토막을 빗면에 놓고, 빗면을 미끄러져 내려온 나무토막이 바닥에서 이동하여 멈추는 거리를 측정하는 시범 실험을 하였다. 학생은 질량이 같은 여러 종류의 물체를 빗면의 같은 위치에서 놓았을 때, 바닥에서 이동하여 멈추는 거리를 측정하는 실험을 하였다. 학생은 실험 결과를 보고, ㉠ 인과적 의문을 갖는다. 그리고 그 의문에 대한 잠정적인 답을 만들고, ㉡ 그 잠정적인 답이 관찰한 결과를 모두 설명할 수 있는지 토의한다.
>
> 단계 (나): 질량이 같은 물체가 빗면에서 내려온 뒤, 바닥에서 이동한 거리가 서로 다른 이유를 학생들이 발표하고, 교사는 다음과 같은 설명을 한다.
>
>> 교사의 설명: 같은 질량의 물체를 빗면의 같은 위치에서 놓았을 때, 바닥에서 이동한 거리가 다른 이유는 물체와 바닥 사이의 마찰력이 각각 다르기 때문이다. 마찰력이 큰 경우, 바닥에서 이동하는 거리가 더 짧다.
>
> 단계 (다): 교사는 동일한 두 개의 나무토막을 얼음판과 운동장에서 같은 힘을 주어 밀었을 때, 미끄러져 가는 거리를 비교하여 설명하게 한다.

이 수업에 관련된 설명으로 옳은 것을 <보기>에 서 모두 고른 것은?

< 보기 >

ㄱ. 이 수업은 경험-귀추적 순환학습 모형을 적용한 것이다.

ㄴ. 이 수업을 통해 학습한 내용에 비추어 볼 때, ㉠은 "질량이 같은 물체를 같은 위치의 빗면에 놓았는데, 왜 바닥에서 이동한 거리가 다를까?"가 적절하다.

ㄷ. ㉡을 위해서는 연역적 추론이 필요하다.

① ㄱ   ② ㄷ

③ ㄱ, ㄴ   ④ ㄴ, ㄷ

⑤ ㄱ, ㄴ, ㄷ

정답 ⑤

해설

ㄱ. 경험-귀추적 순환학습은 교사가 준비한 자료나 시범 실험을 보거나 직접 실험을 한 후 이에 대한 인과적 의문을 생성한다(귀납적 추론). 그리고 그 인과적 의문에 대한 잠정적인 답을 만들고(귀추적 추론), 그 인과적 의문에 대한 잠정적인 답이 관찰 현상이나 측정 결과를 모두 설명할 수 있는지 토의한다(연역적 추론).

ㄴ. 여러 종류의 물체를 같은 위치에 놓았는데 바닥에서 이동하여 멈추는 거리가 달라지므로 "질량이 같은 물체를 같은 위치의 빗면에 놓았는데, 왜 바닥에서 이동한 거리가 다를까?"라는 인과적 의문이 올바르다.

ㄷ. 인과적 의문에 대한 잠정적인 답이 관찰 현상이나 측정 결과를 모두 설명할 수 있는지 토의하는 것은 연역적 추론이다.

2019-B01(09년도 07번 문제와 유사)

08 다음은 고등학교 물리 교사가 등가속도 운동에 관한 수업을 위해 설계한 [실험 활동]과 [탐구 기능 평가표]의 일부를 정리한 글이다.

[실험 활동]

실험 목표: 마찰력에 의한 등가속도 운동에서 이동거리와 속력의 관계를 설명할 수 있다.

준비물: 레일, 수레, 속력 측정기, 스탠드, 집게, 줄자

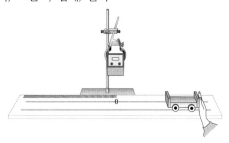

〈수행 과정〉

① 그림과 같이 수레와 레일을 수평면 위에 설치하고, 수레가 지나가는 속력을 측정할 수 있도록 속력 측정기를 스탠드에 설치한다.

② 속력 측정기의 센서 밑에 줄자의 0이 오도록 하여 줄자를 레일에 고정시킨다.

③ 속력 측정기를 초기화하고, 수레를 손으로 밀어 수레가 속력 측정기를 지나 이동하다가 멈출 때까지 기다린다.

④ 수레가 속력 측정기를 지날 때의 수레의 속력을 측정하여 표에 기록한다.

⑤ 속력이 측정된 지점부터 수레가 멈춘 지점까지의 거리를 측정하여 표에 기록한다.

⑥ 수레를 미는 힘의 크기를 각기 달리 하여 과정 ③~⑤를 5회 이상 반복한다.

〈결과 및 정리〉

① 주어진 그래프 용지에 이동 거리와 속력의 관계가 드러나는 그래프를 작성한다.

② 이동 거리와 속력 사이의 관계에 대한 증거로부터 수레가 (㉠) 운동을 했다는 결론을 제시한다.

[탐구 기능 평가표]

탐구 기능		배점	채점 기준
기초 탐구 기능	㉡	2	속력과 이동 거리를 제대로 읽고 측정함
		1	속력 또는 이동 거리 중 1개만 제대로 측정함
		0	속력과 이동 거리를 모두 측정하지 못함
통합 탐구 기능	자료 수집	2	5회 이상의 서로 다른 속력에 대한 이동 거리를 기록함
		1	5회 미만의 서로 다른 속력에 대한 이동 거리를 기록함
		0	속력과 이동 거리에 대한 자료를 제시하지 않음
	자료 변환	2	㉢
		1	… (생략) …
		0	… (생략) …
	자료 해석	2	㉣
		1	… (생략) …
		0	… (생략) …

실험 목표와 내용을 고려하여 ㉠에 들어갈 용어를 제시하고, 채점 기준을 고려하여 ㉡에 적절한 탐구 기능을 제시하시오. 또한 [실험 활동]을 반영하여 ㉢과 ㉣에 해당하는 채점 기준을 제시하시오. [4점]

정답

㉠ 등가속도

㉡ 측정

㉢ 이동 거리와 속력의 제곱을 그래프로 나타냄

㉣ 그래프를 이용하여 이동 거리와 속력의 제곱이 정비례함을 확인하고 이를 해석한다.

해설

㉠ 이 실험은 등가속도 운동에 관한 수업이다. 일과 에너지의 관계식에서 $\frac{1}{2}mv^2 = fs$ 이다. 여기서 f는 마찰력의 크기이다.

여기서 $s \propto v^2$이므로 등가속도 직선 운동 공식 $2as = v^2$을 통해 수레의 가속도가 일정함을 알 수 있다.

㉡ 기초 탐구 기능 중 측정에 해당한다.

㉢ 자료 변환은 1차 비례 관계를 확인하기 위한 과정이므로 이동 거리와 속력의 제곱을 그래프로 나타내는 것이 핵심이다.

㉣ 그래프를 이용하여 이동 거리와 속력의 제곱이 정비례함을 확인하고 이를 해석하는 과정이 자료 해석의 핵심이다.

실험 5 단진자 주기 측정

1. 목표: 단진자의 주기, 질량, 진폭, 길이 사이의 관계를 알 수 있다.

2. 준비물: 추(100g, 200g, 300g), 스탠드, 줄, 각도기, 자, 초시계

3. 실험 과정

(1) 추를 매단 줄을 스탠드에 고정하여 추가 진동할 수 있게 장치한다.

(2) 추가 10회 진동하는 시간을 측정하여 진동 횟수로 나누어 주기를 측정한다.

(3) 추의 질량을 0.3kg, 진폭을 10°로 하고 줄의 길이를 각각 0.25m, 0.5m, 1.0m로 바꾸어 가면서 과정 2를 반복한다.

(4) 추의 질량을 0.3kg, 줄의 길이를 1.0m로 하고 진폭을 5°, 15°, 30°로 바꾸어 가면서 과정 2를 반복한다.

(5) 줄의 길이를 1.0m, 진폭을 10°로 하고 추의 질량을 0.1kg, 0.2kg, 0.3kg으로 바꾸어 가면서 과정 2를 반복한다.

4. 실험 데이터

줄의 길이	주기	진폭	주기	추의 질량	주기
1.0m	2.01s	5°	2.00s	0.1kg	1.99s
0.5m	1.42s	15°	2.01s	0.2kg	2.00s
0.25m	1.00s	30°	2.02s	0.3kg	2.01s

※ 자료 변환 시 1차 비례 관계로 정리해야 한다. 주기의 제곱과 줄의 길이를 그래프로 나타내야 한다.

I. 변인

(1) **독립변인**

① 조작변인: 각 수레의 진폭(θ), 질량, 실의 길이 중 하나

② 통제변인: 조작변인을 제외한 2개의 물리량

(2) **종속변인**

단진자의 주기

II. 결과

(1) **실험데이터 해석**

주기의 제곱은 실의 길이에 비례하고, 진폭과 질량에 무관하다.

⑵ 데이터 신뢰도

① $\ddot{\theta} + \dfrac{g}{l}\sin\theta = 0$이므로 각도가 작을 경우 $T = 2\pi\sqrt{\dfrac{l}{g}}$에 근사가 된다. 각도가 커질수록 주기의 미세한 차이를 보이는 것은 주기 공식이 각도가 작은 경우의 근사식이기 때문이다. 진자가 운동할 때 줄이 고정된 부분에서의 마찰이나 공기 저항이 주기에 영향을 줄 수 있다. 진폭을 너무 크게 하면 예측한 값보다 주기가 더 길게 측정된다.

② 왕복 10회 시간의 평균값이 1회 왕복의 시간 측정보다 측정 신뢰도가 높다.

③ 단진자의 길이는 추의 중심까지의 길이로 측정한다.

④ 마찰과 공기저항을 고려해서 밀도가 상대적으로 높은 금속 추의 사용이 좋다.

2021-B03

09 다음 <자료 1>은 학생 A와 B가 계획하고 수행하여 작성한 '진폭에 따른 단진자의 주기 측정' 실험 보고서의 일부이며, <자료 2>는 이 실험에 대한 결론을 작성하기 위해 두 학생이 나눈 대화이다. 이에 대하여 <작성 방법>에 따라 서술하시오. [4점]

───────────< 자료 1 >───────────

[탐구 목표]
단진자의 주기와 진폭의 관계를 설명할 수 있다.

[준비물]
스탠드, 실, 자, 추(100g), 각도기, 초시계

[탐구 과정]
(가) 그림과 같이 추를 실에 매달고 실의 길이가 1m가 되도록 하여 스탠드에 고정한다.

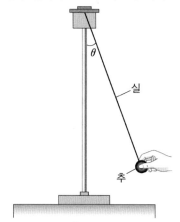

(나) 추를 매단 실과 연직선이 이루는 각도가 10°가 되도록 당겼다가 놓은 후, ㉠ 추가 10회 왕복하는 데 걸리는 시간을 측정한다(5번 반복하여 평균 시간을 구한다).

(다) θ가 20°, 30°, 40°, 50°가 되도록 당겼다가 놓은 후, ㉠ 추가 10회 왕복하는 데 걸리는 시간을 측정한다(5번 반복하여 평균 시간을 구한다).

[실험 결과]

각도	10°	20°	30°	40°	50°
10회 왕복하는데 걸리는 평균 시간 (초)					

… (하략) …

───〈 자료 2 〉───

학생 A : 지난 시간에 배운 것과 같이 진폭이 변하더라도 단진자의 주기는 달라지지 않았어. '단진자의 주기는 진폭과 상관없이 일정하다.'라고 결론을 적으면 좋을 것 같아.

학생 B : 내 생각은 달라. 실험 결과를 보면 진폭이 증가할수록 단진자의 주기가 커지고 있으니 '단진자의 주기는 진폭이 증가할수록 커진다.'라고 결론을 내리는 게 옳은 것 같아.

학생 A : 실험 결과에서 나타난 시간의 차이는 실험을 수행하면서 생긴 오차일 거야.

학생 B : 그러나 오차라고 보기에는 어떤 경향이 있는 것 같아. 진폭에 따라 단진자의 주기가 변하는 이유를 확인하는 것이 좋겠어.

───〈작성 방법〉───

• ㉠과 같이 추가 10회 왕복하는 데 걸리는 시간을 측정하는 것이 1회 왕복하는 데 걸리는 시간을 측정하는 것보다 더 나은 이유를 쓸 것

• <자료 1>의 [탐구 과정] 및 [실험 결과]를 근거로 '단진자의 주기 측정' 실험 시 주의해야 할 사항을 1가지 쓸 것

• 2015 개정 과학과 교육과정의 내용 체계에 기술된 8가지 기능 중 <자료 2>에서 두 학생의 견해 차이와 관련된 기능을 '문제 인식', '자료의 수집 · 분석 및 해석', '결론 도출 및 평가', '의사소통' 이외에 1가지 쓰고, 그 근거를 설명할 것

정답

1) 측정 오차를 줄여 주기를 보다 정확하게 측정할 수 있다.

2) 각도 θ를 작게 해야 한다.

3) 증거에 기초한 토론과 논증 : 실험 결과 데이터를 통해 오차의 원인에 대한 토론을 하고 있다.

해설

1) 1회 왕복할 때 걸리는 시간을 측정하면 시작과 끝의 시간을 정확히 측정하기 어렵게 된다. 오차가 10회 왕복보다 커지게 되므로 10회 왕복시간을 재서 이를 평균값을 주기로 활용하면 보다 더 오차가 줄어 들게 된다. 그리고 왕복 시간이 길어지게 되면 마찰에 의한 효과가 고려되므로 왕복 횟수가 너무 커져도 좋지 않다.

2) 진자의 길이가 ℓ일 때 단진자의 주기 측정은 운동방정식 $\ddot{\theta} + \dfrac{g}{\ell}\sin\theta = 0$에서 우리는 각도가 작을 때 $\sin\theta \simeq \theta$의 관계식을 활용하여 주기 $T = 2\pi\sqrt{\dfrac{\ell}{g}}$ 라는 공식을 얻는다. 그래서 실험할 때는 기본적으로 선행돼야 하는 것이 각도가 작아야 한다. 이유는 각도가 작지 않으면 각도 즉, 진폭에 영향을 받는 식이 된다. 이는 물리학 2의 과정을 벗어나게 되므로 다루지 않는다. 따라서 각도가 10° 내로 적용돼야 한다. 진자의 길이가 1m일 때 10°이면 수평 진폭이 대략 9cm정도 된다. 그래서 진자 운동을 확인하기 위해서 진자의 길이가 어느 정도 커야 하는데 학교 교실 특성상 너무 커지는 게 한계가 있기 때문에 1m 내외로 한다. 그리고 각도가 너무 작으면 진폭이 작아 진자 운동을 확인하기 어렵기 때문에 너무 작게 실험하기 어렵다. 고등학교 실험은 실험으로 알려지지 않은 이론이나 결과를 해석하는 것이 아닌 이미 알려진 이론을 재확인하는 것이므로 이론과 주의 사항을 사전에 알고 있어야 한다.

3) 8가지 기능은 다음과 같다.

1. 문제 인식 2. 탐구 설계와 수행 3. 자료의 수집·분석 및 해석 4. 수학적 사고와 컴퓨터 활용 5. 모형의 개발과 사용 6. 증거에 기초한 토론과 논증 7. 결론 도출 및 평가 8. 의사소통

실험 결과 데이터를 통해 오차의 원인에 대한 토론을 하고 있으므로 증거에 기초한 토론과 논증이다.

Chapter

07

2009-07

10 다음은 '진자의 길이와 주기 사이의 관계'를 알아보는 실험 보고서의 일부이다.

[실험 과정]

※ 추의 크기는 무시하고, 실의 길이를 진자의 길이로 가정한다.

⑴ 그림과 같은 방법으로 실의 길이를 측정하고 유효숫자를 고려하여 기록하였다.

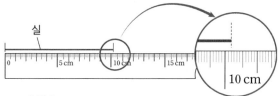

• 측정값: 10.2 cm

⑵ 세 학생이 진자가 30번 왕복 운동한 시간을 각각 다른 시계를 이용하여 측정하고 그 값을 기록하였다.

구분	학생 A	학생 B	학생 C	평균
시간(s)	18	18.1	18.17	ⓐ

⑶ 실의 길이를 변화시키면서 주기를 측정하고 표로 정리하였다. (<표> 생략)

⑷ 실의 길이와 주기의 제곱과의 관계를 그래프로 나타내었다.

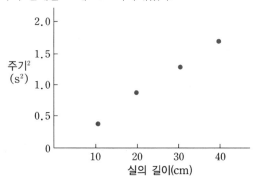

⑸ 그래프를 이용하여 진자의 길이와 진자의 주기와의 관계를 구하였다. (이하 생략)

이 실험 보고서에 대한 분석으로 옳은 것을 <보기>에서 모두 고른 것은?

< 보기 >

ㄱ. 과정 ⑴에서 실의 길이의 측정값을 유효숫자를 고려하여 바르게 기록하였다.

ㄴ. 과정 ⑵의 ⓐ에 들어갈 평균값은 유효숫자를 고려하면 18이다.

ㄷ. 실의 길이와 주기의 제곱과의 관계를 그래프로 나타내는 활동의 주된 탐구 과정은 '자료 변환'이다.

ㄹ. 외삽(extrapolation)을 이용하면, 실의 길이가 50 cm일 때의 주기를 알 수 있다.

---

① ㄱ, ㄴ   ② ㄱ, ㄷ

③ ㄷ, ㄹ   ④ ㄱ, ㄴ, ㄹ

⑤ ㄴ, ㄷ, ㄹ

정답 ⑤

해설

ㄱ. 최소 눈금이 mm 단위일 때 유효숫자는 최소 눈금의 $\frac{1}{10}$ 까지 고려한다. 따라서 10.20cm 가 유효숫자를 고려한 값이다.

ㄴ. 학생 A의 측정 시간이 18초이므로 이때의 유효숫자는 2개로 봐야 한다. 그래서 평균값은 18이 된다.

ㄷ. 자료 변환은 1차 비례 관계 그래프를 나타내는 과정이다. 따라서 실의 길이와 주기의 제곱과의 관계를 그래프로 나타내는 활동의 주된 탐구 과정은 '자료 변환'이다.

ㄹ. 외삽(extrapolation)은 측정 데이터의 규칙성을 토대로 측정 데이터의 범위를 벗어난 값을 예측하는 것이다.
   내삽(interpolation)은 측정 데이터의 규칙성을 토대로 측정 데이터의 사잇값을 예측하는 것을 말한다.
   ⑶의 과정은 자료 수집, ⑷의 과정은 자료 변환, ⑸의 과정은 자료 해석이다.

2008-02

11 다음은 '진자의 주기에 영향을 미치는 요인'을 알아보기 위한 탐구 과정을 나타낸 것이다.

> 교사: 이 탐구 문제의 변인을 찾아보세요.
> 학생: 저는 실의 길이, 추의 질량, 진자의 주기, 추를 놓는 위치(진폭) 등을 찾았어요.
> 교사: 그럼, 이 변인들을 이용해서 가설을 세워 보세요.
> 학생: 네. 저는 (A)라고 가설을 세웠어요.
> 교사: 그러면 100g, 200g, 300g, 400g의 추 4개와 10cm, 20cm, 30cm, 40cm 길이의 실 4개를 가지고 실험을 설계해 보세요.
> 학생: 추가 4개이고, 실이 4개니까, 각각의 추에 실을 연결하여 진자 4개를 만들 거예요. 즉, 100g－10cm, 200g－20cm, 300g－30cm, 400g－40cm의 4개 진자를 만들어 주기를 측정하려고 합니다.
> 교사: 그렇게 하면 문제가 있어요. 추의 질량을 통제변인으로 해야 되겠죠.

학생이 세운 가설 A를 종속변인을 포함하여 쓰고, 학생이 설계한 실험에서 잘못된 부분을 고치시오.

[3점]

• 가설:

• 수정된 실험 설계:

정답

1) 가설: 실의 길이가 길어질수록 진자의 주기가 길어질 것이다.
2) 수정된 실험 설계: 동일한 질량에 실의 길이를 증가시켜 실험한다.

해설

1) 진자의 주기는 $T = 2\pi\sqrt{\dfrac{\ell}{g}}$ 이다. 이 관계식에 따라 실의 길이가 증가함에 따라 주기 역시 증가함을 확인할 수 있다.

2) 질량을 통제변인으로 해야 하므로 100g－10cm, 100g－20cm, 100g－30cm, 100g－40cm, 그리고 200g－10cm, 200g－20cm, 200g－30cm, 200g－40cm, 나아가 다른 질량 역시 마찬가지로 실험한다.

참고 사항

2005-02 문제의 내용 부분인 '실의 길이가 길어질수록 진자의 주기가 길어질 것이다.'가 답으로 재등장한다.

실험 6 **포물선 운동**

1. **목표** : 비스듬히 위로 던진 물체의 운동을 정량적으로 분석할 수 있다.

2. **준비물** : 공, 모눈이 그려진 칠판, 디지털카메라(스마트 기기), 삼각대

3. **과정**

(1) 모눈이 그려진 칠판을 벽에 고정하고, 삼각대에 동영상 촬영이 가능한 디지털카메라나 스마트 기기를 설치한다.
(벽에 모눈종이를 붙여 사용하여도 된다.)
(2) 모눈이 그려진 칠판의 아래쪽 모서리 면에서 공을 비스듬히 위로 던지고 공이 날아가는 동안 공의 운동을 동영상으로 촬영한다.
(3) 촬영한 영상으로 시간에 따라 공의 위치를 수평 방향, 연직 방향으로 측정하고 표에 기록한다.
(4) 공의 위치를 모눈종이에 표시하여 공의 운동 모습을 확인한다.

I. 목표

포물선 운동은 수평으로는 등속도 운동, 수직으로는 등가속도 운동을 한다는 것을 확인

II. 결과 해석

(1) x축 방향으로는 이동 거리가 시간에 비례하는 등속도 운동을 한다.

(2) y축 방향으로는 변위가 시간의 제곱에 비례항이 존재하고, 연직 방향으로는 가속도가 일정한 등가속도 운동을 한다.

(3) 이 운동의 경로는 포물선임을 확인할 수 있다.

※ 모든 구간에서 물체의 알짜힘의 방향은 아래 방향이다.

실험 7 **가속하는 공간에서 관성력 측정**

1. **목표**: 엘리베이터의 운동에 따라 몸무게를 측정하면서 관성력을 확인할 수 있다.

2. **준비물**: 체중계, 연필

3. **실험 과정**
   (1) 정지한 엘리베이터 안에서 체중계를 이용하여 자신의 몸무게를 측정한다.
   → 체중이 60kg인 사람은 600N으로 기록한다. (중력가속도의 크기는 10m/s^2으로 한다.)
   (2) 엘리베이터가 올라가는 동안 몸무게의 변화를 측정하여 기록한다.
   (3) 엘리베이터가 내려가는 동안 몸무게의 변화를 측정하여 기록한다.

I. 목표

관성력은 가속하는 반대 방향으로 작용한다.

II. 변인

(1) **독립변인**

① **조작변인**: 엘리베이터의 운동상태

② **통제변인**: 몸무게

(2) **종속변인**

저울의 눈금

III. 결과(실험데이터 해석)

정지상태에서는 관성력이 작용하지 않는다. 또한 엘리베이터가 일정한 속력으로 올라가는 동안에도 관성력은 발생하지 않는다. 엘리베이터가 위로 출발할 때와 아래에서 정지할 때는 관성력이 아래 방향으로 작용하여 몸무게가 증가한다. 반대로 엘리베이터가 아래로 출발할 때와 위에서 정지할 때는 관성력이 위 방향으로 작용하여 몸무게가 감속함을 확인할 수 있다.

※ 관성력은 가속하는 공간에 존재하는 힘이다. 정지 좌표계(관성 좌표계)에서는 관성력이 존재하지 않는다. 그리고 관성력과 중력의 근본 성질은 동일하다.

2015-B01-논술형

12 다음 <자료 1>은 고등학생을 대상으로 일반상대성 이론을 지도하기 위해 박 교사가 세운 수업 계획의 일부이다. <자료 2>는 일반상대성 이론의 기본 원리를 도출하기 위한 사고 실험을 요약한 것이다.

───< 자료 1 >───

[학습 목표] 중력렌즈 효과를 일반상대성 이론으로 설명할 수 있다.

[교수 · 학습 활동]

• 중력렌즈 효과를 나타내는 천체 사진을 보여 주며 의문 유발
• [사고 실험 1]로부터 등가원리 소개
• [사고 실험 1]과 [사고 실험 2]로부터 빛이 중력장에서 휘어짐을 추론
• 중력렌즈 효과를 일반상대성 이론으로 설명

───< 자료 2 >───

[사고 실험 1]

그림 (가)에서 관찰자가 탄 엘리베이터는 중력가속도가 g인 지구의 균일한 중력장에서 정지해 있다. 여기서 들고 있던 공을 가만히 놓아 공이 바닥으로 떨어지는 ㉠ 가속도를 측정한다. 그림 (나)에서 관찰자가 탄 엘리베이터는 중력이 미치지 않는 우주 공간에서 일정한 가속도 g로 위로 가속되고 있다. 마찬가지로 동일한 공을 가만히 놓아 공이 바닥으로 떨어지는 ㉡ 가속도를 측정한다.

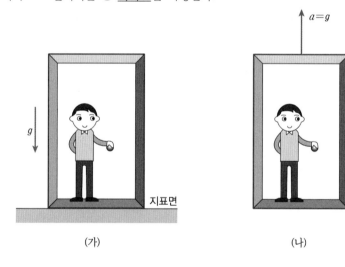

(가)   (나)

[사고 실험 2]

그림 (가)와 (나)의 상황에서 각각 관찰자가 레이저 광선을 바닥과 평행하게 발사하면서 그 경로를 조사한다.

박 교사의 [교수 · 학습 활동]은 어떤 유형의 과학적 추론 과정을 따르고 있는지 <자료 1>과 <자료 2>의 내용을 근거로 설명하고, 사고 실험이 물리 교수 · 학습에서 갖는 교육적 의의를 상대성 이론 수업과 관련하여 한 가지만 쓰시오. 또한 [사고 실험 1]에서 뉴턴의 운동 법칙으로부터 중력질량 m_g와 관성질량 m_i를 써서 ㉠을 구하고, 이 결과를 ㉡과 비교하여 등가원리를 설명하시오. 그리고 [사고실험 2]의 결과가 고전역학과 일반상대성 이론에 따라 어떻게 다르게 예측되는지 쓰고, 그러한 현상이 나타나는 이유를 등가원리에 근거하여 설명하시오. [10점]

해설

1) 귀추적 추론 : [사고 실험 1]과 유사한 상황인 [사고 실험 2]에 적용하여 중력렌즈 효과를 나타내는 천체 사진의 인과적 의문을 해결하는 추론 과정이다.

2) 실험이 불가능하거나 어려울 때 효과적이다.

3) ㉠ $F = m_g g = m_i a \rightarrow a = \dfrac{m_g}{m_i} g$, ㉡ $a = g$

   ㉠과 ㉡의 가속도가 동일해야 하므로 중력질량 m_g와 관성질량 m_i은 동일하다.

4) 고전 역학에서는 [사고 실험 2]가 (가) 상황에서는 직진하고 (나) 상황에서는 상대속도에 따라 아래 방향으로 휜다. 일반 상대론에서는 등가원리에 의해서 (가) 상황과 (나) 상황은 동일하며 구별이 불가능하다. 따라서 빛은 중력에 의해서 휜다.

13 다음은 '힘과 운동'에 대한 학생의 생각을 평가하기 위한 서술형 문항이다.

그림은 버스가 지면에 대해 가속도 a로 등가속도 직선 운동을 하고 있을 때 질량이 m인 버스 손잡이가 기울어져 있는 모습이다. 지면에 대해 정지한 사람의 관점에서 손잡이에 작용하는 힘을 모두 그리고, 합력의 크기와 방향을 쓰시오. (단, 손잡이 끈의 질량은 무시한다.)

합력의 크기	
합력의 방향	

이 문항에 대하여 5명의 학생이 다음과 같이 답하였다. 과학 교사가 이를 평가할 때, 옳게 답한 것으로 평가해야 할 학생은? [2.5점]

학생	작용하는 힘	합력의 크기	합력의 방향
A	중력	mg	중력 방향
B	장력, 중력	ma	버스의 가속도와 같은 방향
C	장력, 중력	ma	버스의 가속도와 반대 방향
D	장력, 관성력, 중력	0	합력이 0이므로 방향이 없다

| E | 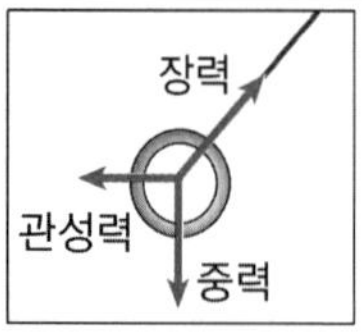 장력
 관성력 ⟵ ⊙
 ↓ 중력 | $mg + ma$ | 버스의 가속도와 반대 방향 |

① A   ② B

③ C   ④ D

⑤ E

정답 ②

해설

관성계인 지면에 대해 정지한 사람의 관점에서는 손잡이에 작용하는 힘은 장력과 중력이다. 그리고 이 두 힘의 합력이 손잡이 질량과 버스의 가속도의 곱이다.

D는 버스 내부인 가속계에 관한 설명이다. 가속계에서는 정지상태를 유지하는데 이때 관성력이 등장하게 된다.

실험 8 **일반 상대론**

1. **목표** : 질량에 의해 시공간이 휘어지는 현상을 모형으로 확인할 수 있다.
2. **준비물** : 나무상자(50cm×50cm), 늘어나는 천, 무거운 공, 가벼운 공
3. **실험 과정**
(1) 천에 일정한 간격으로 가로, 세로 격자선을 그린 다음 나무 상자에 팽팽하게 씌운다.
(2) 천의 가운데 무거운 공을 올려놓고 천의 모양을 관찰한다.
(3) 과정 2의 공 옆으로 가벼운 공을 굴리고 운동하는 모습을 관찰한다.
4. **결과 정리**
(1) 중력이 시공간을 휘어지게 하는 현상을 격자선의 모양이 휘어지는 현상으로 비유로써 확인한다.
(2) 태양을 무거운 공이라고 하면 태양에 의해 주변 시공간이 휘어지고 행성은 휘어진 시공간을 따라 운동한다.
5. **예측** : 태양 주위를 따라 지나는 빛의 경로를 생각해 보면, 빛 역시 휘어진 공간을 따라 운동하므로 빛의 경로는 휘어질 것이다.
6. **모형의 장점과 한계점**
(1) 장점
    ① 모형은 이미 관찰된 현상에 대한 설명을 제공할 뿐만 아니라 새로운 사실에 대한 예측을 가능하게 한다.
    ② 실제 실험이 어렵거나 추상적인 현상을 보다 쉽게 이해가 가능하다.
(2) 단점 : 추상적인 개념을 이해하고 적용하는 능력을 요구한다.

I. 목표

질량이 커질수록 시공간은 크게 휘어진다. (휘어진 시공간이 물체의 운동을 결정한다.)

II. 변인

(1) **독립변인**

    ① 조작변인 : 질량

    ② 통제변인 : 격자 눈금

(2) **종속변인**

격자선의 휘어짐

III. 결과(실험데이터 해석)

시공간이 휘어짐에 따라 무거운 물체가 시공간을 휘어지게 하여 상대적으로 가벼운 행성이나 혜성이 휘어진 시공간을 운동하게 만든다.

※ 빛은 질량이 없지만 시공간을 따라 움직이므로 빛의 경로도 시공간의 휘어짐에 영향을 받는다.

2012-01

14 다음은 수성 궤도의 근일점 이동과 관련된 과학사 사례이다.

> (가) 뉴턴의 중력이론으로 계산하였을 때, 태양 주위를 공전하는 수성 궤도의 근일점은 고정된 것이 아니라 다른 천체들의 영향에 의해 움직이게 된다. (중략) 그러나 수성 궤도의 근일점이 이동하는 정도가 뉴턴의 이론과는 다르다는 것이 관측되었다. 뉴턴의 이론을 옹호하기 위해 몇 가지 시도가 있었다. 그중 하나로 차이를 보정하는 '벌컨(Vulcan)'이라는 다른 행성을 가정하였으나, 그런 행성은 발견되지 않았다. 수성 궤도의 문제는 한동안 미해결된 문제로 남게 되었다.
>
> (나) 아인슈타인은 일반상대성 이론을 통해서 질량을 가진 물체가 중력에 끌리듯이 빛이 태양과 같은 질량이 큰 물체의 중력에 의해서 끌려야 한다고 주장했다. 에딩턴은 아인슈타인의 상대성이론에 따라 태양 근처에서 빛이 편향된다는 것을 증명하고자 했다. 에딩턴은 낮과 밤에 태양 근처의 별들이 어떻게 보이는지를 비교하려고 했고, 실제로 개기 일식이 일어나는 동안 실시한 관측을 통해서 아인슈타인의 이론을 확증할 수 있었다. 이러한 아인슈타인의 이론은 뉴턴의 중력 법칙으로 설명할 수 없었던 수성 궤도의 문제를 정량적이고 자연스러운 설명으로 해결할 수 있었다. 또한, 아인슈타인의 이론은 많은 부가적인 것들을 예측할 수 있었다.

이에 대한 과학 철학적 설명으로 옳은 것만을 <보기>에서 있는 대로 고른 것은?

> ─< 보기 >─
>
> ㄱ. (가)는 과학 이론이 변칙 사례에 의해 즉각적으로 폐기되는 것은 아니라는 것을 보여준다.
> ㄴ. 쿤(T. Kuhn)의 관점에 의하면, (가)에서 행성 '벌컨(Vulcan)'은 패러다임을 위협하는 변칙 사례가 나타났을 때 정상과학 안에서 해결해 나가기 위해서 도입된 것이다.
> ㄷ. 라카토스(I. Lakatos)의 이론에 의하면, (나)에서 아인슈타인의 이론은 전진적(Progressive) 연구 프로그램의 사례에 해당된다.

① ㄱ   ② ㄷ
③ ㄱ, ㄴ   ④ ㄴ, ㄷ
⑤ ㄱ, ㄴ, ㄷ

정답 ⑤

해설

ㄱ. 뉴턴의 이론을 옹호하기 위한 몇 가지 시도가 있었고 반증되었으나 한동안 미해결된 문제로 남아있었으므로 옳은 설명이다.

ㄴ. 뉴턴의 중력이론이 패러다임으로 형성되었고, 이에 변칙 사례(수성 궤도의 근일점 이동)가 나타났을 때 이를 패러다임을 지지하기 위한 시도로 '벌컨(Vulcan)'을 가정하였으므로 정상과학 내 수수께끼 풀이 활동의 하나로 볼 수 있으므로 맞는 답이다. 수수께끼 풀이 활동에는 사실적 조사, 패러다임 지지, 패러다임 정교화, 이론적 문제 해결이 있다.

ㄷ. 라카토스의 이론에서 전진적(Progressive) 연구 활동과 퇴행적(Regressive) 연구 활동이 존재한다. 아인슈타인 이론은 기존의 이론으로 설명이 어려운 현상을 설명하고, 또한 다른 부가적인 것들을 예측 할 수 있었으므로 전진적(Progressive) 연구 활동에 해당한다.

2016-B02

15 다음은 과학사의 한 사례를 요약한 것이다.

> 19세기 물리학자들은 빛을 물결파와 같은 파동으로 보고 여러 종류의 빛을 파장에 따라 구분하였다. 그리고 물결파의 파동이 물을 통해 전달되듯이 빛이 파동이라면 빛을 전달하는 매질이 있을 것이라 예측하였고 이를 에테르라 불렀다. 그래서 이 시기 물리학의 가장 중요한 주제 중 하나는 에테르의 성질과 구조를 알아내는 것이었다. ㉠ 많은 물리학자들이 측정 자료를 이용하여 에테르의 비중과 같은 다양한 물리량을 계산하였고, 이렇게 얻은 에테르의 성질은 백과사전에 기록되었다. 맥스웰(J. Maxwell)은 패러데이(M. Faraday)의 실험 결과를 설명할 때 에테르의 탄성을 활용하였다. 한편 1887년 마이컬슨·몰리(Michelson-Morley)는 에테르 속에서 움직이는 지구의 절대 속도를 측정하는 실험을 하였다. 실험 설계의 기본 생각은 빛을 지구의 운동 방향과 운동 방향의 수직 방향으로 각각 쏘아 되돌아오게 하여 둘의 경로 차에 의해 생기는 간섭무늬를 관찰하여 그로부터 에테르에서 움직이는 지구의 속력을 계산하고자 한 것이었다. 그러나 마이컬슨·몰리는 여러 차례의 실험에도 불구하고 경로차로 인한 간섭무늬를 발견할 수 없었다.
>
> 이후 다른 많은 과학자들이 실험을 하였으나 에테르의 존재를 증명하지 못했고, 푸앵카레(H. Poincaré)는 어떤 실험으로도 에테르를 발견하는 것은 불가능하다고 선언하며 에테르의 존재를 의심하였다. 그런데 1905년 아인슈타인(A. Einstein)은 에테르의 존재가 필요 없는 상대성 이론을 발표하였다. 그는 맥스웰의 식에 기초하여 전자기 유도에서 유도되는 전류는 자성체와 도체의 상대적 움직임에 의존할 뿐 절대속력의 도입은 필요 없다는 결론을 내렸다. 아인슈타인의 상대성 이론은 에테르를 필요로 하였던 뉴턴 역학의 절대 시공간 개념을 상대 시공간 개념으로 대체하는 이론으로 물리학자 사회에서 받아들여졌다. 이후 ㉡ 물리학자들은 상대성 이론이 예측하는 중력장에 의해 휘는 빛, 빛의 중력 적색편이, 수성의 근일점 이동을 확인하였다.

쿤(T. Kuhn)이 제시한 과학혁명 이론의 발달 단계 중 이 사례에 나타난 단계들을 제시하고, 각 단계에 해당하는 내용을 찾아 서술하시오. 또한, 쿤의 관점에서 밑줄 친 ㉠과 ㉡이 공통적으로 과학지식 발달에 미친 영향을 설명하시오. [4점]

해설

단계와 사례는 다음과 같다.
1) 정상과학 : 빛을 전달하는 매질인 에테르 설명 부분
2) 위기 : 마이컬슨·몰리의 실험 결과 간섭무늬 발견 못함. 에테르 존재 증명 못함. 푸앵카레는 에테르 발견 불가능 및 에테르 존재 의심
3) 과학혁명 : 아인슈타인 상대성 이론 발표 부분
4) 새로운 정상과학 : 상대성 이론이 예측하는 중력장에서 휘는 빛. 중력 적색편이, 수성의 근일점 이동 확인
마지막으로 과학지식 발달에 미친 영향은 정상과학 시기에 수수께끼 풀이를 통해 패러다임을 정교화했다는 것이다.

> **실험 9** **중력렌즈 효과**
>
> **1. 목표**: 렌즈를 이용하여 중력 렌즈 효과를 비유적으로 확인할 수 있다.
>
> **2. 준비물**: 볼록렌즈, 손전등, 검은 종이
>
> **3. 실험 과정**
> ⑴ 손전등 앞에 둥글게 자른 검은 종이를 가까이하고 검은 종이를 통해 손전등의 불빛을 관찰한다.
> ⑵ 검은 종이와 손전등 사이에 볼록 렌즈를 놓고 손전등의 불빛을 관찰한다.
>
> **4. 결과 정리**
> 과정 1에서는 검은 종이에 가려져 손전등이 보이지 않는다.
> 과정 2에서는 손전등에 퍼져나가는 불빛이 볼록렌즈에서 굴절되어 관측자의 눈에 들어온다.

I. 목표

일반상대론 중력 렌즈 현상을, 렌즈를 이용하여 비유적으로 확인

II. 변인

⑴ 독립변인

① **조작변인**: 렌즈 사용 유무

② **통제변인**: 손전등과의 거리, 검은 종이 크기

⑵ 종속변인

눈에 들어오는 손전등 불빛

III. 결과(실험데이터 해석)

렌즈가 빛을 굴절시켜서 보이지 않던 손전등의 빛이 보이게 된다. 은하단의 중력이 빛을 휘게 만들어서 우리가 알고 있는 중력렌즈 현상이 나온다는 것을 비유적 실험을 통해 확인한다. 이때 빛이 안쪽으로 휘어지므로 중력렌즈는 볼록렌즈와 성질이 같다. 중력렌즈 효과는 볼록렌즈에 의해 빛이 굴절되는 것에 비유하여 설명할 수 있지만 그 원리는 다르다. 렌즈는 굴절률에 의해서 빛의 경로가 휘어지는 반면, 중력렌즈 효과는 시공간의 왜곡에 의해서 빛의 경로가 휘어지게 된다.

실험 10 에너지 준위 – 전등의 선스펙트럼 관찰

1. **목표** : 여러 가지 전등과 기체 방전관을 간이 분광기로 관찰하고, 그 특징을 비교할 수 있다.
2. **준비물** : 백열등, 형광등, 기체 방전관(수소, 네온), 간이 분광기, 스탠드, 스마트 기기
3. **실험 과정**
(1) 간이 분광기로 백열등에서 나온 빛을 관찰하고 스마트 기기로 스펙트럼의 사진을 찍는다.
(2) 백열등 대신 형광등을 사용하여 과정 1을 반복한다.
(3) 간이 분광기로 수소 기체 방전관과 네온 기체 방전관의 빛을 관찰하고 스펙트럼의 사진을 찍는다.

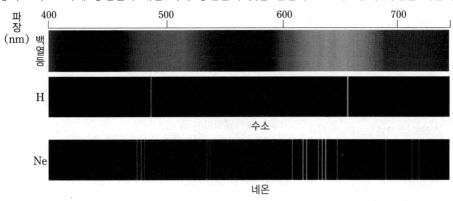

I. 목표

여러 가지 전등의 스펙트럼을 관찰하여 특징을 설명할 수 있다.

II. 변인

(1) 독립변인

① 조작변인 : 전등

② 통제변인 : 같은 분광기

(2) 종속변인

스펙트럼의 형태

III. 결과(실험데이터 해석)

백열등과 형광등(고체 물질에서 나온 빛)은 연속 스펙트럼이 나타난다. 기체 방전관에서 나오는 스펙트럼은 선 스펙트럼이 관찰된다. 이로써 고체 물질의 에너지 준위는 띠처럼 거의 연속적인 분포를 갖는 성질을 파악할 수 있고, 기체는 불연속적인 에너지 준위를 가짐을 확인 할 수 있다.

※ 기체별 에너지 준위가 다르므로 선 스펙트럼도 다르다. 그래서 스펙트럼을 분석하면 기체의 종류를 확인할 수 있다.

2021-B01

16 다음 <자료 1>은 2015 개정 물리학 Ⅰ 교육과정의 '물질과 전자기장' 단원 [12물리Ⅰ02-02] 성취기준과, 이 성취기준과 관련된 교수·학습 방법 및 유의 사항이며, <자료 2>는 박 교사가 이 성취 기준에 대해 오수벨(D. Ausubel)의 '유의미 학습 이론'에 근거하여 수립한 수업 계획을 요약한 것이다.

─< 자료 1 >─

[12물리Ⅰ02-02] 원자 내의 전자는 (㉠)을/를 가지고 있음을 스펙트럼 관찰을 통하여 설명할 수 있다.

〈교수·학습 방법 및 유의 사항〉
• 원자의 스펙트럼은 실제 관찰 활동을 통하여 학생들이 현상을 경험할 수 있게 하고, 태양이나 백열등의 연속 스펙트럼과 비교할 수 있다.

─< 자료 2 >─

절차	교수·학습 내용
1. 스펙트럼 개념 소개	• 햇빛이 프리즘을 통과하면 여러 가지 색이 나타나는데, 색에 따라 나뉘어 나타나는 띠를 스펙트럼이라고 함 • 스펙트럼에 나타나는 빛의 색은 파장에 의해 결정되고, 파장은 빛의 에너지와 관련이 있음
2. 햇빛의 스펙트럼 특성 설명	• 프리즘을 통한 햇빛이 만드는 여러 가지 색이 연속적으로 나타나는 스펙트럼을 연속 스펙트럼이라고 함 • 햇빛이 연속 스펙트럼을 만드는 이유는 햇빛이 모든 파장의 가시광선을 포함하고 있기 때문임
3. 선 스펙트럼 관찰	• 헬륨, 수은, 네온 전등에서 나오는 빛을 간이 분광기로 관찰하면 색을 띠는 선이 띄엄띄엄 나타남. 이러한 스펙트럼을 선 스펙트럼이라고 함
4. 선 스펙트럼이 생기는 이유	• 원자 내의 전자는 (㉠)을/를 가지고 있음

㉠에 공통으로 해당하는 내용과 <자료 2>에서 선행 조직자에 해당하는 내용을 쓰시오. [2점]

정답

㉠ 불연속적 에너지 준위, 선행 조직자 : 햇빛이 프리즘을 통과하면 여러 가지 색이 나타나는데, 색에 따라 나뉘어 나타나는 띠를 스펙트럼이라고 하며, 스펙트럼에 나타나는 빛의 색은 파장에 의해 결정되고, 파장은 빛의 에너지와 관련이 있다.

해설

㉠ 여기서는 '불연속'이라는 개념이 핵심이다. 선 스펙트럼과 연속 스펙트럼이 발생하는 이유는 기체의 에너지 준위가 불연속이고, 고체의 경우에는 연속적인 띠를 형성하기 때문이다.
교과서에도 다음과 같이 언급이 되어있다.
'원자의 불연속적인 에너지 준위를 선 스펙트럼 관찰 결과로부터 유추할 수 있다.'

참고 사항

선행 조직자는 초기 스펙트럼의 일반적인 개념을 소개하는 부분이다. 스펙트럼에 대한 사전개념이 없는 학생들에게 스펙트럼의 전체 정의를 소개하고, 연속 스펙트럼과 선 스펙트럼의 차이를 알게 한다. 따라서 설명 조직자에 해당한다.

전지의 기전력과 내부 저항

1. 목표: 전지의 내부 저항이 회로의 저항에 흐르는 전류와 단자 전압에 어떠한 영향을 미치는지 확인한다.

2. 준비물: 전지, 가변저항, 도선, 전류계, 전압계

3. 실험 과정

(1) 전지와 가변저항, 전류계와 전압계를 회로에 연결한다.

(2) 가변 저항의 저항값을 조절하면서 회로에 저항의 단자 전압과 회로에 흐르는 전류의 값을 측정하여 기록한다.

(3) 측정 데이터를 그래프로 나타낸다.

4. 측정 결과 그래프

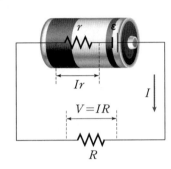 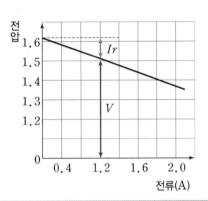

I. 목표

전지의 내부 저항이 전기 회로에 미치는 영향

II. 변인

(1) **독립변인**

① **조작변인**: 외부저항의 크기

② **통제변인**: 전지의 기전력, 내부저항

(2) **종속변인**

회로의 전류

III. 결과(실험데이터 해석)

회로에서 전류는 $I = \dfrac{\varepsilon}{r + R}$ 이고 저항 양단에 걸리는 전압은 $V_R = IR = \dfrac{R}{R + r}\varepsilon$ 이다. 회로의 외부저항이 내부저항에 비해 매우 커지면 전지의 기전력이 대부분 단자 전압으로 걸리지만, 회로의 외부저항이 내부

저항과 비슷해지면 전지의 기전력보다 단자 전압이 감소하게 된다. 예를 들어 내부저항과 외부저항이 같을 경우 $V_R = \dfrac{\varepsilon}{2}$으로 전지의 기전력의 반밖에 활용하지 못하게 된다. 따라서 내부 저항이 있는 전지를 사용할 때는 외부저항이 매우 큰 회로임을 확인하거나 외부저항이 작을 경우에는 내부 저항 효과를 무시할 수 있는 직류 전원 장치를 사용해야 한다.

2008-04

17 '김 교사는 전기 회로에 건전지를 병렬로 추가 연결해도 전류는 거의 변하지 않는다는 것을 보여주기 위해 다음 그림과 같이 두 개의 회로를 준비하였다.

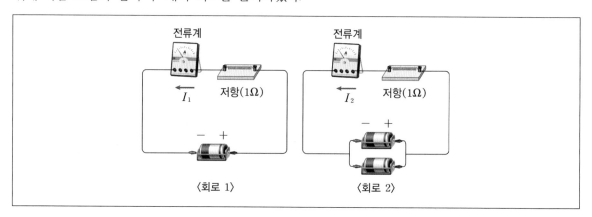

실험한 결과, 〈회로 2〉에 흐르는 전류 I_2가 〈회로 1〉에 흐르는 전류 I_1보다 컸다. 건전지의 연결을 제외한 모든 조건이 동일하다고 할 때, I_2가 I_1보다 크게 나온 이유를 2줄 이내로 설명하시오. 또한 전기 회로에 건전지를 병렬로 추가 연결해도 전류가 거의 변하지 않는다는 것을 보여주기 위해서는 이 실험 조건을 어떻게 바꾸어야 할지 2줄 이내로 쓰시오. [4점]

정답

이유 : 전지 내부저항이 존재하므로 〈회로 1〉에서 보다 〈회로 2〉에서 전체 저항의 감소하였기 때문이다.

바꾸어야 할 실험 조건 : 저항을 전지의 내부 저항에 영향을 덜 받게 하기 위해서 상대적으로 매우 큰 값으로 바꿔 실험한다.

해설

회로의 외부 저항을 R, 그리고 전지 1개의 기전력과 내부 저항을 각각 ε, r이라 하자.

그럼 $I_1 = \dfrac{\varepsilon}{R+r}$, $I_2 = \dfrac{\varepsilon}{R+\dfrac{r}{2}}$ 이므로 $R \gg r$이 아니라면 전류 I_2가 I_1보다 크게 나오게 된다. 실험에서 사용한 R은 1Ω이

므로 매우 작은 값이어서 전자의 내부 저항보다 크다고 볼 수 없다. 그런데 만약 저항 R을 1Ω보다 매우 큰 값으로 바꿔 실험하면 $R+r \simeq R+\dfrac{r}{2} \simeq R$이 되므로 건전지를 병렬로 추가 연결해도 전류가 거의 변하지 않게 된다.

2010-09

18 다음은 전기회로 실험에 대한 두 학생 A, B의 대화와 실험 결과를 나타낸 것이다.

> **[두 학생과의 대화]**
> 학생 A: 어제 수업 시간에 "저항이 일정할 때, 전류는 전압에 비례한다."는 내용을 배웠잖아?
> 학생 B: 응 우리는 그것을 ㉠$V = IR$이라는 식으로 정리했었지.
> 학생 A: 기전력이 1.5V인 건전지에 전구를 연결한 회로를 만든 후 동일한 건전지를 추가로 직렬로 연결하면서 전구의 밝기가 어떻게 되는지 살펴보자.
>
> − 생략 −
>
> 학생 A: 이상하네. ㉡ 건전지의 개수가 증가한 만큼 전구의 밝기가 밝아지지 않는 것처럼 보이네. 우리 좀 더 명확히 실험해보자. 건전지의 개수를 증가시키면서 전구 양단에 걸리는 전압과 회로에 흐르는 전류가 비례하는지 알아보면 될거야.
>
> − 이하 생략 −
>
> **[실험 결과]**
>
> | 건전지 개수(개) | 전압(V) | 전류(A) |
> |---|---|---|
> | 1 | 1.40 | 0.37 |
> | 2 | 2.76 | 0.45 |
> | 3 | 4.09 | 0.51 |
> | 4 | 5.42 | 0.54 |

이 대화와 실험 결과에 대한 설명으로 옳은 것을 <보기>에서 모두 고른 것은?

> ─ < 보기 > ─
> ㄱ. 브루너(J. Bruner)에 의하면 ㉠의 표현 양식은 상징적 표현 양식이다.
> ㄴ. ㉡은 클로퍼(L. Klopfer)의 과학교육 목표분류 중 '문제 발견과 해결방법 모색'에 해당한다.
> ㄷ. [실험 결과]의 표와 같이 전류가 전압에 비례하지 않는 주된 이유는 건전지를 직렬로 추가 연결하였을 때 건전지의 내부 저항이 증가하였기 때문이다.

① ㄱ   ② ㄷ   ③ ㄱ, ㄴ   ④ ㄴ, ㄷ   ⑤ ㄱ, ㄴ, ㄷ

정답 ③

해설

ㄱ. 상징적 표현양식은 지식을 부호, 단어, 공식, 명제 등을 이용해 추상적으로 표현하는 것을 말하므로 올바른 설명이다.

ㄴ. ㉡은 탐구 과정 II 문제 인식 및 해결 방법 탐색'에 해당한다.

ㄷ. 건전지의 내부 저항이 없다면 전구에는 전지의 기전력이 단자 전압으로 걸리게 된다. 그러면 $V = n\varepsilon = IR$이 만족하므로 전류와 전압이 비례하게 된다. 그런데 건전지의 내부 저항이 고려되면 $n\varepsilon = I(R+nr) = V + Inr$이고, $I = \dfrac{n\varepsilon}{(R+nr)}$ 이 된다. 값을 구해보면 전류와 단자 전압을 나누면 전구의 저항이 증가하는 것을 알 수 있다. 즉, 건전지의 내부 저항의 요소보다 전구 자체의 저항이 증가한 이유가 더 크다.

2013-05

19 다음은 '전지의 내부 저항과 단자 전압'에 대한 내용을 학습한 학생들에게 이 내용을 '전구 연결 방법에 따른 전구 빛의 밝기'에 적용하는 수업 과정이다.

[단계 1] 그림과 같이 전구 2개를 건전지에 병렬로 연결한 회로에서 두 전구의 밝기를 관찰하게 하였다.

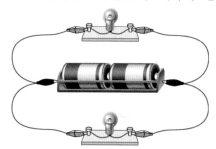

[단계 2] 이 회로에서 전구 1개를 빼내면 나머지 1개의 밝기가 어떻게 될 것인지 예상하게 하였다. 학생 세 명이 예상한 빛의 밝기 변화와 그렇게 예상한 이유는 표와 같았다.

학생	예상	이유
A	더 밝아질 것이다.	건전지에 연결하는 전구의 개수가 적을수록 밝기 때문이다.
B, C	변화가 없을 것이다.	건전지에 전구 2개를 병렬로 연결하면 전구 1개를 연결한 것과 같은 세기의 전류가 각 전구에 흐르기 때문이다.

[단계 3] 교사는 '전지의 내부 저항과 단자 전압'에 대한 학습 내용을 상기시킨 다음, 실제로 전구 1개를 빼내고 나머지 전구 1개의 밝기 변화를 관찰하게 하였다. 세 학생의 관찰 결과와 그렇게 관찰되는 이유에 대한 설명은 표와 같았다.

학생	예상	이유
A	더 밝아졌다.	전구를 1개만 연결한 회로이므로 전구 2개를 병렬로 연결한 경우에 비해 2배의 전류가 흐르기 때문이다.
B	변화가 없었다.	건전지에 전구 1개를 연결한 경우와 전구 2개를 병렬로 연결한 경우에는 같은 세기의 전류가 각 전구에 흐르기 때문이다.
C	더 밝아졌다.	전지의 내부저항을 고려하면 전구 1개를 연결한 회로의 단자 전압은 전구 2개를 병렬로 연결한 회로의 경우보다 약간 더 크기 때문이다.

이 수업 과정에서 학생의 개념에 대한 설명 중 옳은 것만을 <보기>에서 있는 대로 고른 것은? [2.5점]

─〈 보기 〉─

ㄱ. [단계 3]에서 학생 A가 가진 개념은 과학적으로 옳지 않다.
ㄴ. 이 수업은 학생 B의 개념변화에 도움이 되었다.
ㄷ. [단계 3]에서 학생 C는 전지의 내부 저항과 단자 전압개념을 옳게 적용하였다.

① ㄱ　　　　　　　　　　　　　　② ㄴ

③ ㄱ, ㄷ　　　　　　　　　　　　④ ㄴ, ㄷ

⑤ ㄱ, ㄴ, ㄷ

정답　③

해설

회로의 기전력 ε, 전체 내부 저항을 r, 전구의 저항을 R이라 하면 전구 개수 n을 병렬 연결할 때 회로를 구성해보자. 그럼 $\varepsilon = I\left(r + \dfrac{R}{n}\right)$ 이다. 전구에 걸리는 단자 전압은 $V = I\dfrac{R}{n} = \left(\dfrac{\varepsilon}{r + \dfrac{R}{n}}\right)\dfrac{R}{n} = \dfrac{R\epsilon}{nr + R}$ 이다. 전구 1개의 밝기는

$P = \dfrac{V^2}{R} = \dfrac{R\varepsilon^2}{(nr + R)^2}$ 이 된다. 전구의 개수가 증가함에 따라 밝기는 어두워지게 된다.

ㄱ. $I = \dfrac{\varepsilon}{r + \dfrac{R}{n}}$ 이므로 1개만 연결할 때 $I_1 = \dfrac{\varepsilon}{r + R}$ 이고, 2개 연결할 때 $I_2 = \dfrac{\varepsilon}{r + \dfrac{R}{2}}$ 이다. 2배의 관계가 아니므로 과학적

으로 옳지 않다.

ㄴ. 학생 B는 예상과 관찰 사이의 변화가 이루어지지 않았다.

ㄷ. 학생 C의 설명은 맞는 표현이다.

2021-B04

20 다음 <자료 1>은 예비 교사가 학생들에게 직류 회로에서 전류 개념 이해를 확장시키기 위해 실시한 수업 사례이고, <자료 2>는 이 사례에 대하여 지도 교수와 예비 교사가 반성한 대화 장면이다. 이에 대하여 <작성 방법>에 따라 서술하시오. [4점]

―――――< 자료 1 >―――――

예비 교사 : 다음과 같이 전구와 가변 저항을 병렬로 연결한 회로를 만들어 봅시다. 가변 저항의 값을 크게 하면 전구의 밝기는 어떻게 될까요? 왜 그렇게 생각하는지 말해 보세요.

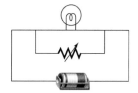

학생 A : 더 밝아져요. 왜냐하면 가변 저항값이 커지니까 옴의 법칙에 따라 가변 저항으로 흘러가는 전류는 줄어들고, 줄어든 만큼 전구 쪽으로 더 많은 전류가 흐르기 때문이죠.

학생 B : 더 어두워져요. 왜냐하면 가변 저항값이 커짐에 따라 합성 저항값도 커지고, 따라서 옴의 법칙에 따라 회로에 흐르는 전체 전류의 세기는 작아지기 때문이죠.

예비 교사 : 자, 그럼 스위치를 켜고 어떻게 되나 실제로 관찰해 봅시다.

… (중략) …

(실제로 실험해 보니, 전구의 밝기는 거의 변하지 않는다.)

… (중략) …

예비 교사 : 이제 실험 결과를 여러분의 처음 생각과 비교해서 설명해 볼까요?

학생 A : 실험 결과를 보니 저의 처음 생각이 틀린 것 같아요. 저항이 크면 전류가 작게 흐른다는 저의 생각을 포기하고, 새로운 가설을 찾아봐야겠어요.

학생 B : 실험 결과는 저의 예상에서 벗어났지만, 그렇다고 옴의 법칙에 대한 제 처음 생각을 포기하진 않을 겁니다. 실험 결과를 설명할 수 있는 다른 이유를 옴의 법칙에 근거하여 찾아보겠어요.

―――――< 자료 2 >―――――

지도 교수 : 계획했던 대로 수업이 잘 되었나요?

예비 교사 : 네. 실험해 본 결과, 이론적으로 예측했던 대로 전구의 밝기가 변하지 않았고, 학생들의 예상과 불일치하는 사례가 되었어요. 그런데 이에 대한 학생들의 상반된 반응을 어떻게 받아들여야 할지 모르겠어요.

지도 교수 : 과학철학적 관점을 빌려 와서 불일치 사례에 대한 학생들의 반응을 해석해 볼 수 있죠. 학생 A와 학생 B의 반응은 각각 포퍼(K. Popper)의 반증주의와 라카토스(I. Lakatos)의 연구프로그램 이론 관점 중 어디에 가까운지 선택하고 그 이유를 설명해 보세요.

예비 교사 : 자신의 예상과 불일치하는 사례가 나타났을 때, 학생 A는 (㉠)(이)라고 할 수 있고, 학생 B는 (㉡)(이)라고 할 수 있네요.

지도 교수 : 네, 잘 설명했습니다. 마지막으로, 전기 회로 실험 수행과 관련하여 한 가지 중요한 점을 지적해야겠네요. 만약 건전지의 내부 저항을 무시할 수 없는 조건이었다면, 이 실험은 자칫 이론적 예측과는 다른 결과를 가져왔을 것입니다. 따라서 다음부터는 ㉢ 건전지 대신 직류 전원 장치로 바꾸어서 실험하는 것이 좋겠습니다.

┌─────────────────────〈작성 방법〉─────────────────────┐
- <자료 1>을 근거로 ㉠과 ㉡에 들어갈 설명을 각각 쓸 것
- ㉢과 같은 피드백이 필요한 이유로, '건전지의 내부 저항을 무시할 수 없는 조건에서 가변 저항의 값을 크게 할 때 전구의 밝기 변화'와 '그에 대한 과학적 설명'을 제시할 것
└──┘

정답

1) ㉠ 포퍼(K. Popper)의 반증주의 관점, ㉡ 라카토스(I. Lakatos)의 연구프로그램 이론 관점
2) 내부 저항이 존재한다면 가변 저항이 커질 경우 전구와 가변 저항의 합성 저항이 증가하게 되므로 전구의 단자 전압이 증가하게 된다. 따라서 밝기가 더 밝아지게 된다.

해설

학생 A는 어떤 과학 이론이든 단 한 번의 결정적인 실험에 의해서 반증된다는 포퍼(K. Popper)의 반증주의 관점에 가깝다. 반면에 학생 B는 보조 가설이 실험에 따라 수정, 보완될 뿐 견고한 핵심 이론인 옴의 법칙이 맞다가 주장하므로 라카토스(I. Lakatos)의 연구프로그램 이론 관점에 해당한다.

내부 저항이 없다면 가변 저항의 크기에 관계없이 모두 전지의 기전력이 걸리게 되므로 밝기의 변화는 없다. 하지만 내부 저항이 존재한다면 다른 결과가 발생한다. 기전력 ε, 내부 저항 r, 전구의 저항 R, 가변 저항 R_x라 하자. 수식으로 보면 전구와 가변 저항의 합성 저항은 $R' = \dfrac{RR_x}{R+R_x}$ 이다. 그러면 전체 전류는 $I = \dfrac{\varepsilon}{r+R'}$ 이고, 전구의 단자 전압은 $V_R = \dfrac{R'}{r+R'}\varepsilon$ 이다. 저항의 직렬 연결 시 단자 전압은 내부 저항 r과 합성 저항 R' 이 기전력을 서로 분할해서 가지며 저항에 비례하게 걸리게 된다. 그런데 가변 저항이 증가하게 되면 $R' = \dfrac{RR_x}{R+R_x}$ 이 증가하고, 따라서 전구에 걸리는 단자 전압이 증가하게 된다. 그러면 밝기에 비례하는 전구의 소비 전력은 $P = \dfrac{V_R^2}{R}$ 이므로 더 밝아지게 된다.

참고 사항

저항의 직렬 연결과 병렬 연결 시 단자 전압과 전류의 관계에 대해 사전에 숙지하는 게 필요하다.

실험 12 **전류에 의한 자기장**

1. 목표 : 직선 전류가 흐르는 도선 주위의 자기장의 방향과 세기를 알 수 있다.

2. 준비물 : 직선 도선, 나침반, 직류 전원장치, 스위치, 가변 저항, 자, 전류계, 스탠드, 종이

3. 실험 과정

(1) 그림과 같이 에나멜선(도선)을 클램프로 고정하여 지면과 수평하게 하고, 나침반의 중심이 도선 아래에 오도록 나침반을 놓아 도선과 나침반 사이의 거리가 10cm가 되도록 한다. 도선과 나침반은 남북 방향과 나란하게 설치한다.
→ 그렇지 않으면 실험 진행이 안 되거나 데이터 변환이 매우 어려워지게 된다.

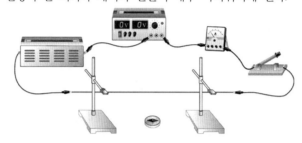

(2) 도선에 1.0A의 전류를 흐르게 하고 나침반 바늘이 돌아간 방향과 각도를 측정한다.

(3) 전류의 세기를 0.5A씩 높여 가면서 나침반 바늘이 돌아간 방향과 각도를 측정한다.

(4) 전류의 세기를 1.0A로 고정시키고, 도선과 나침반 사이의 거리를 2cm씩 줄여가며 나침반 바늘이 돌아간 방향과 각도를 측정한다.

(5) 전류의 방향을 반대로 하여 2~4 과정을 반복한다.

I. 목표

직선 전류가 흐르는 도선의 자기장의 세기와 방향을 확인

II. 변인

(1) 독립변인

① 조작변인 : 전류 세기, 도선과 나침반 사이의 거리, 전류 방향

② 통제변인 : 나침반과 도선의 방향(남북)

(2) 종속변인

나침반의 각도

III. 결과(실험데이터 해석)

직선 도선에 흐르는 자기장은 전류에 비례하고 거리에 반비례한다. 그리고 자기장의 방향은 전류가 흐르는 방향을 기준으로 오른손을 감싸는 동심원 방향이다. 또한 생각보다 지구 자기장이 큰 값이므로 실험 시 큰 전류(1A 이상)가 흘러야 하므로 감전과 발열에 의한 화재에 유의해야 한다.

2019-A09

21 다음 <자료 1>은 '직선 도선에 흐르는 전류에 의한 자기장'에 대한 실험 지도를 위해 예비 교사가 작성한 실험 계획이고, <자료 2>는 이에 대한 지도 교사와 예비 교사의 대화이다.

< 자료 1 >

- **실험 목표**: 직선 도선에 흐르는 전류가 만드는 자기장의 세기와 방향이 전류의 세기와 방향 및 도선으로부터 떨어진 거리와 어떤 관계가 있는지 알 수 있다.

- **실험 과정**
  1) 에나멜선, 직류 전원 장치, 가변 저항기, 전류계, 스위치를 전선으로 연결한다.
  2) 그림과 같이 에나멜선(도선)을 클램프로 고정하여 지면과 수평하게 하고, 나침반의 중심이 도선 아래에 오도록 나침반을 놓아 도선과 나침반 사이의 거리가 10cm가 되도록 한다.

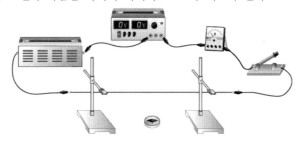

  3) 도선에 1.0A의 전류를 흐르게 하고 나침반 바늘이 돌아간 방향과 각도를 측정한다.
  4) 전류의 세기를 0.5A씩 높여 가면서 나침반 바늘이 돌아간 방향과 각도를 측정한다.
  5) 전류의 세기를 1.0A로 고정시키고, 도선과 나침반 사이의 거리를 10cm씩 위쪽으로 늘려 가며 나침반 바늘이 돌아간 방향과 각도를 측정한다.

< 자료 2 >

예비 교사: 저는 학생들이 직선 전류에 의한 자기장을 공식($B = k\dfrac{I}{r}$, $k = 2 \times 10^{-7}$T·m/A)뿐만 아니라 직접 실험을 통해서 확인해 보도록 실험을 계획하였습니다. 실제 실험 수업을 지도할 때 저의 실험 계획에서 어떤 부분을 보완해야 할까요?

지도 교사: 실험 목표와 관련된 종속변인, 조작변인, 통제변인은 잘 설정했습니다. 그러나 현재의 계획에는 ㉠ 조작변인과 통제변인을 실험 과정에 제대로 반영하지 못한 부분이 있습니다.

예비 교사: 말씀대로 제 실험 계획을 점검해 보니까, … (생략) ….

지도 교사: 구체적인 변숫값을 포함하여 실험 방법을 제시하는 것은 잘했습니다. 다만, ㉡ 계획한 방법대로 실험 했을 때 측정값이 잘 나오는지 사전실험을 통해 확인해 보아야 합니다.

<자료 2>의 ㉠과 ㉡을 참고하여 <자료 1>에 나타난 예비 교사의 실험 계획의 문제점을 3가지 찾아 수 정·보완하시오. 또한, 이 실험을 지도할 때 학생들에게 주의를 주어야 할 전기 관련 안전 사항을 1가지 쓰시오. (단, 지구 자기장의 세기는 약 5×10^{-5}T이다.) [4점]

Chapter
07

정답

1) 문제점 ① 도선의 방향이 나침반의 방향(남북)과 나란하게 통제변인으로 설정해야 한다.
   ② 전류의 방향을 반대로 하는 조작변인을 추가하여 실험을 반복해야 한다.
   ③ 전류를 1A, 거리를 10cm로 실험할 때 지구 자기장에 비해 너무 작은 자기장이므로 보다 큰 전류 혹은 가까운 거리에서 실험해야 각도를 측정할 수 있다.
2) 주의 사항 : 비교적 강한 전류이므로 감전과 화재에 주의한다.

해설

벡터량의 측정 실험은 크기, 방향, 데이터 신뢰도를 고려해야 한다.

자기장은 크기와 방향을 갖는 벡터이다. 따라서 이 둘을 동시에 고려해서 실험을 진행해야 한다. 첫째로 올바른 크기를 측정하기 위해서는 나침반의 방향과 도선의 방향이 나란해야 한다. 만약, 90도만큼 틀어지면 실험 진행 자체가 안되고 나란하지 않을 경우에는 자료 변환 과정이 매우 복잡해지게 된다. 그리고 자기장의 방향을 측정하기 위해서는 전류의 방향을 반대로 하는 실험을 추가로 진행해야 한다.

수치를 측정하는 실험에서는 사전에 데이터의 범위와 값에 대해 이론적 검증을 해야 한다. 이유는 실험에서 인간의 인지 범위를 벗어나게 된다면 올바른 결과를 얻기 힘들기 때문이다. 예를 들어 각도가 1°, 2°, 3°, … 단위로 변한다면 이것은 학교 실험실 기준으로 측정하기 매우 어렵다. 지구 자기장은 $B_{지구} = 5 \times 10^{-5}$T라고 알려주었다. 그러면 전류를 1A, 거리를 10cm로 실험할 때 전류에 의한 자기장의 세기는 $B_{전류} = 2 \times 10^{-7} \dfrac{1}{0.1} = 2 \times 10^{-6}$T이다. 그러면 각도는 $\tan\theta = \dfrac{B_{전류}}{B_{지구}} = \dfrac{4}{100}$이

다. 이때 각도는 약 2.3°에 해당하므로 측정하기 어렵다. 보통 측정하기 쉬운 45°값이 되려면 $\tan\theta = \dfrac{B_{전류}}{B_{지구}} = 1$이 되어야

하므로 $B_{전류} = 2 \times 10^{-7} \dfrac{I}{r}$ 를 통해 전류를 증가 혹은 도선과 나침반 사이의 거리를 감소시켜야 한다.

실험 13 솔레노이드의 내부 자기장

1. **목표** : 솔레노이드의 자기장 세기와 솔레노이드에 흐르는 전류의 세기 관계를 알 수 있다.
2. **준비물** : 솔레노이드, 전원 장치, MBL 장치, 자기장 감지기, 스마트 기기, 집게 달린 도선
3. **실험 과정**
(1) 스마트 기기에 MBL 접속 장치와 자기장 감지기를 연결한 후 프로그램을 실행한다.
(2) 책상 위의 임의의 지점에서 자기장 감지기로 자기장을 측정한다.
   → 지구 자기장을 측정하여 실험 데이터값을 보정하기 위이다. 지구 자기장은 약 5×10^{-5}T 정도이다.
(3) 전원 장치를 켜고 솔레노이드에 흐르는 전류의 세기를 1A로 조절한 후 남북 방향을 향하게 놓는다.
(4) 자기장 감지기로 솔레노이드 중심축을 따라 중앙에 넣고 자기장의 세기를 측정한다.
(5) 전류의 세기를 2A, 3A, 4A로 조절하고 솔레노이드 중심에서 자기장의 세기를 측정하여 표에 기록한다.

I. 목표

솔레노이드 내부의 자기장의 세기와 전류와의 관계 확인

II. 변인

(1) 독립변인

① **조작변인** : 전류의 크기

② **통제변인** : 솔레노이드 중심축 방향, 솔레노이드 도선의 감은 수, 자기장 감지기의 위치

(2) 종속변인

내부 자기장의 세기

III. 결과

(1) 실험데이터 해석

솔레노이드 내부 자기장의 세기는 전류에 비례하여 증가한다.

(2) 데이터 신뢰도

지구의 자기장 $5 \times 10^{-5} T$이다. 솔레노이드 자기장은 $B = \mu_0 \dfrac{N}{l} I$이므로 사전 실험 시 지구 자기장보다 큰 값으로 실험 설계를 하여야 한다. $\mu_0 = 4\pi \times 10^{-7}$ T · m/A 이므로 단위 길이당 감은 수에 맞게 적절한 전류값으로 실험하여야 올바른 데이터를 얻을 수 있다. 실험에서 사용된 단위 길이당 감은 수는 $n = 10^4$ 회/m 이다.

⑶ **참고 사항**

지구 자기장 방향에 솔레노이드를 일치시키는 이유는 지구 자기장의 방향과 솔레노이드 자기장의 방향을
일치시켜서 방향에 따른 자기장 감지기의 자기장 값의 요인을 없애는데 이유가 있다. 이렇게 하면 데이터
값에서 지구 자기장을 빼주면 실제 솔레노이드의 자기장 값이 나오게 된다. 큰 전류와 비교적 감은 밀도가
큰 솔레노이드를 활용하면 지구 자기장을 무시할 수 있는 내부 자기장을 얻을 수 있다.

감은 수가 다른 솔레노이드를 사용하여 같은 전류일 때 감은 수가 솔레노이드 내부 자기장에 어떤 영향을
미치는지에 대한 실험도 할 수 있다.

⑷ **주의 사항**

비교적 센 전류가 흐르므로 감전에 유의해야 한다. 회로에 전류가 오랜 시간 동안 흐르게 되면 발열에 의한
화재가 발생할 수 있으므로 주의한다.

2007-06

22 다음은 '자석에 의한 전류의 발생'을 탐구하는 수업 과정이다.

> 과정 1. 솔레노이드와 검류계를 연결한다.
> 과정 2. 막대자석의 N극을 솔레노이드 코일에 접근시킬 때와 멀리할 때 검류계 바늘의 움직임을 관찰한다.
> 과정 3. 막대자석이 코일 속에 정지해 있을 때의 검류계 바늘의 움직임을 관찰한다.
> 과정 4. 자석의 속력을 바꾸어 가면서 검류계 바늘의 움직임을 관찰한다.
> 과정 5. 관찰 결과를 표로 나타내고 해석한다.
> 과정 6. 이 해석을 바탕으로 결론을 내리고, 관련된 과학지식으로 일반화한다.

제7차 과학과 교육과정의 통합 탐구 과정 중 위의 수업 과정에서 문제 인식 외에 명시되지 않은 것을 2개 더 쓰고, 고등학교 1학년 '전자기 유도'와 관련하여 문제 인식을 가르치기 위한 수업 계획을 3줄 이내로 쓰시오. [3점]

정답

1) 가설 설정, 변인 통제
2) 솔레노이드 양단에 LED 2개를 서로 극성이 반대가 되도록 연결한다. 자석을 솔레노이드의 중심축에서 위아래로 움직이며 LED를 관찰한다.

해설

탐구 과정 요소는 다음과 같다.
① 문제 인식
② 가설 설정
③ 변인 통제
④ 자료 변환 : 관찰 결과를 표로 나타내고
⑤ 자료 해석 : 표를 해석한다.
⑥ 결론 도출 : 해석을 바탕으로 결론을 내리고
⑦ 일반화 : 관련된 과학 지식으로 일반화한다.
이중 문제 인식 외에 가설 설정과 변인 통제가 명시되지 않았다.
전자기 유도의 핵심은 '자기장 선속의 시간변화는 변화를 방해하는 방향으로 유도 기전력(유도 전류)을 발생시킨다'이다. 이를 정량적으로 분석하는 것은 물리학 II에서 다루고, 물리학 I에서는 이를 정성적으로 다룬다. 위 실험에서 속력을 바꾸어 가며 실험하였으므로 크기에만 관련이 있으므로 유도 전류의 방향적인 개념에 대해 의문을 갖기 위한 실험이 필요하다.

2022-A07

23 다음 <자료 1>은 예비 교사가 '솔레노이드가 만드는 자기장'에 대한 실험 수업을 진행하고 있는 장면의 일부이며, <자료 2>는 예비 교사의 수업을 평가하기 위해 지도 교사가 작성한 관찰 체크리스트의 일부이다. 이에 대하여 <작성 방법>에 따라 서술하시오. [4점]

⟨ 자료 1 ⟩

예비 교사 : 지난 수업에서 솔레노이드 내부에 생기는 자기장의 세기는 전류에 비례한다는 것을 배웠어요. 그런데 두 시뮬레이션(모의실험) 결과를 비교해 보면, 전류가 차이가 나는데도 자기장의 세기는 같아요. 왜 그럴까요?

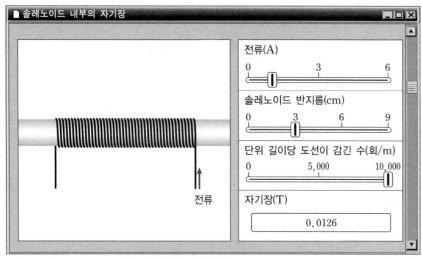

[솔레노이드 A]

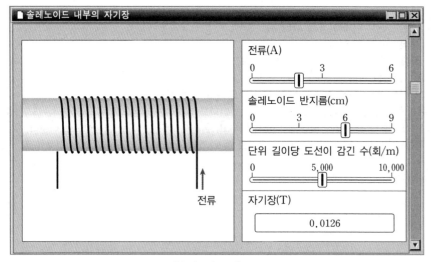

[솔레노이드 B]

학생 A: 솔레노이드의 반지름, 단위 길이당 도선이 감긴 수가 서로 달라서 자기장의 세기가 같은 것 같아요.

예비 교사: 맞아요. 그럼 솔레노이드 내부의 자기장의 세기는 반지름, 단위 길이당 도선이 감긴 수와는 어떤 관계가 있을까요?

학생 A: 자기장의 세기는 반지름과는 관계가 없을 것 같아요.

학생 B: 제 생각에는 자기장의 세기는 단위 길이당 도선이 감긴 수에 비례할 것 같아요.

예비 교사: 그럼 여러분이 예측한 변인들이 솔레노이드 내부의 자기장에 어떤 영향을 미치는지 시뮬레이션을 통해 확인해 봅시다. 예측한 결과가 맞는지 확인하기 위해서는 ㉠ 변인을 일정하게 유지하거나 변화시켜야 해요. 시뮬레이션 결과를 활동지의 표에 적고, ㉡ 표의 내용을 그래프로 그려 보세요. 그리고 예측 내용과 결과가 일치하는지 활동지에 기록하세요.

―――――――――< 자료 2 >―――――――――

[관찰 체크 리스트]

평가 항목	충족 여부
학생의 모의실험과 관련된 상황의 제시가 있는가?	㉢ 충족
학생에 의한 예측의 과정이 있는가?	㉣ 충족

―――――――――< 작성 방법 >―――――――――

· <자료 1>의 밑줄 친 ㉠, ㉡에 해당하는 '통합 탐구 과정' 요소를 순서대로 쓸 것
· <자료 2>의 밑줄 친 ㉢, ㉣과 같이 지도 교사가 평가한 이유를 <자료 1>을 근거로 각각 설명할 것

정답

1) ㉠ 변인 통제 ㉡ 자료 변환

2) ㉢ 시뮬레이션에서처럼 솔레노이드의 반지름, 단위 길이당 도선이 감긴 수에 대해 자기장 세기의 결과에 대한 학생 A의 언급이 있다.

　㉣ 학생 A는 반지름과 자기장의 세기, 학생 B는 단위 길이당 도선의 감긴 수와 자기장의 세기의 관계를 각각 예측하고 있다.

해설

㉠은 변인 통제 과정이고, ㉡은 자료 변환 과정이다. 자료 변환 그래프를 토대로 의미를 해석하는 과정이 자료 해석이다. 학생들은 시뮬레이션의 내용을 토대로 데이터 간의 상관관계를 말하였고, 또한 예측을 하였다.

2021-A06

24 다음 <자료>는 교사가 인과적 의문에 대하여 학생이 설명 가설을 세울 수 있도록 지도하는 장면이다. 이에 대하여 <작성 방법>에 따라 서술하시오. [4점]

───────────< 자료 >───────────

학생 : 평소에는 보통 쇠못인데, 자석으로 쇠못을 문질렀더니 쇠못이 마치 자석이 된 것처럼 다른 철 클립을 잡아당겨요. 정말 신기하네요.

교사 : 왜 자석으로 문지르면 쇠못이 자석의 성질을 갖게 될까요? 어떤 의문에 대한 잠정적인 설명을 가설이라고 하는데, 한번 가설을 세워 보세요.

학생 : 어떻게 가설을 세워야 할지 잘 모르겠어요.

교사 : 이 현상에 대한 가설을 찾아보기 위해서 유사한 다른 현상을 관찰해 봅시다. 막대자석을 잘게 부수어 시험관에 담아 봅시다. 여기에 클립을 가까이 가져가면 어떻게 되나요?

학생 : 클립이 달라붙지 않아요.

교사 : 이번에는 자석으로 시험관을 한쪽 방향으로 문질러 봅시다. 자석을 치우고 이 시험관에 다시 클립을 가져가 봅시다. 어떻게 되나요?

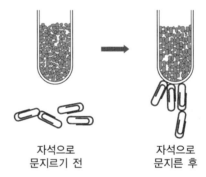

자석으로   자석으로
문지르기 전   문지른 후

학생 : 클립이 달라붙네요.

교사 : 지금까지 관찰한 현상으로부터 '왜 자석으로 문지르면 쇠못이 자석의 성질을 갖게 될까'라는 의문에 대한 가설을 세워 보세요.

학생 : 두 현상이 다른데 어떻게 가설을 세우죠?

교사 : 선생님을 따라 차근차근 생각해 봅시다. 첫째, (　　　㉠　　　). 둘째, (　　　㉡　　　).

학생 : (교사의 발문에 따른 답변)

교사 : 지금까지의 생각을 바탕으로 '왜 자석으로 문지르면 쇠못이 자석의 성질을 갖게 될까'에 대한 설명을 추리해 볼까요?

학생 : 아, 그렇다면 '(　　　㉢　　　)'(이)라는 가설을 세울 수 있겠어요.

──────────< 작성 방법 >──────────

• <자료>에서 교사가 학생의 가설 설정을 지도하기 위해 적용하고 있는 '과학적 추론 방법'을 쓸 것

• ㉠과 ㉡에 들어갈 내용으로서, '과학적 추론 방법'을 적용하여 학생이 올바른 가설을 세울 수 있도록 안내하는 교사의 발문 내용 2가지를 쓸 것

• ㉢에 들어갈 내용으로서, '과학적 추론 방법'을 바르게 적용했을 때 도출되는 가설을 제시할 것

정답

1) 귀추법

2) ㉠ 자석을 잘게 부수어도 극성을 가질 텐데 자석을 문지르기 전에는 극성이 없다가 자석으로 문지르고 난 이후에는 극성을 나타내는 이유가 무엇인가?

㉡ 쇠못의 경우에도 내부에 극성을 띠는 자기구역이 잘게 부순 자석과 동일하게 대응시킬 수 있지 않을까?

3) ㉢ 쇠못을 자석에 문지르기 전에는 극성을 띠는 자기구역이 불규칙하게 배열되어 자성을 나타내지 않지만 자석으로 문지르면 극성이 자석에 의해 정렬되어 자성을 나타낸다.

해설

귀추법 정의: 관찰 단계(동일 현상 관찰) → 인과적 의문 생성 단계(상호 공통점 연결) → 가설 생성 단계(현상의 가설 생성)

물리학Ⅰ '물질의 자성' 파트에서는 강자성체의 자화의 원리를 강자성체 내부에서 같은 방향으로 자기장을 갖는 원자들이 모여 있는 자기구역의 개념으로 설명한다.

㉠과 ㉡의 경우 인과적 의문 생성 단계이다. 강자성체의 원리는 자기구역이 서로 불규칙적으로 정렬하면 자성을 띠지 않지만, 외부 자기장을 걸어주면 흐트러져 있던 자기구역이 외부 자기장의 방향으로 정렬되어 강하게 자화된다. 그러므로 자석을 잘게 부수어도 조각들은 자성을 나타낼 텐데(자기구역 개념) 문지르기 전후 상황에 따라 왜 자성이 달라지는지를 확인시키는 질문이 필요하다. 그리고 이 현상과 쇠못의 상황과 상호 공통점을 연결시키는 질문이 필요하다.

㉢의 경우에는 두 현상들을 비교하여 가설을 설정하는 단계이다. 자기구역의 개념이 선행되지 않았다면 내부 구조라 해도 무방하다.

2012-04

25 다음은 전자기 유도에 관한 탐구 문제와 학생들의 가설이다.

[탐구 문제]

가. 솔레노이드에 전류가 흐르면 자기장이 생기며, 그 크기가 전류의 세기에 비례하는 것을 관찰하시오.
나. 솔레노이드에 자석을 넣고 뺄 때 전류가 유도되는 현상을 관찰하고, 발생한 유도전류의 세기에 대한 가설을 세우고 그 이유를 설명하시오.

[학생들의 가설]

구분	가설	이유
학생 A	자석의 속력이 클수록 솔레노이드에 유도되는 전류의 세기가 커질 것이다.	솔레노이드에서 자석이 움직일 때만 전류가 흘렀다는 점에서 자석의 속력이 전류와 관련이 있을 것이다.
학생 B	자석의 세기가 셀수록 솔레노이드에 유도되는 전류의 세기가 커질 것이다.	솔레노이드에서 발생하는 자기장의 크기는 전류의 세기에 비례하였다. 자석을 넣고 뺄 때 솔레노이드에 유도되는 전류의 세기가 자기장의 크기와 관련이 있을 것이다.

학생들의 가설에 대한 설명으로 옳은 것만을 보기에서 있는 그대로 고른 것은?

< 보기 >

ㄱ. 학생 A의 가설은 조작변인과 종속변인의 관계로 서술되어 있지 않다.
ㄴ. 학생 B는 가설을 세우는 과정에서 귀추적 추론을 사용하였다.
ㄷ. 학생 A의 가설과 학생 B의 가설은 서로 모순되므로 모두 참이 될 수는 없다.

① ㄱ
② ㄴ
③ ㄱ, ㄷ
④ ㄴ, ㄷ
⑤ ㄱ, ㄴ, ㄷ

정답 ②

해설

ㄱ. 학생 A의 가설은 조작변인(자석의 속력)과 종속변인(유도 전류의 세기)의 관계로 서술되어 있다.
ㄴ. 귀추법 정의: 관찰 단계(동일 현상 관찰) → 인과적 의문 생성 단계(상호 공통점 연결) → 가설 생성 단계(현상의 가설 생성)이다.
솔레노이드의 자기장과 전류의 관계와 솔레노이드에 자석을 넣고 뺄 때 유도 전류의 관계에서 동일 현상을 관찰하고 그 공통점을 연결시켜 가설을 생성하였으므로 귀추적 추론에 해당한다.
ㄷ. 전자기 유도는 자기장 선속의 시간변화가 유도전류의 세기를 결정한다. 자석의 속력이 클수록, 또는 자석의 세기가 셀수록 자기장 선속의 시간 변화가 커지므로 둘 다 맞는 말이다.

2020-B01

26 다음은 '전자기 유도'에 대한 수업 계획이다. 적용된 과학과 수업 모형의 종류와 (가)에 해당하는 이 수업 모형의 단계를 각각 쓰시오. [2점]

[수업 목표] 전자기 유도에 대해 설명할 수 있다.

[준비물] 구리 관 1개, 플라스틱 관 1개, 네오디뮴 자석 2개

[수업 과정]

수업 단계	교수 · 학습 활동
(가)	• 교사는 연직 방향으로 세워진 길이가 같은 구리 관과 플라스틱 관 안에 네오디뮴 자석을 동시에 떨어뜨렸을 때 어느 관 속에 넣은 자석이 먼저 떨어질지 학생이 예측해보게 한다. • 학생은 실험 결과를 예측하고, 그렇게 생각하는 이유를 기록한다.
(나)	• 교사는 연직 방향으로 세워진 구리 관과 플라스틱 관 각각에 네오디뮴 자석을 동시에 떨어뜨리고 나타나는 결과를 학생이 관찰하게 한다. • 학생은 관찰 결과를 활동지에 기록한다.
(다)	• 학생은 자신의 예측과 실험 결과가 일치하는지 비교하고, 그와 같은 결과가 나온 이유를 각자 기록한 후 모둠별로 토의한다. • 교사는 모둠별 토의 결과를 칠판에 쓰고 어떤 것이 실험 결과를 더 잘 설명하는지 학급 전체에서 토의하게 한다. • 교사는 전자기 유도에 대해 설명하고, 이 개념을 적용하여 실험 결과를 정리한다.

정답

POE, 예측 단계

해설

POE(Prediction-Observation-Explanation)는 예측과 관찰 사이에서 발생한 갈등을 설명 단계에서 해결하기 위해 활발한 토의를 활용하는 수업 방식이다.

예측 단계 → 관찰 단계 → 설명 단계의 과정을 거친다.

2011-05

27 다음은 실험 안내서이다.

[실험 목표]
자속의 변화율에 따라 유도 기전력이 어떻게 달라지는지 설명할 수 있다.

[준비물]
플라스틱 관, 코일, 전선, 디지털 전압계, 네오디뮴 자석, 자

[실험 과정]
(가) 그림과 같이 코일을 끼운 플라스틱 관을 수직으로 세우고, 플라스틱 관 입구에서 코일까지의 거리 L을 측정한다.

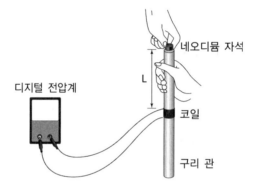

(나) 플라스틱 관 입구에서 자석을 떨어뜨리고 코일에 연결된 디지털 전압계에 나타나는 최대 전압 V를 측정한다.
(다) L을 변화시켜 가면서 (나)의 과정을 반복한다.
(라) 측정 결과를 그래프로 나타낸다.
(마) 그래프로부터 결론을 도출한다.

[정리 및 창의적으로 생각해 보기]
(1) <생략>
(2) 위 상황을 이용해 추가로 탐구해 볼 수 있는 다양한 탐구 문제를 가능한 많이 제안해 본다.

<보기>에서 모두 고른 것은?

< 보기 >

ㄱ. 플라스틱 관을 구리 관으로 바꾸어 위와 동일한 실험을 하는 것이 [실험 목표]를 달성하는데 더 적합하다.
ㄴ. 이 실험에서 V는 독립변인이고, L은 조작 변인이다.
ㄷ. [정리 및 창의적으로 생각해 보기] (2) 활동에는 창의적 사고의 '융통성'과 '유창성'이 포함된다.

---

① ㄱ   ② ㄴ
③ ㄷ   ④ ㄱ, ㄴ
⑤ ㄴ, ㄷ

정답 ③

해설

ㄱ. 구리 관으로 바꾸게 되면 구리 관에 유도 전류가 발생하게 되므로 조작변인이 추가로 발생되므로 더 적합하지 않다.

ㄴ. V 는 종속변인이다.

ㄷ. 창의적 사고에서 '융통성'은 다양성이며, '유창성'은 과학적으로 타당한 제안 개수가 많을수록 유창성이 높다고 말한다.

2016-B01

28 다음은 '전자기 유도' 실험 수업의 도입부에 교사가 제시한 <안내>와 수업에서 사용한 <실험 활동지>이다. 이 실험에서 교사는 학생이 '자석의 세기가 클수록 유도전류의 세기는 크다.'라는 결론을 내릴 수 있기를 기대한다.

< 안내 >

교사: 오늘은 실험을 먼저 해 보고 그 결과에 대해 토론할 거예요. 선생님이 각 모둠의 실험대에 실험 장치를 두었어요. <실험 활동지>를 잘 읽고 실험하세요.

< 실험 활동지 >

[실험 제목] 전자기 유도

[실험 과정]

⑴ 솔레노이드 속으로 막대자석을 넣었다 빼면서 검류계 바늘의 움직임을 관찰한다.

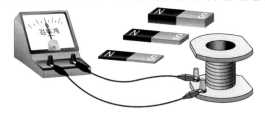

⑵ 검류계의 바늘이 가리키는 최대 눈금을 관찰하여 [관찰 결과]의 표에 기록한다.

⑶ 막대자석의 세기를 달리하여 과정 ⑴, ⑵를 반복한다.

⑷ 관찰 결과에서 자석의 세기와 유도 전류의 세기 사이의 관계에 대한 규칙성을 찾아 결론을 도출하여 적는다.

※ 주의 사항: ㉠ 매번 자석을 움직이는 속력은 일정하게 유지한다.

[관찰 결과] 검류계의 최대 눈금(μA)

실험 차수 / 자석의 세기	1차	2차	3차	4차	5차	평균
1배						
2배						
3배						

[결론]

밑줄 친 ㉠이 나타내는 탐구 과정 기능을 쓰시오. 또한, 이 실험에서 교사는 학생들에게 어떤 과학적 사고 방법을 사용하도록 하는지 근거와 함께 서술하고, 이 과학적 사고 방법이 과학지식의 구성에서 갖는 한계점을 1가지 서술하시오. [4점]

정답

1) ㉠ 변인 통제
2) 반복된 실험의 평균으로부터 자석의 세기와 유도 전류의 세기 사이의 관계에 대한 규칙성을 찾기 때문에 귀납법이다.
3) 유한개의 관찰 사실로부터 전체를 일반화하는 데서 오는 오류 가능성, 관찰이 불가능한 추상적인 지식에는 적용할 수 없다.

해설

1) 속력을 일정하게 유지하는 것은 시간변화량을 동일하게 함이므로 변인 통제에 해당한다.
2) 귀납법은 유한한 관찰로 일반화를 유도하기 때문에 자체적으로 오류의 가능성을 내포하고 있다. 또한 직접적 관찰이 어려운 개념적 지식에는 귀납법을 적용하기 어렵다는 한계점을 지니고 있다. 예를 들어 뉴턴이 물체 사이의 중력을 논할 때 '중력'이라는 전혀 관찰할 수 없는 대상을 논하고 있었다. 이는 과학적 진실이 관찰 가능한 사실로 환원될 수 있는 것이어야 한다는 귀납적인 논리와는 어긋나는 것이었다.

2018-A09

29 다음 <자료 1>은 교사가 철수에게 전자기 유도와 관련하여 제시한 질문의 내용과 이에 대한 철수의 응답 결과를 정리한 것이며, <자료 2>는 이에 대한 교사와 철수의 대화이다.

< 자료 1 >

그림과 같이 균일한 자기장 영역에 사각형 금속 고리가 놓인 상태에서 표에 제시된 변화를 주는 동안 금속 고리에 전류가 유도되는가?

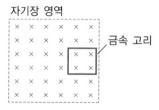

변화 조건	철수의 응답
자기장의 세기를 시간에 따라 변화시킨다.	유도된다.
고리를 오른쪽으로 당겨 자기장 영역 밖으로 이동시킨다.	유도되지 않는다.

< 자료 2 >

교사: 어떤 경우 금속 고리에 전류가 유도되나요?
철수: 자기장의 세기가 시간에 따라 변할 때 전류가 유도돼요.
교사: 또 다른 경우는 없을까요?
철수: 예, 자기장의 세기가 변할 때만 생겨요.
교사: 내가 시범 실험을 하나 보여줄 테니 유도 전류가 발생하는지 확인하세요.
… (중략) …
철수: 자기장의 세기가 변하는 경우가 아닌데도 유도 전류가 발생하네요.
교사: 맞아요. 자기 선속이 변하면 유도 전류가 발생하게 돼요.
철수: 자기장 영역에서 금속 고리가 회전하면서 고리면의 방향이 바뀌어도 전류가 유도되겠네요.
교사: 맞아요.

비고츠키(L. Vygotsky)의 학습 이론에 근거하여 철수의 실제적 발달 수준과 잠재적 발달 수준, 교사가 보여 주는 시범 실험의 역할을 서술하고, 적절한 시범 실험의 예를 1가지 서술하시오. [4점]

정답

1) 실제적 발달 수준: 자기장의 세기가 변화하면 유도 전류가 발생한다.
2) 잠재적 발단 수준: 자기장 세기가 일정하더라도, 자기장 선속이 변화하면 유도 전류가 발생한다.
3) 시범 실험의 역할: 근접 발달 영역 내에서 비계 설정을 통해 실제적 발달 수준을 잠재적 발단 수준으로 끌어올리는 역할
4) 시범 실험 예시: 세기가 일정한 자기장 영역 내에서 금속 고리의 면적을 시간에 따라 변화시켜 유도 전류가 발생함을 보여준다.

해설

수식적 이해를 하면 논리를 쉽게 이끌어낼 수 있다.

$$V = -N\frac{\Delta\Phi}{\Delta t} \ ; \ N = 1 \text{ 일 때}$$

$$|V| = \frac{d\Phi}{dt}$$

$$= \frac{d(BA\cos\theta)}{dt}$$

$$= \left(\frac{dB}{dt}\right)A\cos\theta + \left(\frac{dA}{dt}\right)B\cos\theta + \left(\frac{d\theta}{dt}\right)BA\sin\theta$$

유도 전류가 발생하는 방법은 3가지가 존재한다.

1. 자기장이 시간에 따라 변화

2. 자기장 영역의 면적이 시간에 따라 변화

   ① 주어진 자료처럼 도선이 자기장 영역을 벗어날 때

   ② 자기장 영역에서 도선의 면적이 시간에 따라 증가하거나 감소할 때

3. 자기장과 도선이 이루는 각의 시간에 따라 변화할 때

주어진 상황에서 학생은 1의 상황을 인지하고 있다. 그리고 도움을 얻어 3의 상황을 배웠다.

그러면 나머지 2의 상황을 모르고 있는데 자기장 영역에서 금속 고리가 회전할 때 유도 전류가 발생되겠다고 했으므로 통제 변인이 자기장 영역 내임을 알 수 있다. 그러므로 문제에 주어진 2 – ① 상황보다 시범 실험으로 보다 적절한 것은 2 – ②이다.

30 물리교육에서는 추상적인 물리 개념을 좀 더 쉽게 설명하기 위해 비유(analogy)가 많이 사용된다. 다음의 <자료 1>은 어느 물리 교재에 제시된 비유를, <자료 2>는 비유물(analog 또는 source)의 조건과 비유의 한계를, <자료 3>은 두 물리계를 기술한 것이다. [30점]

자료 1

"도선에 흐르는 전류는 철로 된 실뭉치로 가득 채워져 있는 파이프 속을 흐르는 물에 비유할 수 있다. 파이프 속을 흐르는 물 분자들이 철로 된 실뭉치에 부딪히면서 흐르게 되면 실뭉치가 들어있지 않은 파이프 속을 흐르는 경우보다 유속이 더 느린 것과 같이, 도선에 흐르는 전자들은 도선의 원자들과 충돌하여 유동속도(drift velocity)를 가지고 느리게 흐른다."

자료 2

〈비유물의 조건〉

첫째, 학습자에게 친숙해야 한다.

둘째, 비유물 자체가 학생들에게 이해될 수 있어야 한다.

셋째, 목표물(target)과의 대응 관계가 명확하고 목표물에 대한 설명 가능성이 높아야 한다.

〈비유의 한계〉

첫째, 비유물의 친숙함은 필요조건이긴 하지만 충분조건은 되지 못한다.

둘째, 비유물과 목표물의 모든 요소들이 일대일 대응 관계를 가지는 것은 아니다.

셋째, 비유를 잘못 사용하면 오개념으로 이끌 수도 있다.

자료 3

물체의 속도에 비례하는 저항력을 받으며 연직으로 낙하하는 질량 m인 물체의 운동방정식은 다음과 같다.

$$m\frac{dv}{dt} = mg - bv \quad \cdots\cdots \text{[식 1]}$$

여기서 $b(>0)$는 저항력과 속도 사이의 비례상수이다. 물체의 종단 속력 $v_T = \frac{mg}{b}$는 이 식으로부터 쉽게 얻을 수 있다.

그림은 균일한 자기장 B속에서, 경사각 θ의 비탈면 위에 놓인 ㄷ자 모양의 도체 레일 위를 질량 m인 금속 막대가 미끄러져 내려오는 것을 나타낸 것이다. 자기장의 방향은 연직 위 방향이고 레일의 폭은 W이다. R이외의 전기저항과 공기의 저항 및 모든 마찰은 무시한다.

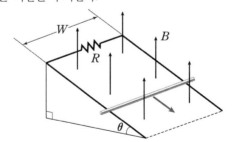

---

1) 비유 추론(analogical reasoning)을 통해 <자료 1>에서 비유 관계를 형성하는 요소들을 모두 찾아 대응시키고, 이 비유의 적절성을 <자료 2>에 제시된 '비유물의 조건'과 '비유의 한계'의 관점에서 논하시오. [20점]

2) <자료 3>의 그림에 나타낸 계에서 사각형 회로를 통과하는 자기장 선속(magnetic flux)을 금속 막대가 이동한 거리의 함수로 쓰고, 이로부터 유도전류를 구한 다음, 금속 막대에 대해 [식 1]과 유사한 운동방정식을 세워 금속 막대가 종단 속력에 도달했을 때의 전류를 계산하시오. 또한 이때 금속 막대의 중력 퍼텐셜에너지의 시간 변화율과 저항에서의 소모 전력을 서로 관련지어 논하시오. [10점]

해설

1) 도선 – 파이프, 전류 – 파이프 속을 흐르는 물, 물의 유속 – 전자의 유동속도(drift velocity)
물 분자들이 철로 된 실뭉치에 부딪힘 – 전자들은 도선의 원자들과 충돌
① 학습자에게 친숙해야 한다. → 물의 흐름은 학습자에게 친숙한 개념이다.
② 비유물 자체가 학생들에게 이해될 수 있어야 한다. → 도선에서 전류와 저항이 발생되는 원리와 파이프 속에 흐르는 물 분자들이 철 뭉치와 충돌한다는 개념은 학생들이 이해 가능하다.
③ 목표물(target)과의 대응 관계가 명확하고 목표물에 대한 설명 가능성이 높아야 한다. → 세부적으로 대응 관계가 확실하고 이로써 도선에 흐르는 전류와 저항의 개념에 대해 보다 쉽게 설명이 가능하다.
※ 한계점: 실제 전류의 흐름과 전자의 흐름은 반대이다. 그리고 파이프가 끊기면 물리 밖으로 배출되지만 도선이 끊기면 전류(전자)가 배출되지 않는다.

2) $\Phi_B = \int \vec{B} \cdot \vec{da} = BWS\cos\theta$ (여기서 S는 이동 거리)

$\varepsilon = BWv\cos\theta = IR$

$\therefore I = \dfrac{BWv\cos\theta}{R} \quad \left(v = \dfrac{dS}{dt}\right)$

$m\dfrac{dv}{dt} = mg\sin\theta - BIW\cos\theta = mg\sin\theta - \dfrac{B^2W^2\cos^2\theta}{R}v$ ······ ①

종단속도 시 가속도 $\dfrac{dv}{dt} = 0$이므로, $I_T = \dfrac{mg}{BW}\tan\theta$

$\dfrac{dE_{위치}}{dt} = mgv\sin\theta$, $\dfrac{dE_{저항}}{dt} = \dfrac{\varepsilon^2}{R} = \dfrac{B^2W^2\cos^2\theta}{R}v^2$

식 ①에 의해서 $\dfrac{dE_{위치}}{dt} = \dfrac{dE_{저항}}{dt}$ 이다. 종단 속력 도달 시 금속 막대의 중력 퍼텐셜 에너지의 시간 변화율과 저항에서의 소모 전력은 서로 같아진다.

2009-2차-03

31 다음은 전자기 유도에 관련된 내용이다. 물음에 답하시오. [30점]

1) 패러데이 법칙에 대한 지식이나 자속에 대한 개념이 전혀 없는 학생에게 물리 교사가 그림의 실험 개략도와 같은 장치를 이용하여 다음과 같은 전자기 유도 실험을 보여주었다.

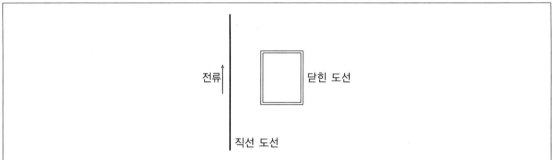

(가) 실험대에 긴 직선 도선을 놓고 가변 전원에 연결하여 전류를 흐르게 한다.

(나) 모양을 바꿀 수 없는 직사각형 닫힌 도선을 세로 변이 직선 도선과 나란하게 실험대 위에 놓는다.

(다) 직선 도선은 움직이지 않은 채 닫힌 도선을 실험대 면을 따라 직선 도선에 수직인 방향으로 가까이 또는 멀리 움직이면서 닫힌 도선에 기전력이 생기는지를 측정한다. (이때 닫힌 도선에는 기전력을 측정할 수 있는 장치가 연결되어 있다.)

이 실험에서 닫힌 도선이 움직일 때 기전력이 유도되는 '현상'과 닫힌 도선의 움직임이 빠를수록 유도 기전력이 큰 것을 보여준 교사는 기전력이 생긴 이유가 닫힌 도선이 움직일 때 전류가 흐르는 도선 주위에 생긴 자기장이 닫힌 도선 안에 있는 전자에 자기력, 즉 로렌츠 힘을 작용했기 때문이라고 설명했다. 그런 후에 교사는 학생에게 같은 장치를 이용하여 닫힌 도선에 기전력을 유도하는 다른 방법이 있는지 알아보라고 했다. 이때, 모든 도선은 항상 실험대 위에 있어야 하고 회전시켜서도 안 되며, 닫힌 도선의 세로 변은 직선 도선과 평행을 유지해야 한다는 조건을 주었다.

다음은 실험을 끝낸 학생과 교사가 나눈 대화이다.

> ─────< 대화 내용 >─────
>
> 학생: 닫힌 도선에 유도된 기전력이 로렌츠 힘 때문이라고 할 수 없는 '현상' 두 개를 발견했습니다.
>
> 교사: 어떤 경우들인지 학생이 관찰한 것을 자세히 설명해 보세요.
>
> 학생: (㉠)
>
> 교사: 그렇다면, 학생의 실험에 근거하여 로렌츠 힘 때문에 기전력이 유도된다는 내 설명을 수정해야겠네요. 내가 보여준 '현상'과 학생이 발견한 두 '현상'만 고려한다면 유도 기전력은 어떤 경우에 생긴다고 하는 것이 합리적일까요? 세 '현상'의 분석과 함께 설명해 보세요.
>
> 학생: (㉡)
>
> 교사: 전자기 유도와 관련하여 패러데이가 발표한 '닫힌 도선에 유도되는 기전력의 크기는 닫힌 도선을 지나는 자속의 시간 변화율에 비례한다'는 이론이 있어요. 패러데이 이론에서 자속 Φ는 자기장 $\vec{B}$, 닫힌 도선 안의 면적 요소 $d\vec{A}$라고 할 때 $\Phi = \int \vec{B} \cdot d\vec{A}$로 정의되는 값입니다. 외부 자기장이 차폐된 실험

실에서, 세기를 임의로 조절할 수 있는 균일한 자기장을 발생시키는 전자석과, 면이 자기장에 항상 수직이며 내부 면적을 조절할 수 있는 직사각형 모양의 닫힌 도선을 이용하여 패러데이 이론을 정량적으로 검증해 봅시다. 이를 위해 패러데이 이론의 수식을 실험 상황에 적합한 형식으로 전개하고, 장치를 어떻게 구성하고, 변인을 어떻게 통제하면서 측정하고, 측정 데이터는 어떻게 분석해야 하는지를 포함한 구체적인 실험 계획서를 작성하여 제출하세요. 실험 계획서에는 필요한 개략도와 적당한 양식의 데이터 기록표, 패러데이 이론이 측정 데이터와 맞는지를 최종확인하는데 사용할 그래프 양식을 포함시키세요.

이 실험 수업을 하기 전에 학생에게 패러데이 법칙에 대한 지식이나 자속에 대한 개념이 전혀 없었음을 고려하여, ㉠과 ㉡에 들어갈 학생의 옳은 대답을 각각 기술하고 교사의 요구에 적합한 실험 계획서를 작성하시오. [20점]

2) 위에서 제시한 학생과 교사와의 <대화 내용>을 '순환학습(Learning Cycle)' 모형으로 분석해 보려고 한다. 순환학습의 세 가지 유형 중, 가설을 제안하고 검증하는 과정으로 구성된 '가설-연역적 순환학습'에 적합하게 위 <대화 내용>을 3단계로 재구성하시오. (단, 재구성할 때 대화 내용의 순서를 바꾸거나 필요한 대화 내용을 추가할 수 있고 약간의 표현 수정은 가능하지만 주어진 내용을 없앨 수는 없다.) [10점]

해설

1) ㉠ 닫힌 도선은 움직이지 않고 직선 도선을 실험대 면을 따라 닫힌 도선에서 멀어지거나 가까워지게 움직인다. 전류의 세기를 변화시킨다.

㉡ 닫힌 도선과 직선 도선과의 거리가 변할 때 그리고 전류의 세기가 시간에 따라 변할 때 유도 기전력이 발생한다. 유도 기전력이 발생하는 이유는 닫힌 도선이 움직일 때만 전류가 흐르는 도선 주위에 생긴 자기장이 닫힌 도선 안에 있는 전자에 자기력, 즉 로렌츠 힘을 작용했기 때문이라고 했으므로 움직일 때 전류가 흐르는 않거나 다른 요인으로 유도 기전력이 발생 됨을 보여주면 된다. 면적 변화가 없으므로 자기장의 변화를 표현하면 된다. 수직 방향의 거리가 변할 때와 전류에 의한 자기장의 세기가 변할 때를 고려하면 된다.

① 자기장의 세기가 조작변인, 면적이 통제변인

유도 기전력 $\varepsilon = \dfrac{d\Phi}{dt} = A\dfrac{dB}{dt}$

② 면적 변화가 조작변인, 자기장의 세기가 통제변인 : ㄷ자 모형 유도 기전력 실험을 구성

유도 기전력 $\varepsilon = \dfrac{d\Phi}{dt} = B\dfrac{dA}{dt} = B\ell v$ (ℓ은 세로 변 길이, v는 가로 방향 도선의 이동 속력)

※ 실험 계획서는 생략

2) ① 탐색 단계(exploration)

학생 : 닫힌 도선에 유도된 기전력이 로렌츠 힘 때문이라고 할 수 없는 '현상' 두 개를 발견했습니다.
교사 : 어떤 경우들인지 학생이 관찰한 것을 자세히 설명해 보세요.
학생 : 닫힌 도선을 직선 도선과 나란한 방향으로 움직일 때와 전류의 세기를 변화시킬 때입니다.

② 개념 도입 단계(concept introduction)

> 교사 : 학생의 실험에 근거하여 로렌츠 힘 때문에 기전력이 유도된다는 내 설명을 수정해야겠네요. 내가 보여준 '현상'과 학생이 발견한 두 '현상'만 고려한다면 유도 기전력은 어떤 경우에 생긴다고 하는 것이 합리적일까요? 세 '현상'의 분석과 함께 설명해 보세요.
>
> 학생 : 닫힌 도선과 직선 도선과의 거리가 변할 때 그리고 전류의 세기가 시간에 따라 변할 때 유도 기전력이 발생합니다.

③ 개념 적용 단계(concept application)

> 교사 : 전자기 유도와 관련하여 패러데이가 발표한 '닫힌 도선에 유도되는 기전력의 크기는 닫힌 도선을 지나는 자속의 시간 변화율에 비례한다'는 이론이 있어요. 패러데이 이론에서 자속 Φ는 자기장 $\vec{B}$, 닫힌 도선 안의 면적 요소 $d\vec{A}$라고 할 때 $\Phi = \int \vec{B} \cdot d\vec{A}$로 정의되는 값입니다. 외부 자기장이 차폐된 실험실에서, 세기를 임의로 조절할 수 있는 균일한 자기장을 발생시키는 전자석과, 면이 자기장에 항상 수직이며 내부 면적을 조절할 수 있는 직사각형 모양의 닫힌 도선을 이용하여 패러데이 이론을 정량적으로 검증해 봅시다. 이를 위해 패러데이 이론의 수식을 실험 상황에 적합한 형식으로 전개하고, 장치를 어떻게 구성하고, 변인을 어떻게 통제하면서 측정하고, 측정 데이터는 어떻게 분석해야 하는지를 포함한 구체적인 실험 계획서를 작성하여 제출하세요. 실험 계획서에는 필요한 개략도와 적당한 양식의 데이터 기록표, 패러데이 이론이 측정 데이터와 맞는지를 최종으로 확인하는데 사용할 그래프 양식을 포함시키세요.

 **빛의 굴절**

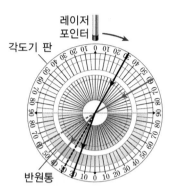

레이저 포인터

각도기 판

반원통

1. **목표**: 굴절 실험 장치에서 입사각을 변화시키면서 굴절각을 측정하여 규칙성을 발견한다.
2. **준비물**: 투명 플라스틱 반원 통, 각도기 판, 레이저 포인터, 보안경
3. **실험 과정**
(1) 굴절 실험 장치의 물통에 물을 기준선까지 넣는다.
(2) 입사각이 30°가 되도록 물통의 중심을 향해 레이저 빛을 비추고 빛의 진행 경로를 관찰하여 굴절각을 측정한다.
   → 레이저 빛이 눈을 향하지 않게 주의하고, 실험실을 최대한 어둡게 하며, 물에서 레이저가 진행하는 경로가 잘 보이지 않는 경우 물에 약간의 설탕이나 우유 방울을 넣어서 빛이 진행하는 경로를 관찰할 수 있도록 한다.
(3) 입사각을 30°, 60°로 바꾸어 굴절각을 측정하고 표에 기록한다.

I. 목표

빛의 굴절 현상에 대한 규칙성을 확인한다.

II. 변인

(1) 독립변인

① **조작변인**: 입사각의 크기

② **통제변인**: 매질의 굴절률, 빛의 매질 경계면에서 입사점, 레이저 파장

(2) 종속변인

굴절각의 크기

Ⅲ. 결과

⑴ 실험데이터 해석

스넬의 법칙에 의해서 $\frac{\sin\theta_r}{\sin\theta_i} = \frac{n_1}{n_2} =$ 일정함을 확인할 수 있다. 즉, 공기에서 매질로 들어감에 따라 굴절각이 작아지는 현상을 관찰할 수 있다. 이는 매질에서 빛의 속력이 변화하기 때문에 발생된다. 빛은 최단 거리가 아닌 최단 시간의 경로를 선택하여 진행하기 때문이다.

⑵ 참고 사항

레이저포인터의 빛이 실험 장치의 중심을 향해야 하는 이유는 원의 성질에 의해서 정확한 각도를 측정하기 위함이고, 또한 플라스크에서 굴절을 방지하기 위함이다.

⑶ 주의 사항

레이저 포인터가 잘 보이도록 실험을 비교적 어둡게 하거나 강한 레이저를 사용하도록 한다. 또한 눈에 직접적으로 레이저를 발사하지 않도록 한다.

2012-07

32 다음 그림 (가)와 같이 빛이 공기(Ⅰ)에서 물(Ⅱ)로 들어갈 때 굴절하는 현상을 설명하기 위해 그림 (나)와 같은 입자 모형을 사용하려고 한다. 이때 상대 굴절률은 $\dfrac{\sin(입사각)}{\sin(굴절각)}$ 이다.

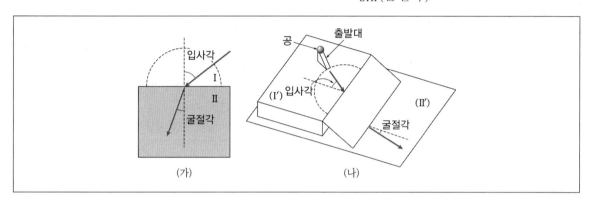

(가)   (나)

모형 (나)에 대한 설명으로 옳은 것만을 <보기>에서 있는 대로 고른 것은?

< 보기 >

ㄱ. 빛이 공기에서 물로 들어갈 때 반사와 굴절이 동시에 일어난다는 사실을 설명할 수 없는 한계점을 갖는다.

ㄴ. 물속에서의 빛의 속력이 공기 중에서의 빛의 속력보다 작다는 것을 설명할 수 있다.

ㄷ. 상대 굴절률이 입사각과 관계없이 일정함을 보이기 위해서 입사각을 변화시키면서 실험을 할 때, 출발대에서 공을 출발시키는 높이를 같게 유지해야 한다.

① ㄱ   ② ㄴ

③ ㄱ, ㄷ   ④ ㄴ, ㄷ

⑤ ㄱ, ㄴ, ㄷ

정답 ③

해설

ㄱ. 입자 모형으로는 반사를 설명하지 못한다.

ㄴ. 입자 모형은 굴절될 때의 입자 속력이 증가하므로 물속에서 빛의 속력이 공기 중에서의 빛의 속력보다 작다는 것을 설명할 수 없다.

ㄷ. 입사각을 θ_1이라고 하고 굴절각을 θ_2라고 하면 입자 모형에서 $\dfrac{\sin\theta_1}{\sin\theta_2} = \dfrac{\dfrac{v_x}{v_1}}{\dfrac{v_x}{v_2}} = \dfrac{v_2}{v_1}$ 가 된다. 여기서 v_1은 입사 속력,

v_2는 굴절 속력이고, 수평 방향 속력 v_x는 서로 같다. 출발대 높이가 같다면 v_1, v_2는 역학적 에너지 보존 법칙에 의해서 입사각에 상관없이 동일하다. 따라서 상대 굴절률 역시 입사각에 상관없이 동일하다는 것을 알 수 있다.

실험 15 **빛의 굴절(전반사)**

1. **목표** : 빛이 특정한 각도에서 전반사가 일어남을 설명할 수 있다.
2. **준비물** : 투명 플라스틱 반원 통, 각도기 판, 레이저 포인터, 보안경
3. **실험 과정**
   (1) 각도기 판 위에 투명 플라스크 반원통을 올려놓고 반원통의 경계면이 기준선과 일치하도록 수평을 맞춘다.
   (2) 레이저 포인터를 반원통의 평평한 면에서 원의 중심을 향하게 한 뒤 공기 중에서 물로 빛이 진행하도록 입사각을
       0°에서부터 점점 크게 한다. 이때 입사각과 굴절각을 측정한다.
   (3) 레이저 포인터를 반원통의 평평한 면에서 원의 중심을 향하게 한 뒤 물체에서 공기 중으로 빛이 진행하도록 입사
       각을 0°에서부터 점점 크게 한다. 이때 입사각과 굴절각을 측정한다.
   (4) 과정 2, 3에서 굴절각이 90°가 되는 순간이 있는지 확인하고, 그 순간의 입사각을 측정한다.

Ⅰ. 목표

빛의 굴절 현상 중 전반사를 관찰한다.

Ⅱ. 변인

(1) 독립변인

① 조작변인 : 입사각의 크기

② 통제변인 : 매질의 굴절률, 빛의 매질 경계면에서 입사점, 레이저 파장

(2) 종속변인

굴절각의 크기

Ⅲ. 결과

빛이 공기 중에서 물로 진행할 때에는 전반사가 관측이 안 되고, 물에서 공기 중으로 진행할 때 전반사 현상이 관측되었다.

실험데이터를 해석하면 스넬의 법칙에 의해서 $\sin\theta_c = \dfrac{n_{공기}}{n_{매질}}$ 로 전반사가 일어나는 임계각을 관찰할 수 있다. 임계각 전에는 빛은 반사와 굴절이 모두 일어나게 된다. 그런데 임계각 이후에서는 굴절이 일어나지 않고 모두 반사만 일어나므로 반사된 빛의 밝기가 굴절이 일어날 때보다 더 밝아지게 된다.

2023-B05

33 다음 <자료>는 전반사가 발생하기 위한 조건을 알아보는 수업 계획이다. 이에 대하여 <작성 방법>에 따라 서술하시오. [4점]

───────────< 자료 >───────────

(가) 단계 : (㉠   )

① 그림과 같이 각도기 판 위에 반원형 유리를 올려놓고 레이저 빛이 유리의 둥근 면에 입사하여 ㉡ <u>원의 중심 O를 지나도록</u> 한다.

② 입사각을 변화시키면서 굴절각이 90°가 되는 순간의 입사각을 구한다.

③ 입사각이 ②에서 구한 입사각보다 클 때, 유리의 평평한 면을 빠져나가는 빛이 있는지 관찰한다.

④ 레이저 빛을 공기에서 유리의 평평한 면의 O에 입사시킨 후 입사각을 변화시키면서 입사된 빛이 전부 반사 되는 경우가 있는지 관찰한다.

(나) 단계 : 개념 도입

① 빛이 한 매질에서 다른 매질로 진행할 때 굴절 없이 전부 반사하는 현상을 전반사라고 설명한다.

② 굴절각이 90°가 되는 순간의 입사각을 임계각이라고 설명한다.

③ 전반사가 발생하는 다음의 2가지 조건을 설명한다.

> 조건 1 : 빛은 굴절률이 큰 매질에서 작은 매질로 진행해야 한다.
> 조건 2 : (㉢   )

(다) 단계 : (㉣   )

① 전반사 현상이 나타나는 다음의 예에서 빛의 진행을 전반사로 설명한다.

> ㉖ 1 : 레이저 빛이 프리즘에 입사한 후 되돌아 나온다.
> ㉖ 2 : 레이저 빛이 플라스틱 컵의 뚫린 구멍에서 나오는 물줄기를 따라 진행한다.
> ㉖ 3 : 휘어진 광섬유의 끝에서 레이저 빛이 보인다.

② 그 밖에 전반사 현상을 관찰할 수 있는 예를 찾아 친구에게 설명한다.

┌─────────────────< 작성 방법 >─────────────────┐

• <자료>의 수업 계획에 적용된 과학과 수업 모형의 종류를 쓰고, 괄호 안의 ㉠과 ㉣에 해당하는 수업 모형의
  단계명을 제시할 것
• (가) 단계의 밑줄 친 ㉡과 같이 실험하는 이유를 설명할 것
• (가) 단계의 과정 ①~③을 통해 알 수 있는, 괄호 안의 ㉢에 들어갈 전반사 조건을 제시할 것

└──┘

정답

1) 서술적 순환학습 모형
2) ㉠ 탐색, ㉣ 개념 적용
3) 원점 O를 지나지 않으면 레이저 광원이 반원형 유리의 둥근 면에서 굴절하게 되어 정확한 실험이 되지 않는다.
4) 입사각이 임계각보다 커야 한다.

해설

1~2) 로슨의 순환학습 모형의 단계는 탐색-개념 도입-개념적용이 있다. 그리고 순환학습의 3가지 형태는 서술적 순환학습
    모형, 경험-귀추적 순환학습 모형, 가설-연역적 순환학습 모형이 존재한다.
    서술적 순환학습 모형은 관찰, 측정을 통해 규칙성을 귀납법으로 발견하는 모형이다.
    경험-귀추적 순환학습은 교사가 준비한 자료나 시범 실험을 보거나 직접 실험을 한 후 이에 대한 인과적 의문을 생성하고
    그 인과적 의문에 대한 잠정적인 답을 귀추법을 활용하여 내는 모형이다. 귀추법을 활용 유무가 서술적 순환학습 모형과의
    차이점이다.
    가설-연역적 순환학습 모형은 가설을 세우고 가설을 검증하기 위한 실험을 설계하는 모형이다.
3) 원점 O를 지난다는 것은 반원형 유리의 곡면을 수직으로 굴절없이 통과하여 평평한 면에 도달시키기 위함이다. 곡면에서
    굴절되면 이중 굴절이 되어 실험이 잘 진행되지 않는다.

실험 16 **볼록렌즈에 의한 물체의 상**

1. 목표 : 광선의 경로를 추적하여 상이 맺히는 위치를 찾을 수 있다.

2. 준비물 : 연필, 자, 지우개

3. 실험 과정 : 물체가 볼록렌즈의 초점 바깥에 있을 때와 볼록렌즈의 안쪽에 있을 때 물체의 상을 작도해 보자.

4. 유의할 점

⑴ 두 개 이상의 광선을 그려 상의 위치를 찾을 수 있다.

⑵ 렌즈를 통과한 광선이 서로 만나지 않는 경우 연장선을 그려 상의 위치를 찾을 수 있다.

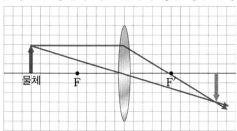 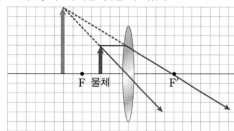

I. 목표

볼록렌즈에서 물체의 위치에 따른 상의 위치와 크기 및 상의 종류를 확인

II. 변인

⑴ **독립변인**

　① **조작변인** : 물체의 위치

　② **통제변인** : 볼록렌즈와 물체의 각도, 물체의 크기

⑵ **종속변인**

　상의 위치 및 상의 크기와 종류

III. 결과(실험데이터 해석)

볼록렌즈에서 광축에 나란하게 입사하는 광선(평행광)은 초점을 지나게 된다. 즉, 태양광선을 볼록렌즈에 비춰 한점에 모이도록 렌즈와 스크린 사이의 거리를 조절함으로써 초점거리를 측정할 수 있다. 초점 안에 있는 물체는 확대된 정립허상이고 초점거리 밖에 있는 물체는 도립실상이다.

※ 렌즈 초점에 물체가 있으면 렌즈에서 굴절된 빛이 모두 나란하게 진행하므로 상은 생기지 않는다. 허상은 빛이 그곳에서 나오는 것처럼 보이는 상으로 렌즈를 통과 후 한점으로 모이지 않으므로 눈으로 관찰은 가능하나 스크린에 상을 맺을 수 없다. 실상은 물체로부터 나오는 빛이 렌즈를 통해 빛이 모여 만들어지는 상이므로 스크린에 상을 맺게 할 수 있다.

2005-04

34 다음은 교사가 학생들에게 제시한 문제이다. 이 문제를 직접 풀어서 그 답을 그림에 표시하고, 이 문제에 대한 학생들의 답안을 채점할 때 고려해야 할 채점 준거를 2가지만 쓰시오. [3점]

> 다음은 유리로 만든 볼록렌즈를 반으로 절단하여 세워놓은 그림이다. 물체가 그림과 같은 위치에 있다면 물체의 상은 어디에 맺히겠는가? 아래의 그림에 렌즈의 경계면에서의 굴절을 고려하여 상을 작도하시오.
>
>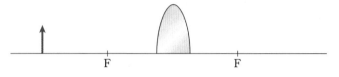

● 채점 준거 :

해설

상의 작도 그림은 다음과 같다.

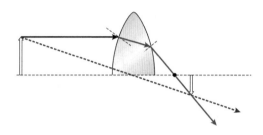

채점 준거는 다음과 같다.
1) 평행광선이 굴절되는 경계면 2개를 모두 고려하였는가?
2) 평행광선과 렌즈 중심을 통과하는 2개의 빛이 만나는 지점에 상을 올바르게 작도하였는가?

실험 17 용수철 파동의 간섭

1. **목표** : 동일한 모양의 두 파동이 중첩되거나 반대 모양의 두 파동이 중첩될 때 어떤 모양이 되는지 관찰하는 과정을 통해 간섭 현상을 이해한다.

2. **준비물** : 용수철

3. **실험 과정**

(1) 두 사람이 용수철의 양 끝을 잡고 좌우로 흔들어 각각 같은 모양의 파동이 1개씩 나타나도록 한다.

(2) 파동 2개가 겹쳐지기 전과 후의 모습을 관찰하고 디지털카메라 또는 스마트폰 등으로 중첩 현상을 촬영하여 관찰한다.

(3) 파동이 서로 반대 모양으로 나타나도록 한 후 과정 2를 반복한다.

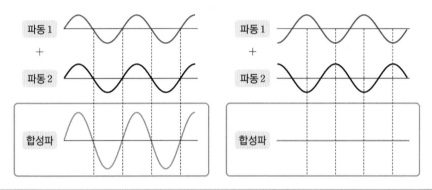

I. 목표

파동의 간섭 현상 확인

II. 변인

(1) 독립변인

① 조작변인 : 초기 파동의 발생 방향

② 통제변인 : 용수철을 흔드는 진동수 및 최대 진폭

(2) 종속변인

겹쳐진 파동의 모습

III. 결과(실험데이터 해석)

만나는 지점에서 파동의 모양이 서로 일치할 때는 진폭이 증가하고, 모양이 서로 반대일 때는 진폭이 사라지게 된다.

2011-10

35 다음은 학력 평가를 위해 개발 중인 지필 평가 문항이다.

> 그림은 xy평면에서 용수철을 진동시켜 x축 방향으로 진행하는 파동을 발생시킬 때, 용수철에 있는 한 점에 대한 x축 방향의 변위, y축 방향의 변위를 시간 t에 따라 나타낸 것이다.
>
>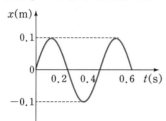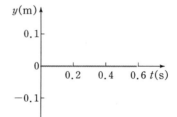
>
> 이 파동에 대한 설명으로 옳은 것만을 <다음>에서 모두 고른 것은? (단, 용수철상수 k는 5N/m이다.)
>
> ───< 다음 >───
>
> A. 파동의 종류는 횡파이다.
> B. 진동수는 2.5Hz이다.
> C. 속력은 0.4m/s이다.
>
> ① A ② B
> ③ A, B ④ A, C
> ⑤ B, C
>
> 정답 ⑤

이 문항에 대한 검토 사항으로 옳은 것만을 <보기>에서 모두 고른 것은?

───< 보기 >───

ㄱ. 제7차 과학과 교육과정의 통합 탐구 기능 중 '자료 변환' 기능을 평가하기 위한 문항이다.
ㄴ. 용수철상수 k값은 A, B, C의 진위를 판단하는데 필요하지 않다.
ㄷ. 위 문항의 정답을 구하기 위해서는 파동의 파장이 필요하다.

① ㄱ ② ㄴ
③ ㄷ ④ ㄱ, ㄴ
⑤ ㄴ, ㄷ

정답 ⑤

해설

ㄱ. 표나 그래프를 보고 자료를 해석하는 '자료 해석' 기능을 평가하기 위한 문항이다.
ㄴ. 용수철상수 k는 위 문항의 선지를 파악하는데 필요하지 않다.
ㄷ. 문제에서의 파동은 진행 방향과 진동 방향이 일치하는 종파이다. 그리고 진동수는 $f = \dfrac{1}{T} = \dfrac{1}{0.4}\,\text{Hz} = 2.5\,\text{Hz}$ 이다. 파동의 전파 속력은 $v = \lambda f$로부터 파동의 파장이 필요하다.

소리의 간섭

1. 목표 : 두 개의 스피커에서 나오는 소리의 중첩을 통해 보강 간섭과 상쇄 간섭을 이해한다.

2. 준비물 : 신호 발생기, 스테레오 스피커, 소음 측정기, 자

3. 실험 과정

(1) 신호 발생기에서 특정 진동수의 소리를 발생시켜 들어 본다.

(2) 신호 발생기에 스테레오 스피커를 연결하고, 스피커를 실험실의 양쪽으로 벌려 위치하도록 한다. 이때 두 스피커의 거리는 약 1m가 되도록 한다.

(3) 신호 발생기에서 진동수가 약 1000Hz인 소리를 발생시킨다.

(4) 두 스피커의 중앙 지점으로부터 수직 방향으로 약 1m 떨어진 후 스피커에서 나오는 소리를 측정한다.

(5) 스피커가 배열된 방향과 나란한 방향으로 조금씩 이동하면서 소리의 크기가 어떻게 변하는지 측정한다.

(6) 신호 발생기에서 더 큰 진동수 2000Hz, 4000Hz의 소기가 발생하도록 하여, 과정 4~5를 반복한다.

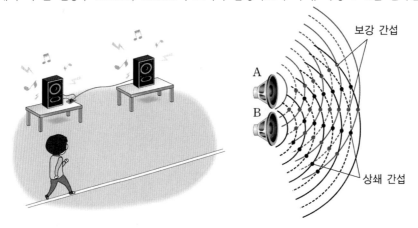

I. 목표

소리의 간섭 현상 확인

II. 변인

(1) **독립변인**

① **조작변인** : 각 스피커와의 상대적 거리

② **통제변인** : 각 스피커에서 나오는 소리의 주파수 및 위상 그리고 소리의 세기

(2) **종속변인**

귀에 들리는 소리의 세기

III. 결과(실험데이터 해석)

$v = \lambda f$로부터 진동수가 주어지면 소리의 파장을 구할 수 있다. 각 스피커와 떨어진 상대적 거리 차이가 파장의 정수배가 되면 소리가 가장 크게 들리게 되고, 반 파장의 홀수 배가 된다면 소리의 세기는 최소가 된다. 그리고 진동수가 커지게 되면 파장이 작아지게 되는데, 보강지점과 상쇄지점의 간격이 줄어들게 된다.

실험 19 빛과 물질의 이중성

1. 목표 : 금속에 자외선을 비출 때 일어나는 변화를 설명할 수 있다.

2. 준비물 : 알루미늄 캔, 알루미늄 포일, 클립, 에보나이트 막대, 털가죽, 사포, 비커, 자외선 등, 장갑, 보안경

3. 실험 과정

(1) 알루미늄 포일을 잘게 자르고 클립을 이용해 알루미늄 캔에 붙인다. 이때 알루미늄 캔의 표면은 사포로 문질러 코팅을 벗겨 낸다. 알루미늄 캔은 유리컵 위에 올려놓고 실험한다.

　→ 외부 도체 물질에 접촉 시 그곳으로 전자가 빠져나가 실험이 잘 진행되지 않을 수 있다.

(2) 에보나이트 막대를 털가죽으로 마찰한 후 알루미늄 캔에 접촉한다.

(3) 자외선 등을 켜서 알루미늄 캔의 표면에 비춘다.

(4) 어떤 현상이 일어나는지 관찰하고 그 결과를 기록한다.

I. 목표

광전효과 실험으로 빛의 입자성을 논리적으로 확인한다.

II. 결과

(1) 실험데이터 해석

알루미늄 호일이 처음에는 대전되어 서로 벌어진 상태이다. 형광등 불빛에서는 가시광선이 발생하여 변화가 없다. 자외선 등을 비추게 되면 알루미늄 캔에서 전자가 방출되어 알루미늄 호일의 벌어진 상태가 점차 작아진다는 것을 확인할 수 있다. 이는 빛이 개별적인 알갱이로 이루어진 입자성으로 설명이 가능하다. 빛 알갱이의 에너지를 결정하는 것은 세기가 아니라 진동수/파장임을 알 수 있다.

(2) 주의 사항

자외선 등을 피부나 눈에 직접적으로 비추는 것에 주의하고 보안경을 반드시 착용한다.

2017-B08-논술형

36 다음은 광전 효과에 대한 수업의 일부이다. [교사의 설명 ㉡]에서 사용하고 있는 교수·학습 전략에 대해 <작성 방법>에 따라 논하시오. [10점]

교사 : 오늘은 광전 효과에 대해 알아보도록 합시다. 광전 효과가 무엇이고 광전 효과 실험을 통해 무엇을 알
수 있는지 모의실험을 통해 구체적으로 살펴보기로 하죠.

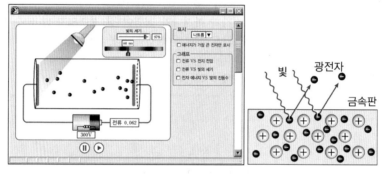

··· (중략) ···

[교사의 설명 ㉠]

모의실험을 통해 빛의 세기와는 무관하게 특정 진동수 이상에서 전자가 금속에서 튀어나온다는 사실을 알 수
있었습니다. 그런데 전자가 튀어나오려면 금속에서 전자를 자유롭게 해주는 최소한의 에너지인 일함수와 운동
에너지로 전환되는 에너지가 필요하기 때문에 일함수보다 큰 에너지가 필요합니다. 이때 일함수만큼의 에너지
를 갖는 빛의 특정 진동수를 임계 진동수라고 합니다. 따라서 임계 진동수보다 큰 진동수에서 전자가 금속에서
튀어나오고, 빛의 세기가 세더라도 진동수가 임계 진동수보다 작으면 전자는 튀어나오지 못하게 됩니다.

[교사의 설명 ㉡]

다르게 설명하면, 바구니 안에 검은색 구슬이 담겨 있을 때 흰색 구슬로 바구니 안의 검은색 구슬을 맞혀서
바구니 밖으로 검은색 구슬이 튀어나오게 하는 상황을 생각해 봅시다. 바구니 안에 담긴 검은색 구슬들의 표면
으로부터 바구니 테두리까지의 높이를 일함수, 흰색 구슬이 부딪혀서 검은색 구슬이 바구니 밖으로 가까스로
튕겨 나올 수 있는 속력인 임계 속력을 임계 진동수라고 가정해 봅시다. 임계 속력보다 큰 속력의 흰색 구슬로
바구니 안의 검은색 구슬을 맞히면 흰색 구슬의 운동 에너지가 커서 맞은 검은색 구슬은 바구니 밖으로 튀어나
올 수 있습니다. 그러나 임계 속력보다 작은 속력의 흰색 구슬로 맞히었을 때는 운동 에너지가 작아서 맞은
검은색 구슬은 바구니 높이를 뛰어넘지 못하여 밖으로 튀어나올 수 없게 되는 것입니다. 그리고 맞히는 흰색
구슬의 수가 많더라도 임계 속력보다 작은 속력이라면, 흰색 구슬에 맞은 검은색 구슬들은 바구니 높이를 뛰어
넘지 못하게 되겠지요.

─────〈작성 방법〉─────
- [교사의 설명 ⓛ]에서 사용하고 있는 교수·학습 전략이 무엇인지 쓰고, 그에 대해 간단히 설명할 것(단, 강의법은 제외)
- [교사의 설명 ㉠]과 [교사의 설명 ⓛ]의 내용을 활용하여 이 교수·학습 전략의 장점과 한계점을 각각 1가지씩 설명할 것
- 이 교수·학습 전략이 학습에 효과적으로 사용되기 위한 조건을 2가지 제시할 것
- 글을 짜임새 있게 구성하여 논술할 것

해설

1) 비유 활용 수업 전략 : 직관적으로 이해되는 개념이나 상황을 비유를 통해 익숙하지 않은 목표개념에 연결시켜 이해하는 수업 방식이다.
2) ㉠은 과학개념의 나열을 통해 지식을 전달하므로 효과적으로 이해하기 어려운 점이 있다. 반면에 ⓛ은 비유를 통해 추상적인 개념과 익숙하고 친숙한 개념과의 유사성을 바탕으로 보다 쉽게 목표개념을 이해할 수 있다는 장점이 있다. 하지만 비유 활용 수업은 잘못 사용하면 오개념을 발생시킬 수 있다는 단점이 있다.
3) 비유물의 조건
   ① 학습자에게 친숙해야 한다.
   ② 비유물이 학생들에게 이해될 수 있어야 한다.
   ③ 목표물과 대응 관계가 명확하고 설명 가능성이 높아야 한다.

2011-01

37 다음은 로슨(A. Lawson)의 3단계 순환학습 모형을 연속하여 적용한 단계별 수업 계획이다. 제시된 단계들은 순환학습 모형의 각 단계에 해당된다.

단계 1. 교사는 광전효과 실험 장치를 설치해 준 다음, 광전관에 빛을 쪼이면 어떤 현상이 일어날지 알아보도록 한다. 학생들은 실험을 통해 광전관에 쪼이는 빛의 세기가 셀수록 광전관에 흐르는 전류가 증가하는 현상을 관찰한다. 학생들은 자신의 실험 결과를 발표한다.

단계 2. 교사는 학생들이 수행한 실험 결과와 관련지어 광전효과의 기본적인 개념을 소개한다.

단계 3. 학생들은 광전효과를 이용한 사례를 일상적 상황에서 찾아보고 여러 학생과 토론한다.

단계 4. 교사는 다른 광원을 이용하여 센 빛을 쪼여주어도 광전효과가 일어나지 않는 현상을 보여주고, 관련 자료를 제공하여 이유를 제안하도록 격려한다. 학생들은 빛의 파장이 길면 광전효과가 일어나지 않는다는 가설을 세우고, 이 가설을 검증하기 위한 실험을 설계하고 수행하여 결과를 발표한다.

단계 5. _____ <생략> _____

단계 6. _____ <생략> _____

이 수업 계획에 대한 설명으로 옳은 것만을 <보기>에서 모두 고른 것은? [2.5점]

< 보기 >

ㄱ. 단계 4는 서술적 순환학습 모형의 '탐색' 단계이다.

ㄴ. 단계 5에 도입될 중요 개념에는 '한계 진동수'가 포함된다.

ㄷ. 2009 개정 과학과 교육과정의 물리 Ⅱ에서는 이 수업 내용이 '물질의 이중성' 영역의 '빛의 입자성' 내용 요소에 해당된다.

---

① ㄱ   ② ㄷ   ③ ㄱ, ㄷ   ④ ㄴ, ㄷ   ⑤ ㄱ, ㄴ, ㄷ

정답 ④

해설

로슨(Lawson)의 순환학습(Learning Cycle)모형은 탐색-개념 도입-개념 적용 단계가 있다.

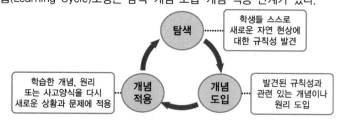

그리고 순환학습의 3가지 형태는 서술적 순환학습 모형, 경험-귀추적 순환학습 모형, 가설-연역적 순환학습 모형이 존재한다.

ㄱ. 단계 1~3은 관찰, 측정을 통해 규칙성을 귀납법으로 발견하는 서술적 순환 학습 모형이고, 단계 4~6은 가설을 세우고 가설을 검증하기 위한 실험을 설계하는 가설-연역적 순환학습 모형에 해당한다.

ㄴ. 광전효과 공식 $E_k = hf - W$이므로 이를 설명하기 위한 일함수 개념에 해당하는 한계 진동수(한계 파장)의 개념이 필요하다. $c = \lambda f$로 부터 진동수가 정의되면 파장이 자연스레 정의된다. 파동의 기본식임을 명심하자.

ㄷ. 광전효과는 대표적인 빛의 입자성에 해당한다. 광전효과는 비상대론적 빛의 입자성 실험이고, 컴프턴 효과는 특수 상대론을 고려한 빛의 입자성이다.

실험 20 전자기파 발생과 수신

1. **목표** : 압전 소자와 구리 선을 이용하여 전파의 송수신 과정을 이해한다.
2. **준비물** : 압전소자(또는 고전압 발생 장치), 굵은 구리 선, LED(혹은 네온관), 알루미늄 포일, 셀로판테이프, 절연 장갑, 집게 달린 도선, 종이 판지, 투명 필름(OHP 필름)
3. **실험 과정**
(1) 한 변의 길이가 15cm 정도의 정사각형 모양의 알루미늄 포일 2개를 준비한다.
(2) 끝을 둥글게 한 굵은 구리 선 2개를 준비하여 둘 사이의 간격이 2mm~3mm 정도가 되도록 알루미늄 포일 위에 각각 고정하여 전자기파 발생기를 만든다.
(3) 굵은 구리 선으로 지름 20cm 정도의 원형 안테나를 만들고 LED(혹은 네온관)에 연결한 다음 OHP 필름 위에 고정시킨다.
(4) 알루미늄 포일 양쪽에 압전 소자를 연결하고 압전 소자를 눌러 전기 불꽃 방전이 일어나는지 확인한다.
(5) 원형 안테나를 알루미늄 포일 위에 가까이 가져가면서 압전 소자를 눌러 LED(혹은 네온관)에 불이 들어오는지 관찰한다.

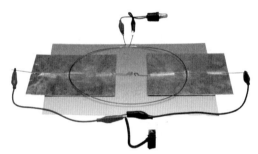

Ⅰ. 목표

전자기파의 송수신 과정을 이해

Ⅱ. 변인

(1) 독립변인

① **조작변인** : 원형 안테나의 거리 또는 방향

② **통제변인** : 압전소자, 안테나의 거리

(2) 종속변인

LED(네온관)의 밝기

III. 결과(실험데이터 해석)

압전소자에 의해서 방전이 일어나게 되면 전자가 가속 운동하게 된다. 따라서 시간에 따른 전기장이 발생하여 이것이 시간에 변화하는 자기장을 발생시키고 이러한 연속적인 현상에 의해서 전자기파가 발생한다. 전자기파는 진행 방향과 자기장 및 전기장의 진동 방향이 모두 수직이 된다. 안테나의 방향이 자기장의 진동 방향에 따라 네온관의 밝기가 달라지게 된다.

실험 21 **빛의 파동성**

1. **목표**: 이중 슬릿의 간섭 실험을 통하여 빛의 파장을 구할 수 있다.
2. **준비물**: 레이저, 이중 슬릿, 종이 줄자, 두꺼운 종이
3. **실험 과정**
(1) 두꺼운 종이에 종이 줄자를 붙여서 만든 스크린에서 약 1~2m 떨어진 지점에 이중 슬릿을 고정하고, 슬릿과 스크린 사이의 거리를 측정한다.
(2) 레이저 빛을 이중 슬릿에 비추어 스크린의 중앙에 간섭무늬가 나타나도록 한다.
(3) 이웃한 밝은 무늬 사이의 간격을 측정한다.
  → 간섭무늬 간격을 여러 개 측정하여 평균값을 사용하는 것이 오차를 줄이는 방법이다.
(4) 빛의 색을 바꾸면서 과정 2~3을 반복한다.

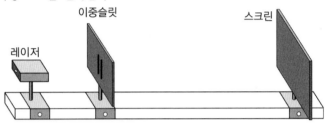

I. 목표

이중슬릿 간섭무늬를 통해 빛의 파장을 구할 수 있다.

II. 변인

(1) 독립변인

① 조작변인: 레이저 광원
② 통제변인: 이중슬릿의 간격과 폭, 이중슬릿과 스크린 사이의 거리

(2) 종속변인

스크린의 간섭무늬 간격

III. 결과

(1) 실험데이터 해석

간섭무늬 간격은 $\Delta x = \dfrac{L}{d}\lambda$ 로 근사적으로 유추할 수 있다. 파장이 짧아지게 되면 간섭무늬 사이 역시 좁아지게 된다. 레이저 광원을 사용하는 이유는 단파장이고, 빛의 위상이 모두 동일하기 때문이다.

⑵ 유의 사항

① 레이저 광원은 눈의 망막을 손상시킬 수 있으므로 눈에 직접 비추지 말아야 한다.

② 슬릿 폭이 좁아 스크린에 간섭무늬가 잘 보이지 않을 수 있으므로 실험을 어두운 데서 한다.
　→ 슬릿 폭이 커지게 되면 회절현상이 두드러지게 되어 오히려 간섭무늬가 잘 안 보일 수가 있다.

③ 슬릿 간격이 0.5mm일 때, 스크린 사이의 간격은 충분히 멀어야 한다. 실험에서 사용한 거리는 1m 정도이다. 너무 가까우면 간섭무늬가 밝아지지만, 근사식 활용이 어렵고 간섭무늬 간격이 너무 작아 올바른 간섭무늬 측정이 어렵게 된다. 너무 멀면 간섭무늬 간격이 멀어지게 되어 측정이 수월하지만, 빛이 거리에 따라 세기가 제곱에 반비례하므로 어두워지게 된다. 따라서 적당한 거리에서 실험하여야 한다.

22 빛의 입자성(플랑크 상수의 측정)

1. 목표 : LED를 이용하여 플랑크 상수를 측정할 수 있다.

2. 준비물 : 전원 장치, 전압계, 집게 달린 도선, LED

3. 실험 과정

(1) LED에서 방출되는 빛의 진동수를 조사하여 표에 기록한다.

(2) 각각의 LED를 병렬로 연결하고 전원 장치에 연결한다.

→ LED의 단자를 확인하여 정확히 연결하고, 과전류가 흘러 다이오드가 타지 않도록 한다.

(3) 전원 장치의 전압을 서서히 증가시키면서 각각의 LED가 빛을 내기 시작할 때의 전압을 측정하여 기록한다.

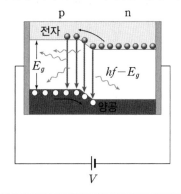

I. 목표

발광 다이오드를 이용하여 플랑크 상수 측정

II. 변인

(1) 독립변인

① 조작변인 : 전원 장치 전압

② 통제변인 : 다이오드 병렬연결

(2) 종속변인

각 다이오드에 불이 들어오는 전압

Ⅲ. 결과

⑴ 실험데이터 해석

다이오드에 불이 들어오는 시점은 pn접합의 동작전압일 때이다. 따라서 수식화하면 $eV = hf$이므로 동작 전압이 커지면 커질수록 나오는 빛의 진동수가 증가하게 된다. 이는 빛이 개별적인 알갱이로 되어 있는 아인 슈타인 광양자설을 기반으로 한다.

⑵ 유의 사항

다이오드는 방향이 있으므로 연결에 유의한다. p형 반도체 부분을 양극(+)에 연결해야 한다. 발광 다이오드 에 과전류가 흘러 타지 않도록 유의한다.

실험 23 빛의 입자성(태양 전지의 광전효과 실험)

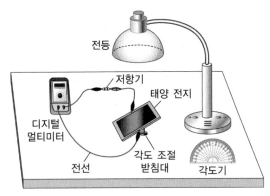

1. **목표** : 태양 전지에 비추는 빛의 세기와 태양 전지에서 생성되는 전압 및 전류 사이의 관계를 설명할 수 있다.
2. **준비물** : 스탠드, 태양 전지, 멀티테스터, 집게 달린 도선, 스마트 기기
3. **실험 과정**
(1) 스마트 기기에 빛의 세기를 측정할 수 있는 프로그램을 설치한다.
(2) 태양 전지와 스마트 기기를 평평한 바닥에 나란히 놓고, 수직으로 30cm 위에 빛의 세기를 조절할 수 있는 스탠드를 설치한다. (세기 조절이 안 되면 태양 전지판의 기울기를 변화시켜 실험한다.)
(3) 태양 전지의 양단에 멀티테스터를 연결하고 빛의 세기에 따라 태양 전지에서 생성되는 전압과 전류를 여러 번 측정하여 평균값을 구한다.
(4) 빛의 세기를 변화시키면서 과정 3을 반복한다.

I. 목표

태양 전지에 비추는 빛의 세기와 태양전지에 생성되는 전압 및 전류와의 관계를 확인

II. 변인

(1) 독립변인

① 조작변인 : 스탠드의 빛의 세기

② 통제변인 : 스탠드와의 거리, 태양 전지판의 각도

(2) 종속변인

태양 전지판의 전류와 전압

Ⅲ. 결과

⑴ 실험데이터 해석

광전효과에 의해서 태양 전지판에서 광전류가 발생하게 된다. 빛은 입자성을 나타내므로 1개의 광자가 전류를 발생시키게 되는데 빛의 세기가 커지면 광자 수가 증가하므로 태양 전지판에서 발생되는 전류가 증가하게 된다.

⑵ 유의 사항

외부 빛에 민감하므로 암막 상태에서 실험한다. 또한 멀티테스터기의 올바른 사용법을 인지한다.

2020-A05

38 다음 <자료 1>은 철수가 작성한 '빛의 세기와 태양 전지의 전력 사이의 관계'에 대한 탐구 계획서의 일부이고, <자료 2>는 교사가 철수의 계획서를 평가한 표의 일부이다. 이에 대하여 <작성 방법>에 따라 서술하시오. [4점]

─< 자료 1 >─

[탐구 계획서]
- **탐구 문제**: 태양 전지에 비추는 빛의 세기에 따라 태양 전지가 생산하는 전력은 어떻게 달라질까?
- **준비물**: 전등, 태양 전지, 디지털 멀티미터, 각도 조절 받침대, 전선, 저항기, 각도기
- **탐구 과정**
  (가) 암막 커튼을 친 실험실에서 태양 전지에 저항기를 직렬로 연결하고, 디지털 멀티미터를 연결할 준비를 한다.

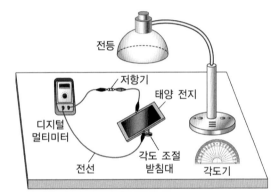

  (나) 태양 전지를 수평면 위에 놓아 태양 전지면과 수평면이 이루는 각도가 0°일 때, 태양 전지면에 수직하게 설치된 전등을 켠다.
  (다) 디지털 멀티미터를 태양 전지와 저항기에 직렬로 연결하여 전류를 측정한다.
  (라) 디지털 멀티미터를 태양 전지와 저항기에 직렬로 연결하여 전압을 측정한다.
  (마) 태양 전지면과 수평면이 이루는 각도를 30°, 60°로 변화시키면서 (다), (라)를 반복한다. 이때 태양 전지 중심과 전등 중심 사이의 거리가 일정하게 유지되도록 한다.
  (바) 전류와 전압의 측정값을 이용하여 전력을 구한다.
  … (하략) …

─< 자료 2 >─

[탐구 계획서 평가표]

평가 요소	평가 준거	평가 결과	
		충족	미충족
조작적 정의	조작변인이 측정 가능 하도록 제시되었는가?	○	
측정	올바른 측정 도구 사용법으로 측정 계획을 세웠는가?		○

<작성 방법>

• 교사가 <자료 2>의 평가 요소 중 '조작적 정의' 영역을 '충족'으로 평가한 근거를 <자료 1>에서 찾아 제시하고, 그 이유를 서술할 것

• 교사가 <자료 2>의 평가 요소 중 '측정' 영역을 '미충족'으로 평가한 근거를 탐구 과정 (가)~(바) 중에서 찾은 후, 해당 탐구 과정을 바르게 수정할 것

정답

1) 조작변인인 태양 전지에 도달하는 빛의 세기를 태양 전지 면과 수평면이 이루는 각도의 변화로 측정 가능하게 함

2) (라)가 잘못됨. 디지털 멀티미터를 태양 전지와 병렬로 연결하여 전압 측정

해설

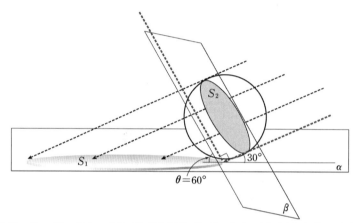

단위 시간당 빛의 에너지는 $P = IS = I_1 S_1 = I_2 S_2$ 여기서 빛의 세기는 I이고 빛이 통과하는 면적이 S이다. 전등의 빛에 해당하는 β면과 태양 전지판에 해당하는 α면의 사잇각 조절로 태양 전지판의 빛의 세기를 조절할 수 있다. 따라서 태양 전지판에 도달하는 빛의 세기와 태양 전지의 전력 사이의 관계를 파악하는데 조작변인이 충족된다. 전압계는 태양 전지와 병렬로 연결하여야 한다.

05 오개념

ılı 역대 기출 오개념

구분	파트	오개념
2002	역학	물체에 힘은 운동 방향으로 작용한다.
2003	전기	전류가 저항에서 소모되어 뒤쪽이 어두워진다.
2004	전기	전류는 저항에서 소모된다.
	역학	운동을 지속하지 못하는 이유는 마찰보다 운동을 지속시키는 힘의 감소 때문이다.
2005	역학	물체에 작용하는 힘은 물체의 속력에 비례하고 작용한 힘의 방향과 운동 방향이 같다.
2006	역학	1. 물체는 일정한 힘이 작용하면 등속운동한다. 2. 정지한 물체에는 작용한 힘이 없다.
2008	빛	그림자는 광원의 모양에 관계없이 물체의 모양에 의해 결정된다.
2010	역학	무거운 물체가 가벼운 물체보다 먼저 떨어진다
	역학	1. 물체에 힘이 작용하지 않으면, 그 물체는 멈춘다. 2. 이동 방향으로 언제나 힘이 작용한다.
2012	현대	1. 유한 퍼텐셜 장벽에서 전자의 크기가 작아 장벽을 통과한다. 2. 에너지가 퍼텐셜 장벽보다 작아 통과하지 못한다.
2013	전기	전구를 병렬연결 할 때, 건전지에 연결되는 전구의 개수가 적을수록 전구에 보다 많은 전류가 흐르므로 밝아진다.
	역학	정지한 물체에는 작용한 힘이 없다.
2014	전기	모든 물체는 양전기와 음전기 중 하나의 성질만을 가진다.
	역학	지구 주위를 도는 우주 정거장 내부에서는 중력이 없다.
2015	열	물질이 뜨겁거나 차가운 것은 물질 고유의 성질이다.
2016	역학	정지한 물체는 힘이 작용하지 않는다.
2019	빛	그림자는 광원의 모양에 관계없이 물체의 모양에 의해 결정된다.
2020	역학	1. 운동 방향(접선방향)으로 힘이 존재한다. 2. 관성 좌표계에서 원심력이 실제 작용하는 힘이다.
2022	열	열전도도가 높은 물질이 보냉에 유리하고, 열전도도가 낮은 물질이 보온에 유리하다.

※ 공통년도
① 역학(2002년, 2020년) : 물체에 힘은 운동 방향(접선)으로 작용한다.
② 역학(2006년, 2013년, 2016년) : 정지한 물체는 힘이 작용하지 않는다.
③ 전기(2003년, 2004년) : 전류는 저항에서 소모된다.
④ 빛(2008년, 2019년) : 그림자는 광원의 모양에 관계없이 물체의 모양에 의해 결정된다.

1. 역학 오개념

⑴ 02년 역학

물체에 힘은 운동 방향으로 작용한다.

2002-04

01 다음은 진자의 왕복 운동에 관한 것이다. [3점]

1) 진자가 최하점을 지날 때 진자에 작용하는 모든 힘의 크기와 방향을 그림에 화살표로 나타내시오.
[1점]

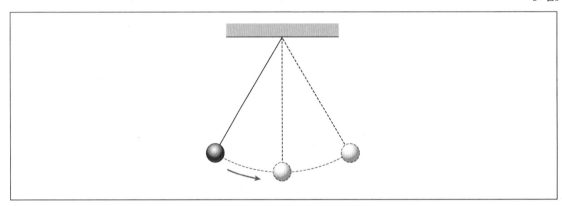

2) 물체의 운동에 대한 학생들의 개념은 과학사를 통하여 확인된 물리 개념과 유사한 경우가 있다. 중세 사람들은 물체의 운동을 "임피투스(기동력)" 개념으로 설명하였다. 만약 어떤 학생이 물체의 운동에 대해 임피투스적 개념을 갖고 있다면 진자가 왼쪽의 최고점에서 출발하여 최하점을 지날 때 이 학생은 물체에 작용하는 힘의 방향이 어떤 방향이라고 생각할 것인가? 그림에 화살표로 표시하고 그 이유를 설명하시오. [2점]

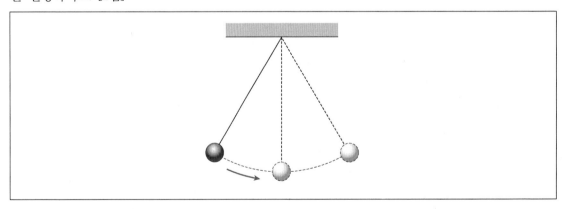

• 이유 :

해설

1) 단진자에 작용하는 힘은 장력과 중력이 작용한다. 모든 지점에서 힘을 표시하면 아래 그림과 같다.

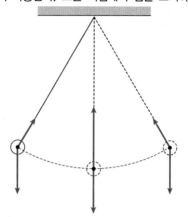

최하점에서 장력의 크기는 $T = mg + \dfrac{mv^2}{\ell}$ 이므로 장력이 중력보다 크게 그려야 한다. 장력은 구심 방향이고, 중력은 아래 방향이다.

2) 임피투스(기동력)는 '운동 방향으로 힘이 작용한다'는 사고방식이다. 최하점에서 운동 방향이 오른쪽 방향이므로 이런 사고방식을 기반으로 하면 힘의 방향 역시 오른쪽 방향으로 생각한다.

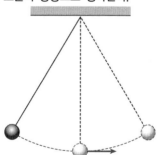

2020-B04

02 다음 <자료 1>은 '등속 원운동하는 물체에 작용하는 힘'에 대한 형성 평가 문항과 응답 결과의 일부이고, <자료 2>는 등속 원운동에 대한 오개념 중 일부를 나타낸 것이다. <자료 3>은 <자료 1>과 <자료 2>에 대해 교사들이 나눈 대화의 일부이다. 이에 대하여 <작성 방법>에 따라 서술하시오. [4점]

─< 자료 1 >─

[평가 문항]

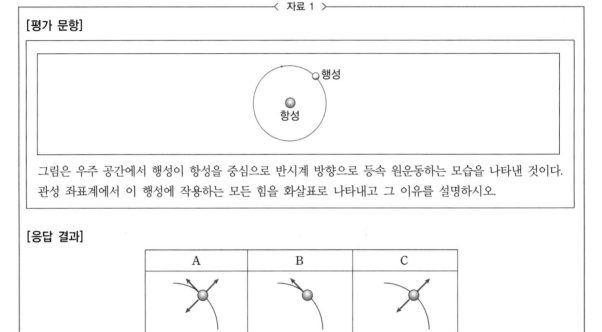

그림은 우주 공간에서 행성이 항성을 중심으로 반시계 방향으로 등속 원운동하는 모습을 나타낸 것이다. 관성 좌표계에서 이 행성에 작용하는 모든 힘을 화살표로 나타내고 그 이유를 설명하시오.

[응답 결과]

A	B	C

─< 자료 2 >─

[등속 원운동에 대한 오개념]

• (㉠   )
• (㉡   )
• 등속 원운동은 속도가 일정한 운동이다.

─< 자료 3 >─

김 교사: '등속 원운동' 단원 수업 후 '등속 원운동하는 물체에 작용하는 힘'에 대한 학생들의 개념을 분석해보니 (㉠   ), (㉡   )와/과 같은 2가지 오개념을 모두 가진 학생들은 평가 문항에 대해 A와 같이 응답했습니다.

이 교사: 수업 후에도 개념변화가 잘 일어나지 않고 기존 개념을 고수하거나 수업 전과 다른 오개념을 갖게 되는 경우가 많은 것 같습니다.

김 교사: 네. 평가 문항에서 (㉢)와/과 같이 응답한 학생들은 자신이 탔던 자동차가 커브 길을 돌 때 자신의 몸이 커브 길 바깥 쪽으로 밀리는 경험 때문에 원심력이 작용한다고 생각했는데, 수업 시간에는 구심력이 작용한다고 배워서 혼란스럽다고 응답 이유를 적었습니다.

─〈작성 방법〉─

- 괄호 안의 ㉠과 ㉡에 해당되는 오개념을 각각 서술할 것
- 괄호 안의 ㉢에 해당하는 학생 응답을 <자료 1>의 [응답 결과] A~C에서 2가지 찾고, 이렇게 응답한 학생들이 처한 상황을 파인즈와 웨스트(A. Pines & L. West)가 제안한 포도덩굴 모형의 4가지 상황 중 1가지 제시할 것

정답

㉠ 운동 방향(접선방향)으로 힘이 존재한다.
㉡ 관성 좌표계에서 원심력이 실제 작용하는 힘이다.
㉢ A, C, 갈등 상황

해설

㉠, ㉡ 등속 원운동이므로 물체가 등속운동 하기 위해서는 운동 방향에 나란한 방향의 힘이 존재해서는 안 된다. 따라서 관성 좌표계에서 물체에 작용하는 알짜힘은 운동방향에 수직한 구심력뿐이다. 그런데 임피투스(기동력)적 사고는 운동 방향으로 힘이 존재한다는 오래된 오개념이고, 원심력은 가속계에서 드러나는 힘이다.

㉢ A, C는 원심력을 가속표계가 아닌 관성좌표계에서도 실제한다고 착각하고 있다. 이는 오개념(선개념)이 학교에서 학습한 내용과 상충하는 경우인 갈등 상황에 해당된다.

⑵ **14년 역학**

지구 주위를 도는 우주 정거장 내부에서는 중력이 없다.

2014-A04

03 인지갈등을 개념 변화 수업에 적용할 때에는 갈등의 유형에 따라 수업의 형태가 달라질 수 있다. 다음 수업에서 사용된 인지갈등의 유형을 쓰시오. [2점]

> 교사는 지구 주위를 돌고 있는 우주 정거장에서 우주인이 무게를 느끼지 못하는 경우에 대한 이유를 학생들이 어떻게 생각하는지 조사하여 학생들의 의견을 크게 2가지 주장으로 구분하였다. 교사는 그중 어느 주장이 타당한지 비교하며 수업하였다.
>
> > 주장 A : 우주인이 무게를 느끼지 못하는 이유는 지구에서 멀어져 지구의 중력에서 벗어났기 때문이다.
> > 주장 B : 우주인이 무게를 느끼지 못하는 이유는 우주 정거장이 중력을 구심력으로 하여 지구를 중심으로 원운동하고 있기 때문이다.

정답

인지구조 사이의 갈등(선입 개념과 과학 개념 사이의 갈등)

해설

주장 A는 오개념(선개념)이고 주장 B는 올바른 과학 개념이다. 이 둘 사이의 갈등 유형에 해당한다.

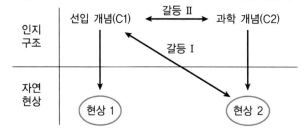

(3) 05년 역학

물체에 작용하는 힘은 물체의 속력에 비례하고 작용한 힘의 방향과 운동 방향이 같다.

2005-05

04 다음 글을 읽고 물음에 답하시오.

> K교사는 개념 조사를 통하여 학생들이 "운동하는 물체에 작용하는 힘은 물체의 속력에 비례하고 작용한 힘의 방향과 운동 방향이 같다."라는 선개념을 가지고 있음을 알았다. 또한 "물체에 작용하는 중력은 지구 중심을 향하며 그 크기는 일정하다." 라는 선개념도 지니고 있음을 파악하였다. K교사는 자유 낙하하는 물체가 지구 중심을 향하여 가속운동을 한다는 것을 보여 주면 학생들이 인지적 갈등을 느낄 것으로 생각하였다. 그러나 가속 운동을 실제로 보여 주었지만 일부 학생들은 기대와는 달리 인지적 갈등을 느끼지 않았다.

윗글에서 학생들이 인지적 갈등을 느끼지 않은 여러 가지 이유 중, 관찰의 이론 의존성과 관련된 것을 쓰시오. [3점]

정답

학생들의 기존 개념이 강하여 변칙 사례를 접해도 자신의 생각에 맞추어 변형, 해석하려는 경향이 있다. 이것이 관찰의 이론 의존성이며 인지적 갈등을 느끼지 않은 이유이다.

해설

관찰의 이론 의존성이란 관찰이 관찰자가 가지고 있는 이론이나 선행지식, 그리고 기의 기대함에 의존하는 특성을 말한다.

(4) 04년 역학

운동을 지속하지 못하는 이유는 마찰보다 운동을 지속시키는 힘의 감소 때문이다. → 16년 9번 응용

2016-A09

05 다음은 '연직 위로 던진 물체의 운동'에 관해 교사가 비고츠키(L. Vygotsky)의 학습 이론에 따라 진행한 고등학교 수업에서 학생과 나눈 언어적 상호작용의 일부이다.

교사 : 지난 시간에 자유낙하에 대해 배웠죠? 자유낙하 하는 동안 어떤 힘이 작용하나요?

학생 : 중력이요.

교사 : 자유낙하 운동에서 중력이 작용한다는 것은 잘 알고 있네요. 그럼 연직 위로 던진 물체가 최고점에 도달한 순간에는 어떤 힘이 작용할까요?

학생 : 물체가 최고점에 도달하는 순간 정지하니까 힘이 작용하지 않아요.

교사 : 그럼 공을 연직 위로 던지는 상황과 자유낙하 상황을 비교해 봐요. 그림에서 A, B 지점에서부터의 운동을 살펴봐요. 위로 던진 공이 가장 높은 A에서 멈추었다 떨어지는 것과 B에서 공을 가만히 놓아 떨어지는 것이 어떻게 다르지요?

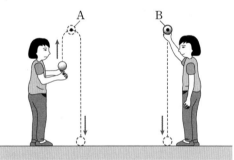

학생 : 어? 둘 다 정지했다가 떨어지네요.

교사 : 그런데 하나는 중력이 작용하고 다른 하나는 힘이 작용하지 않는다고 할 수 있나요?

학생 : 아! 그럼 위로 던진 공이 최고점에서 떨어지는 것과 자유낙하하는 똑같은 운동이네요. 둘 다 중력이 작용하네요.

교사 : 그렇지요! 자 이제 연직 위로 던진 공이 올라가면서 속력이 줄어 드는 경우에 공에 작용하는 힘에 대해 이야기해 봐요. ㉠ 공이 올라가면서 속력이 왜 줄어들까요?

근접발달영역(ZPD)의 의미를 설명하고, 이에 근거하여 교사가 의도한 언어적 상호작용의 목적 2가지를 서술하시오. 또한, 밑줄 친 ㉠에 대하여, 힘과 운동에 관한 오개념을 가진 학생이 대답할 것으로 예상되는 답변을 1가지 제시하시오. [4점]

정답

1) 근접발달영역(ZPD) : 실제적 발달 수준과 잠재적 발달 수준 사이 영역

2) 목적 : ① 실제적 발달 수준을 확인하고, 잠재적 발단 수준에 적합한 학습을 유도, ② 근접 발달 영역에서 비계 설정을 통해 학습을 촉진

3) 운동을 지속시키는 힘이 감소하기 때문이다.

해설

근접발달영역(ZPD)이란 학생이 독자적으로 문제를 해결함으로써 결정되는 실제적 발달 수준과 교사나 능력 있는 또래의 도움을 받아 문제를 해결함으로써 결정되는 잠재적 발달 수준 사이의 영역을 말한다.

교사가 의도한 언어적 상호작용의 목적은 첫째, 자유 낙하에서 중력이 작용한다는 사실확인을 통해 실제적 발달 수준을 확인하고 최고점에서 중력이 작용한다는 잠재적 발달 수준에 적합한 학습을 유도하고 있다. 둘째는 연직 투상운동과 자유 낙하운동의 비교학습인 비계 설정을 활용하여 근접발달영역에서 학습을 촉진하고 있다.

학생은 정지하면 힘이 작용하지 않는다는 오개념을 가지고 있기 때문에 속력이 줄어드는 이유로 운동을 지속시키는 힘이 감소하기 때문이라고 답할 것이다.

2004-04

06 다음은 어느 학생이 지니고 있는 관성의 법칙에 대한 오개념이다.

> "책상 위에서 책을 밀면, 조금 가다가 곧 힘이 빠져서 멈춘다."

이런 오개념을 변화시키기 위하여 교사는 책상 위에서 드라이아이스 토막을 밀었을 때, 드라이아이스가 책상 끝까지 가는 시범 실험을 보여주었다. 다음 물음에 답하시오. [4점]

1) 포스너(Posner) 등은 개념 변화를 위한 조건을 다음과 같이 제시하였다.

> ㉮ 현재의 개념에 불만족해야 한다.
> ㉯ 새로운 개념은 이해될 수 있어야 한다.
> ㉰ 새로운 개념은 그럴듯해야 한다.
> ㉱ 새로운 개념은 유용성을 가져야 한다.

위에서 교사가 보여준 시범 실험은 개념 변화의 조건 ㉮~㉱ 중에서 어느 조건을 충족시키기 위한 것인가? [2점]

2) 다음은 드라이아이스 실험을 한 뒤에 이루어 진 교사와 학생의 대화 중 일부이다.

> 교사 : "물체를 밀어서 움직이면 원래는 계속 운동해야 하는데, 방해하는 힘이 있어서 멈추게 됩니다. 만일 바닥이 아주 미끄럽다면 그 물체는 계속 운동할 것입니다."
> 학생 : "그건 그렇지만, 정말로 계속 가는 물체를 본 적이 있습니까? 어떤 물체도 가다가 결국은 멈추게 됩니다."

이 학생의 개념을 변화시키지 못한 이유는 위의 개념 변화 조건 ㉮~㉱ 중에서 어느 조건이 충족되지 않아서인가? [2점]

정답

1) ㉮ 현재의 개념에 불만족해야 한다.
2) ㉰ 새로운 개념은 그럴듯해야 한다.

해설

1) 선개념으로 설명이 되지 않는 자연현상이 등장하였으므로 ㉮에 해당한다.
2) 학생은 '정말로 계속 가는 물체를 본 적이 있습니까?'라는 질문을 한다. 이는 경험과 직관을 통해 현상의 존재성에 의심을 가진 것이다. 따라서 학생 입장에서는 "만일 바닥이 아주 미끄럽다면 그 물체는 계속 운동할 것입니다."라는 말은 논리성이 없는 임시변통 가설에 해당하므로 새로운 개념은 그럴듯하지 않다.

⑸ 13년 역학

정지한 물체에는 작용한 힘이 없다.

2013-10

07 다음은 힘에 대한 오개념을 가지고 있는 학생들을 대상으로 하는 개념변화 수업에서 주요 단계별 교사의 활동을 나타낸 것이다.

[단계 1] 그림과 같이 용수철저울이 양쪽에 연결되어 있고, 나무토막은 정지해 있다. 양쪽의 용수철저울 부분을 천으로 가려 나무토막만 보이게 한 상태에서, 나무토막에 힘이 작용하는지에 대한 학생들의 생각을 말하게 한다.

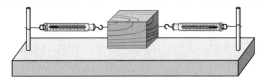

[단계 2] 가렸던 천을 치워 용수철저울이 보이게 하고 용수철저울의 눈금을 읽게 하여 실제로 힘이 작용하고 있음을 알게 한다.
[단계 3] 합력이 0이 되어 나무토막이 움직이지 않음을 설명하고 힘의 평형 개념을 도입한다.
[단계 4] 줄다리기 상황에서 힘의 평형을 어떻게 설명할 수 있는지 질문한다.

이에 대한 설명으로 옳은 것만을 <보기>에서 있는 대로 고른 것은?

──────────< 보기 >──────────
ㄱ. [단계 1]에서 '정지해 있는 물체에는 힘이 작용하지 않는다.'는 학생의 생각은 이 수업에서 변화시키려는 오개념에 해당한다.
ㄴ. [단계 2]에서는 학생들의 인지적 갈등을 일으키려는 의도가 있다.
ㄷ. [단계 4]에서는 학생이 새롭게 획득한 개념을 적용하는 기회를 제공하고 있다.

① ㄱ   ② ㄴ   ③ ㄱ, ㄷ   ④ ㄴ, ㄷ   ⑤ ㄱ, ㄴ, ㄷ

정답 ⑤

해설
ㄱ. 천으로 가린 상태에서는 외부에 작용하는 힘을 보여주지 않고 정지한 물체만 보여주므로 '정지해 있는 물체에는 힘이 작용하지 않는다.'는 학생의 생각은 이 수업에서 변화시키려는 오개념에 해당한다.
ㄴ. 선개념으로 설명할 수 없는 자연현상을 보여줌으로써 인지갈등을 일으키는 상황이다.
ㄷ. 줄다리기 상황이 힘의 평형 개념으로 설명이 가능한 적절한 예시이다.

⑹ **10년 역학**

① 무거운 물체가 가벼운 물체보다 먼저 떨어진다.

② 물체에 힘이 작용하지 않으면, 그 물체는 멈춘다.

2010-03

08 다음은 어떤 [과학 철학적 관점]을 나타낸 글과 학생의 개념변화를 위해 실시한 [시범 실험의 내용과 교사와 학생들의 대화]이다.

> **[과학 철학적 관점]**
> 과학은 문제에서 출발한다. 과학자들은 이 문제를 해결하기 위해 반증 가능한 가설을 내어놓는다. 어떤 가설은 반증 사례가 제시되면 곧 기각되고, 어떤 가설은 엄중한 비판과 검증을 통과하여 기각되지 않는다.
>
> **[시범 실험 내용과 교사와 학생들의 대화]**
> "무거운 물체가 가벼운 물체보다 먼저 떨어진다."고 생각하는 학생에게 진공 장치를 이용하여 무거운 물체와 가벼운 물체를 같은 높이에서 떨어뜨렸을 때 동시에 떨어지는 것을 관찰하게 하였다.
> 교사 : 두 물체가 동시에 떨어졌지요? 그러니까 여러분의 생각이 틀렸지요?
> 학생 A : 그러네요. 선생님 말씀이 맞네요. 제 생각이 틀렸다는 것을 이제 알겠네요. 무거운 물체나 가벼운 물체나 떨어지는 시간은 같네요.
> 학생 B : 아니에요. 제 생각이 맞아요. 제가 보기에는 무거운 물체가 먼저 떨어졌어요.
> 학생 C : 글쎄요. 두 물체의 차이가 작기 때문에 동시에 떨어진 것으로 보일 뿐이에요. 무게 차이가 많이 나는 것으로 실험한다면 무거운 물체가 먼저 떨어지는 것을 관찰할 수 있을 거예요.

학생 A, B, C 중에서 위에 제시된 과학 철학적 관점이 갖는 한계를 보여주는 것을 모두 고른 것은? [2.5]

① A

② B

③ A, B

④ A, C

⑤ B, C

정답 ⑤

해설

제시된 과학 철학적 관점은 반증 가능한 가설을 제시하고 반증의 논리에 따른 과학의 발전을 설명하는 반증주의자들의 과학 철학적 관점이다. 이러한 반증주의가 안고 있는 문제는 다음과 같다.

① 관찰이 이론에 의존하는 특성

② 반증된 사실이 이론 또는 보조 가설인지 아니면 다른 매개변인지 진위를 확인할 방법이 불가능

③ 과학적 이론이 임시변통적(ad hoc) 가설 때문에 반증되지 않는 문제점

여기서 학생 B는 ① 문제점을 학생 C는 ②의 문제점을 보이고 있다.

⑺ **10년 역학**

① 물체에 힘이 작용하지 않으면, 그 물체는 멈춘다.

② 이동 방향으로 언제나 힘이 작용한다.

2010-06

09 다음은 힘과 운동에 대한 교사와 학생의 대화를 나타낸 것이다.

> 교사 : 이전 시간에 등속운동의 개념에 대해서 배웠죠? 그럼 등속운동과 힘에 대해서 이야기해 봅시다.
>
> 학생 : 물체가 등속운동을 하기 위해서는 힘이 꼭 필요하다고 생각해요. ㉠ <u>물체에 힘이 작용하지 않으면, 그 물체는 멈추지요.</u>
>
> 교사 : 그럼 얼음 위에서 물체를 밀었을 때는요?
>
> 학생 : 어? 이상하네요. 그러고 보니까 ㉡ <u>얼음 위에서는 힘을 주지 않아도 물체가 멈추지 않고 움직이는 것을 본 적이 있어요.</u>
>
> 교사 : 네. ㉢ <u>알짜 힘이 0이면 물체는 등속으로 움직입니다.</u> 그럼 물체에 일정한 힘이 계속 작용하면 어떻게 운동하는지 알아봅시다.
>
> ― 생략 ―
>
> 학생 : 물체에 일정한 크기의 힘이 작용하니까 속도가 일정하게 변하네요.
>
> 교사 : 네. 일정하게 힘이 작용하면 가속도가 일정한 값이 됩니다. ㉣ <u>다음 시간에는 등속 운동과 가속도 운동을 모두 설명할 수 있는 뉴턴의 운동 법칙에 대해서 공부해 봅시다.</u>

이 대화의 내용과 관련된 설명으로 옳은 것을 <보기>에서 모두 고른 것은?

> ───< 보기 >───
>
> ㄱ. 하슈웨(M. Hashweh)의 개념변화 모형에 의하면, ㉠과 ㉡의 갈등은 학생의 사전개념과 실제 세계와의 갈등이다.
>
> ㄴ. 피아제(J. Piaget)의 지능발달 이론에 의하면, ㉠에서 ㉢으로 학생의 인지구조가 변하는 과정을 동화(assimilation)라고 한다.
>
> ㄷ. 오수벨(D. Ausubel)의 학습이론에 의하면, ㉣과 같이 등속운동과 가속도 운동을 학습한 학생이 뉴턴의 운동 법칙을 학습하는 것을 파생적 포섭이라고 한다.

① ㄱ
② ㄷ
③ ㄱ, ㄴ
④ ㄴ, ㄷ
⑤ ㄱ, ㄴ, ㄷ

정답 ①

해설

ㄱ. 하슈웨(M. Hashweh)의 개념변화 모형에 의하면, ㉠과 ㉡의 갈등은 학생의 사전개념과 실제 세계와의 갈등이다. ㉠이 사전개념(오개념)이고 ㉡이 실제 현실에서 일어나는 현상이니 맞는 선지이다.

ㄴ. 피아제(J. Piaget)의 지능발달 이론에서 동화(assimilation)와 조절(accommodation)이 있다. 동화는 이미 갖고 있는 도식 또는 체계에 의해 새로운 대상이나 사건을 해석하고 이해하는 인지 과정이고, 조절은 기존의 인지구조로 새로운 대상을 받아들일 수 없는 경우에 기존의 구조를 변형시키는 과정을 말한다. 이 경우에는 선개념으로 실제 현상을 설명할 수 없는 경우를 통해 과학 개념에 도달하는 과정이므로 조절(accommodation)에 해당한다.

ㄷ. 포섭에는 하위적 학습과 상위적 학습 그리고 병위적 학습이 있다.

하위적 학습에는 파생적 포섭과 상관적 포섭이 존재한다. 파생적 포섭이란 학습한 개념이나 명제에 대해 구체적인 예시나 사례를 학습(피아제의 동화에 해당)하는 것이다. 상관적 포섭이란 새로운 아이디어 학습을 통해 이전 개념이나 명제가 수정이나 확장 또는 정교화되는 것(피아제의 조절에 해당)을 말한다. 상위적 학습은 이미 가진 개념을 종합하면서 새롭고 포괄적인 명제나 개념을 학습하는 것을 말한다. 병위적 학습은 새로운 개념이 사전에 학습한 개념과 수평적(병렬적) 관계를 가질 때를 말한다.

⑻ **06년 역학**

① 물체는 일정한 힘이 작용하면 등속운동한다.

② 정지한 물체에는 작용한 힘이 없다.

2006-08

10 다음은 '힘과 운동'에 대한 수업을 하기 전에 어떤 학생이 작성한 개념도이다.

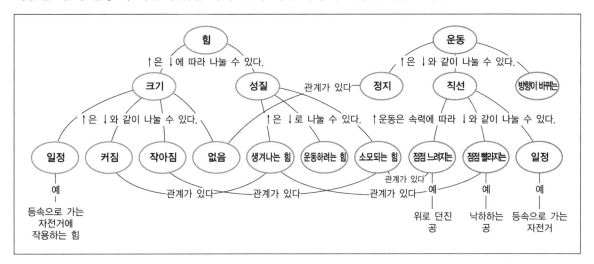

위 개념도에서 학생이 가지고 있는 '힘과 운동' 관련 선개념(오개념) 2개를 찾아서 쓰시오. 또한, 이러한 선개념(오개념)을 지닌 학생에게 인지갈등을 일으킬 수 있는 상황 1개를 제시하고, 그 상황이 학생의 인지갈등을 유발할 것이라고 생각하는 근거를 쓰시오. [4점]

• 선개념 :

• 갈등 상황과 근거

정답

1) ① 물체는 일정한 힘이 작용하면 등속운동한다.
   ② 정지한 물체에는 작용한 힘이 없다.
   ③ 물체의 속력이 변화할 때 힘이 생겨나거나 소모된다.
2) 물체의 양쪽에 용수철저울을 매달아 같은 크기의 힘으로 서로 당긴다. 정지한 물체에는 힘이 작용하지 않는 오개념과 현상과의 인지갈등이 발생하기 때문이다. 또한 매끄러운 수평면에 일정한 크기의 힘을 가할 때 속력이 점차 빨라지는 상황을 보여준다. 점차 빨라지는 상황에서 학생은 힘이 생겨난다고 오개념을 가지고 있다.

해설

학생은 힘의 크기가 일정할 때 자전거가 등속운동한다는 선개념을 가지고 있다. 그리고 힘의 크기가 없으면 정지상태라고 생각하고 있는데 이때 알짜힘과 작용하는 힘의 개념 정립이 안 된 상태이다.

(9) **추가 오개념**

① 역학 오개념 : 진공에서 연직 투상 운동(마찰 무시)

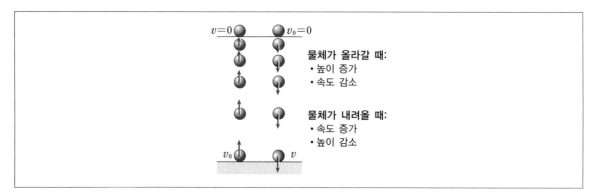

㉠ 주요 오개념

ⓐ 올라갈 때 : 아래 방향의 중력보다 위 방향의 큰 힘이 작용한다(운동 방향과 힘의 방향이 같다).

ⓑ 최고점일 때 : 최고점에서 힘은 없다.

ⓒ 내려올 때 : 아래 방향의 힘이 위 방향의 힘보다 크다(위 방향에 힘이 존재한다).

㉡ 올바른 개념 : 모두 동일한 아래 방향의 중력만 작용한다.

② 역학 오개념 : 진공에서 포물선 운동(마찰 무시)

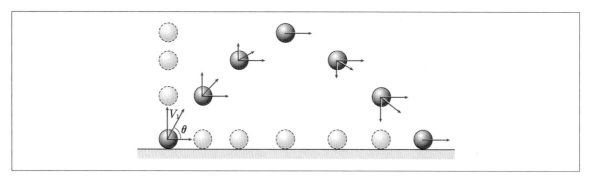

㉠ 주요 오개념

ⓐ 비스듬히 올라갈 때 : 운동 방향의 힘이 존재한다.

ⓑ 최고점일 때 : 중력과 수평 방향의 힘이 존재한다.

ⓒ 비스듬히 내려올 때 : 운동 방향의 힘이 존재한다.

㉡ 올바른 개념 : 모두 동일한 아래 방향의 중력만 작용한다.

③ 역학 오개념 : 진공에서 진자 운동

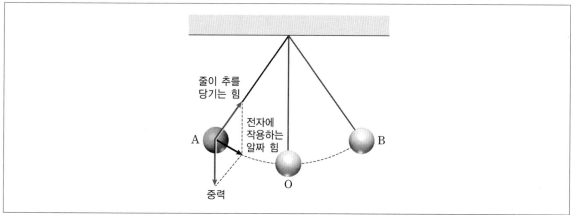

줄이 추를
당기는 힘

전자에
작용하는
알짜 힘

A

B

O

중력

㉠ 주요 오개념

ⓐ 정지상태 A지점 : 중력과 장력 및 접선방향의 힘이 모두 작용한다.

ⓑ 최저지점 O일 때 : 운동 방향과 중력의 힘이 작용한다.

㉡ 올바른 개념

ⓐ 정지상태 A지점 : 중력과 장력이 존재하여 이들의 합력이 접선방향의 힘으로 표현된다.

ⓑ 최저지점 O일 때 : 장력과 중력만 작용하며, 구심력이 존재해야 하므로 장력이 중력보다 크다.

④ 역학 오개념 : 줄다리기

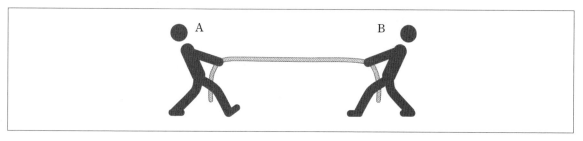

A

B

㉠ 주요 오개념 : A와 B가 줄다리기를 하는데 A가 이기고 있을 때 서로에게 가하는 힘의 크기 비교
→ 이기는 쪽의 힘이 더 크다.

㉡ 올바른 개념 : 작용 반작용 법칙에 의해서 서로에게 작용하는 힘의 크기는 동일하다.
→ 서로의 질량과 바닥의 마찰력이 다르므로 한쪽이 이기는 것이다.

Chapter

07

⑤ 역학 오개념 : 마찰력

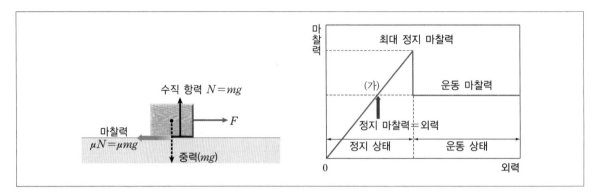

㉠ 주요 오개념

ⓐ 마찰력은 물체의 표면적에 비례한다.

ⓑ 정지마찰력은 항상 일정하다.

ⓒ 등속으로 움직일 때 운동마찰력은 외력보다 작다.

ⓓ 운동마찰력은 물체의 속력이 빠르면 커진다.

ⓔ 운동마찰력은 외력의 반대방향으로 작용한다.

㉡ 올바른 개념

ⓐ 이론상 마찰력은 동일 물체의 경우 마찰력은 표면적에 무관하다.

ⓑ 정지마찰력은 외력에 비례한다.

ⓒ 등속일 때는 운동마찰력과 외력의 크기는 동일하다.

ⓓ 운동마찰력은 속력과 무관하다.

ⓔ 운동마찰력은 물체의 운동(속도방향)에 반대방향으로 작용한다.

2. 전자기 오개념

⑴ 03년 전기회로

전류가 저항에서 소모되어 뒤쪽이 어두워진다.

2003-05

01 그림과 같은 회로에서 스위치를 작동시키기 전에 학생들에게 똑같은 꼬마전구 A와 B의 밝기를 예상하도록 하였다. (총 4점)

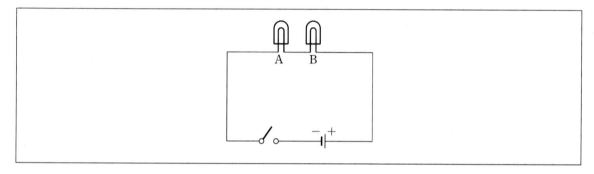

1) 많은 학생들은 꼬마전구 B의 밝기가 더 밝을 것이라고 예상하였다. 학생들이 가질 수 있는 오개념 중 가장 그럴듯한 것을 <보기>에서 고르시오. (2점)

─< 보기 >─

A : 시곗바늘 방향으로 흐르는 전자와 시계 반대 방향으로 흐르는 전류가 꼬마전구 A에서 충돌하기 때문이다.
B : 전류가 꼬마전구 B에서 소모되어 꼬마전구 A에는 조금만 흐르기 때문이다.

2) 위와 같은 학생들의 오개념을 해소하기 위해 갈등을 겪도록 할 수 있는 구체적인 일들 중 가장 효과적인 것을 <보기>에서 고르시오. (2점)

─< 보기 >─

① : 꼬마전구를 병렬로 연결해 전구에 흐르는 전류의 세기와 두 전구의 밝기를 비교해 본다.
② : 꼬마전구를 한 번에 하나씩 연결해 각각의 전구에 흐르는 전류의 세기와 전구의 밝기를 측정해 본다.
③ : 꼬마전구 A와 B의 위치를 바꾸어서 밝기를 비교해 본다.
④ : 꼬마전구 A와 B에 흐르는 전류의 세기와 두 꼬마전구의 밝기가 같음을 전류계와 조도계를 통해 보여준다.

정답

1) (B)

2) ④

해설

학생들이 가질 수 있는 오개념은 '전류가 저항에서 소모되어 뒤쪽이 어두워진다.'이다. 따라서 (B)가 맞는 표현이다. 이를 해소하는 방법은 A와 B에 흐르는 전류의 세기와 밝기가 동일함을 보여주면 된다.

⑵ 04년 전기회로

전류는 저항에서 소모된다.

2004-02

02 다음은 단순 전기회로에서 전류가 흐르는 것을 닫힌 수도관 안에서 물이 흐르는 것에 비유한 그림이다. 물음에 답하시오. [4점]

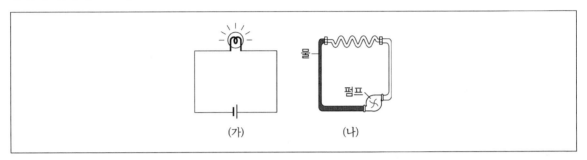

1) 어떤 학생들은 '전구에 불이 켜지면, 전류가 전구에서 소모된다'는 오개념을 갖고 있다. 이 오개념을 과학적 개념으로 변화시키려면 그림 ⑷의 비유에서 어떤 점을 활용해야 하는지 쓰시오. [2점]

2) 전류의 흐름을 물의 흐름으로 비유할 수 없는 경우도 있다. 그런 경우 중 한 가지만 찾아서 50자 이내로 쓰시오. [2점]

정답
1) 물이 굽은 관을 통과하여도 소모되지 않는다.
2) 전류의 흐름은 전자와 반대이다. 따라서 실제로 전자가 움직인다. 광전효과에서 전류의 방향과 음극판에서 나오는 전자의 방향이 다름을 설명하지 못한다. 또는 도선이 끊어지면 전류는 흐름이 멈추지만, 물은 외부로 방출된다.

해설
전류의 흐름을 물의 흐름에 비유하면 전자의 흐름과 전류의 흐름이 구분됨을 설명하지 못한다. 광전효과의 예나 혹은 도선이 끊어져 있는 경우에는 물의 흐름과 다른 결과가 발생한다.

(3) 13년 전기회로

전구를 병렬연결 할 때, 건전지에 연결되는 전구의 개수가 적을수록 전구에 보다 많은 전류가 흐르므로 밝아진다.

2013-05

03 다음은 '전지의 내부 저항과 단자 전압'에 대한 내용을 학습한 학생들에게 이 내용을 '전구 연결 방법에 따른 전구 빛의 밝기'에 적용하는 수업 과정이다.

[단계 1] 그림과 같이 전구 2개를 건전지에 병렬로 연결한 회로에서 두 전구의 밝기를 관찰하게 하였다.

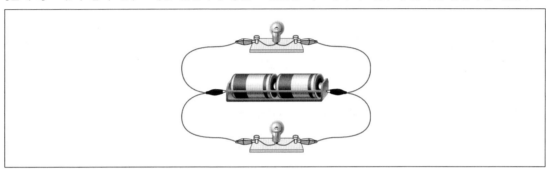

[단계 2] 이 회로에서 전구 1개를 빼내면 나머지 1개의 밝기가 어떻게 될 것인지 예상하게 하였다. 학생 세 명이 예상한 빛의 밝기 변화와 그렇게 예상한 이유는 표와 같았다.

학생	예상	이유
A	더 밝아질 것이다.	건전지에 연결하는 전구의 개수가 적을수록 밝기 때문이다.
B, C	변화가 없을 것이다.	건전지에 전구 2개를 병렬로 연결하면 전구 1개를 연결한 것과 같은 세기의 전류가 각 전구에 흐르기 때문이다.

[단계 3] 교사는 '전지의 내부 저항과 단자 전압'에 대한 학습 내용을 상기시킨 다음, 실제로 전구 1개를 빼내고 나머지 전구 1개의 밝기 변화를 관찰하게 하였다. 세 학생의 관찰 결과와 그렇게 관찰되는 이유에 대한 설명은 표와 같았다.

학생	예상	이유
A	더 밝아졌다.	전구를 1개만 연결한 회로이므로 전구 2개를 병렬로 연결한 경우에 비해 2배의 전류가 흐르기 때문이다.
B	변화가 없었다.	건전지에 전구 1개를 연결한 경우와 전구 2개를 병렬로 연결한 경우에는 같은 세기의 전류가 각 전구에 흐르기 때문이다.
C	더 밝아졌다.	전지의 내부저항을 고려하면 전구 1개를 연결한 회로의 단자 전압은 전구 2개를 병렬로 연결한 회로의 경우보다 약간 더 크기 때문이다.

이 수업 과정에서 학생의 개념에 대한 설명 중 옳은 것만을 <보기>에서 있는 대로 고른 것은? [2.5점]

< 보기 >

ㄱ. [단계 3]에서 학생 A가 가진 개념은 과학적으로 옳지 않다.

ㄴ. 이 수업은 학생 B의 개념변화에 도움이 되었다.

ㄷ. [단계 3]에서 학생 C는 전지의 내부 저항과 단자 전압개념을 옳게 적용하였다.

---

① ㄱ

② ㄴ

③ ㄱ, ㄷ

④ ㄴ, ㄷ

⑤ ㄱ, ㄴ, ㄷ

정답 ③

해설

회로의 기전력 ε, 전체 내부 저항을 r, 전구의 저항을 R이라 하면 전구 개수 n을 병렬 연결할 때 회로를 구성해보자.

그럼 $\varepsilon = I\left(r + \dfrac{R}{n}\right)$이다. 전구에 걸리는 단자 전압은 $V = I\dfrac{R}{n} = \left(\dfrac{\varepsilon}{r + \dfrac{R}{n}}\right)\dfrac{R}{n} = \dfrac{R\varepsilon}{nr + R}$이다. 전구 1개의 밝기는

$P = \dfrac{V^2}{R} = \dfrac{R\varepsilon^2}{(nr + R)^2}$이 된다. 전구의 개수가 증가함에 따라 밝기는 어두워지게 된다.

ㄱ. $I = \dfrac{\varepsilon}{r + \dfrac{R}{n}}$이므로 1개만 연결할 때 $I_1 = \dfrac{\varepsilon}{r + R}$이고, 2개 연결할 때 $I_2 = \dfrac{\varepsilon}{r + \dfrac{R}{2}}$이다. 2배의 관계가 아니므로 과학적

으로 옳지 않다.

ㄴ. 학생 B는 예상과 관찰 사이의 변화가 이루어지지 않았다.

ㄷ. 학생 C의 설명은 맞는 표현이다.

⑷ 14년 전기

모든 물체는 양전기와 음전기 중 하나의 성질만을 가진다.

2014-A 서술형 1

04 박 교사는 '전기에는 양(+)전기와 음(−)전기가 있고, 서로 같은 종류의 전기 사이에는 척력, 서로 다른 종류의 전기 사이에는 인력이 작용함'을 학습한 학생들에게 '물체가 전기를 띠게 되는 이유'를 가르치려고 한다. 이를 위해 박 교사는 고무풍선과 털가죽을 마찰시켜 두 물체가 서로 달라붙는 현상을 시범으로 보인 후, 고무풍선과 털가죽이 어떻게 전기를 띠게 되는지에 대해 학생들끼리 토론하도록 하였다. 다음은 이에 대한 철수와 민수의 대화 내용이다.

> 철수 : 모든 물체는 양전기와 음전기 중 하나의 성질만을 가졌어. 이를테면 고무풍선은 본래 음전기의 성질을, 털가죽은 본래 양전기의 성질을 가졌지. 평소에는 물체만의 고유한 전기 성질을 숨기고 있다가, 재질이 다른 물체끼리 문지르면 숨어 있던 본래의 전기 성질이 드러나는 거야.
>
> 민수 : 나는 네 생각과 달라. 물체에는 두 종류의 전기가 같은 양만큼 들어있어. 재질이 다른 물체끼리 문지르면 한 물체에 있던 음전기가 다른 물체로 이동하여 전기성질이 드러나는 거야. 이를테면 털가죽에서 고무풍선으로 음전기가 이동해서 고무풍선은 음전기, 털가죽은 양전기의 성질을 갖는 거야.

'물체가 전기를 띠게 되는 이유'에 대한 학생의 오개념 1가지를 이 대화에서 찾아 쓰고, 이러한 오개념과 상충되는 현상을 보여주기 위하여 고무풍선을 사용하여 교실에서 해 볼 수 있는 물리 시범 1가지를 제안하시오. [3점]

정답

1) 모든 물체는 양전기와 음전기 중 하나의 성질만을 가진다.
2) 하나는 털가죽으로 문지르고, 하나는 플라스틱으로 문지르는 풍선 2개를 공중에 매달아 끌어당기는 현상을 확인한다.

해설

철수는 '모든 물체는 양전기와 음전기 중 하나의 성질만을 가진다'는 오개념을 가지고 있다. 전기적 성질은 상대적임을 보여주기 위해서 동일한 고무풍선을 하나는 털가죽으로 문지르고 다른 하나는 플라스틱으로 문질러서 둘 사이의 인력이 발생함을 보여주면 오개념과 상충되는 상황이 발생한다. 털가죽으로 문지른 고무풍선은 −로 대전되고, 플라스틱으로 문지른 고무풍선은 +로 대전되므로 항상 같은 성질로 대전된다는 오개념에 상충된다.

⑸ **추가 오개념**

① **정전기 유도**

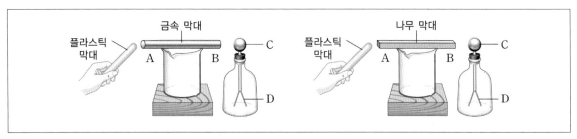

대전된 플라스틱 막대를 도체와 부도체에 다가갈 때의 정전기 유도 현상을 설명하는 실험이다.

(가)의 경우에는 금속 막대의 전자의 이동에 의해서 금속박이 벌어지는 현상을 설명할 수 있다.

(나)의 경우에는 부도체이기에 전기가 흐르지 않으므로 금속박의 변화가 없다는 오개념이 있을 수 있다.

하지만 부도체 역시 전자의 내부 정렬(유전분극)에 의해서 금속박이 벌어진다.

② **전기 회로(정격전압과 소비전력)** : 100V-100W 전구와 100V-50W 전구를 각각 전원에 병렬과 직렬로 연결하였을 때 밝기를 비교하고자 한다.

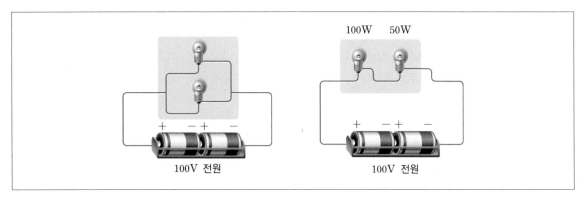

병렬로 연결한 경우에는 소비전력이 높은 전구가 덜 밝다.

그러나 직렬로 연결한 경우에는 +극에 가까운 전구가 더 밝다고 생각하는 오개념과 전력이 큰 전구가 더 밝다는 오개념이 존재한다.

정력 전압과 소비전력이 주어지는 경우 전구 자체의 저항은 불변하기에 저항값을 구할 수 있다. 100V－100W의 전구의 저항은 100Ω이고, 100V－50W 전구의 저항은 200Ω이다. 그러므로 병렬연결은 저항값이 작은 전구가 밝고 직렬연결은 저항값이 큰 경우가 더 밝아지게 된다.

③ **자석의 분리**

막대자석을 둘로 나누었을 때 어떻게 되는지 알아보는 실험이다.

㉠ **오개념** : 하나의 극만 가지는 자석으로 나뉜다. 자기적 성질을 잃는다.

㉡ **정개념** : 자정의 성질은 원자 내부의 전자의 궤도운동과 스핀에 의해서 발생하므로 물리적으로 나뉜다고 하더라도 새로운 2개의 자석으로 분할된다. 이로써 우리는 한극만 가지는 자기홀극이 불가능함을 알 수 있다.

④ 자기장과 전하의 힘 관계(로렌츠 힘)

그림과 같이 두 자석 사이에 정지 상태로 놓여 있는 +전하에 일어나는 현상을 설명하고자 한다.

㉠ **오개념** : +전하가 오른쪽으로 움직인다. 자성의 극성을 나타내는 이유가 서로 같은 전기를 띠고 있기 때문이라고 잘못 생각하는 경우가 있다. 전기와 자기 개념을 혼동하거나 전기의 개념으로 자기의 개념을 이해하려는 경향이 발생

㉡ **정개념** : 정지상태의 전하는 전기력에 의해서만 힘을 받고 자기력에 의해서는 힘을 받지 않는다.

⑤ 강자성체, 상자성체, 반자성체의 성질

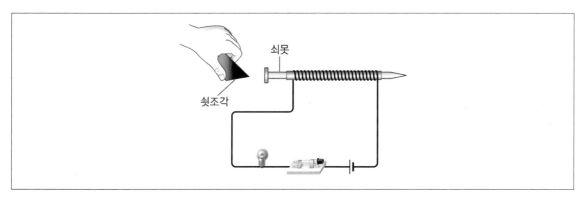

그림과 같이 쇠못을 코일로 감아서 직류전원에 연결하여 전류를 흐르게 한 다음 충분한 시간이 지나고 난 이후에 스위치를 열어 쇳조각을 쇠못에 접촉시켰을 때 어떤 현상이 일어나는지 관찰하는 실험이다. 쇠못은 강자성체로 쇳조각을 끌어당기는 현상을 보인다.

플라스틱과 구리 막대로 실험을 진행하였을 때 오개념에 대해 알아보자.

㉠ **플라스틱의 경우** : 부도체이기 때문에 쇳조각이 달라붙지 않는다. 정개념은 플라스틱의 반자성체이므로 전류가 흐르지 않으면 자성이 사라지게 된다.

㉡ **구리 막대의 경우** : 구리는 도체이기 때문에 쇳조각이 달라붙는다. 정개념은 구리 역시 반자성체이므로 전류가 흐르지 않으면 자성이 사라지게 된다.

자성의 경우 전류가 흐르는 성질이 결정하는 것이 아니라 물체 내부의 전자의 분포 성질에 의해 결정됨을 알아야 한다. 전류가 흐르는 것에 무관하게 자성을 결정하는 전자의 공전과 자전은 계속 이뤄진다. 전류가 흐르지 않았을 때도 자성이 남아있는 강자성체는 철, 니켈, 코발트이다.

3. 파동, 현대, 열 오개념

(1) 그림자는 광원의 모양에 관계없이 물체의 모양에 의해 결정된다.

`2008-03`

01 '빛과 그림자'에 대한 다음 수업 과정을 PEOE(예상 − 설명 1 − 관찰 − 설명 2) 모형으로 정리할 때, 각 단계에 해당하는 내용을 2줄 이내로 쓰시오. 단, '설명 2'는 마지막 학생이 답해야 하는 내용 A를 포함하여 쓰시오. [4점]

교사: 빛은 공기 중에서 어떻게 나아간다고 생각해요?

학생: 휘어지지 않고 직진해요.

교사: 그럼, 그것을 어떻게 알 수 있을까요?

학생: 빛이 지나가는 길에 물체를 놓았을 때 생기는 그림자로 알 수 있을 것 같아요.

교사: 그럼, 그림자에 대해서 좀 더 이야기해 보죠. 점광원이 아닌 광원으로 물체를 비추면 그림자의 모양은 어떨까요?

학생: 그림자의 모양은 물체의 모양과 똑같을 거라고 생각합니다.

교사: 왜 그렇게 생각해요?

학생: 그림자는 빛이 지나가는 것을 물체가 가려서 생기니까, 그림자의 모양은 물체의 모양과 같겠죠.

교사: 그럼, 직선 모양의 광원으로 원형인 물체를 비추면, 그림자의 모양이 어떻게 되는지 살펴봅시다.

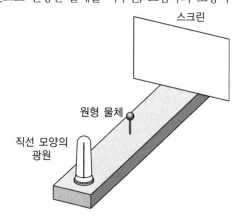

학생: 제 예상과는 달리 직선 모양의 그림자가 나오네요. 왜 그렇죠?

교사: 만약 꼬마전구와 같이 점광원으로 원형의 물체를 비추면 원형의 그림자가 나와요. 그런데 꼬마전구가 위아래로 두개가 있다고 하면 그림자가 어떻게 될까요?

학생: 동그란 그림자가 위아래로 2개가 나오겠죠. 아! 이제 알겠어요. 직선 모양의 광원은 점광원이 위아래로 연속해서 붙어 있는 것이라고 생각할 수 있겠네요.

교사: 그래요. 그럼, 이제 어떤 것들이 그림자의 모양에 영향을 주는지 알겠지요?

학생: 예! (A   )

- 예상 단계 :

- 설명 1단계 :

- 관찰 단계 :

- 설명 2단계 :

정답

1) 예상 단계 : 교사는 점광원이 아닌 광원으로 물체를 비추었을 때 그림자의 모양이 어떻게 될지 학생들에게 질문한다.
2) 설명 1단계 : 그림자는 빛이 지나가는 것을 물체가 가려서 생기므로 그림자의 모양은 물체의 모양과 같다.
3) 관찰 단계 : 직선 모양의 광원으로 원형인 물체를 비추었을 때 그림자의 모양이 직선 모양이 나오는 걸 관찰한다.
4) 설명 2단계 : 직선 모양의 광원은 점광원이 연속해서 붙어있는 것으로 생각할 수 있으므로 그림자의 모양은 광원과 물체의 모양에 따라 결정된다.

⑵ 그림자는 광원의 모양에 관계없이 물체의 모양에 의해 결정된다.

2019-B02

02 다음 <자료>는 빛과 그림자에 대한 학생의 오개념을 지도하기 위해 발생 학습 모형(generative learning model)을 적용하여 계획한 교수·학습 활동을 나타낸 것이다. 이에 대하여 <작성 방법>에 따라 서술하시오. [4점]

―――――< 자료 >―――――

[예비 단계]
• 사전 조사를 통해 많은 학생들이 '그림자놀이'와 같은 일상 경험으로 인해 (㉠   )(이)라는 오개념을 갖고 있다는 점을 확인한다.
• 이러한 오개념을 확인하고 인지갈등을 유발할 수 있는 시범 활동을 구상한다.

[초점 단계]
• 다음과 같이 시범 장치를 준비하고 직선 모양의 광원을 비출 때 스크린에 생기는 원형 물체의 그림자 모양을 학생들에게 예상하도록 한다.

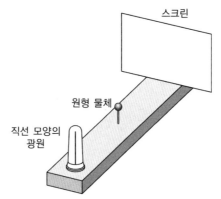

• 같은 예상을 한 학생들끼리 모둠을 이루고 왜 그렇게 생각하는지 각자 글로 작성하도록 한다.

[도전 단계] … (생략) …

[적용 단계]
• 원형 물체 대신 원형 구멍이 뚫린 판을 놓고 직선 모양의 광원이 켜질 때 스크린에 생기는 모양을 예상하고 관찰하도록 한다.
• 관찰한 현상을 도전 단계에서 학습한 과학적 개념으로 설명하도록 한다.

―――――< 작성 방법 >―――――

• <자료>의 내용을 반영하여 ㉠에 해당하는 학생의 오개념을 제시할 것
• 발생학습 모형의 특징과 [초점 단계]에서 제시된 교수·학습 활동을 반영하여 [도전 단계]에서 이루어져야 할 교수·학습 활동 2가지를 구체적으로 제시할 것
• ㉠과 같은 오개념으로도 설명이 되는 '그림자놀이' 현상을 과학적 개념으로 이해시키기 위해 교사가 설명해야 할 내용을 제시할 것

정답

1) ㉠ 그림자는 광원의 모양과 관계없이 물체의 모양에 따라서만 결정된다.
2) ① 서로 다른 생각을 발표 및 토론하게 한다.
   ② 과학개념을 소개하고, 관찰을 통해 자신의 생각과 비교하여 올바른 개념 형성을 만든다.
3) 점광원에서 나오는 직진하는 빛이 물체에 막혀 스크린에 도달하지 못하면 그림자가 생긴다.

해설

그림자는 광원의 모양과 관계없이 물체의 모양에 따라서만 결정된다는 것은 대표적인 빛과 그림자의 오개념이다.
발생 학습은 교사와 학생들의 적극적인 의사소통과 능동적인 역할이 중요하다. 학생들의 발표와 토의를 통해 견해의 교환
과정을 거치고 과학개념의 학습과 실제적인 활동을 통해 동화와 조절이 발생한다.
그림자 생성 원리 : 광원에서 나오는 직진하는 빛이 물체에 막혀 스크린에 도달하지 못하면 그림자가 생긴다.
그림자의 영향 요인 : 광원 모양, 물체 모양
오개념으로도 설명 가능한 것은 광원의 모양이 점광원일 때이므로 점광원일 때 그림자의 생성 원리를 설명하면 된다.

(3) 유한 퍼텐셜 장벽에서 전자의 크기가 작아 장벽을 통과한다. E가 U보다 작아 통과하지 못한다.

2012-02

03 다음은 컴퓨터 시뮬레이션을 이용한 수업에 대한 것이다.

[학습 과제]
에너지가 $E(< U)$인 전자가 영역 I에서 퍼텐셜 에너지가 U인 장벽이 있는 x방향으로 운동할 때, 영역 III에서 전자를 발견할 수 있을까?

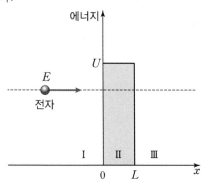

[수업 과정]
1. 학습 과제에서 컴퓨터 시뮬레이션의 결과를 예상하게 하였다.
2. 학생들은 컴퓨터 시뮬레이션에서 E가 U보다 작아도 영역 III에서 전자가 발견될 확률이 있다는 것을 관찰하였다.
3. 관찰 결과를 예상과 관련지어 학생들이 설명하였다.

[학생들의 학습 과제에 대한 예상과 설명]

구분	예상	결과 설명
학생 A	전자는 매우 작기 때문에 퍼텐셜 장벽을 통과하여 영역 III에 모두 도달할 것이다.	전자의 크기가 모두 다르기 때문에 전자들의 일부가 발견되었다.
학생 B	전자는 입자이고, E가 U보다 작으므로 영역 III에 도달할 수 없을 것이다.	전자가 입자라는 것은 확실하다. E가 U보다 작을 때, 영역 III에서 발견된 것은 예외적인 현상이다.

이 수업에 대한 설명으로 옳은 것만을 <보기>에서 있는 대로 고른 것은?

< 보기 >
ㄱ. 이 수업의 진행 순서는 POE 수업 모형의 단계와 순서가 일치한다.
ㄴ. 학생 A는 보조 가설을 제시하여 자신의 주장을 정당화하였다.
ㄷ. 학생 B가 올바른 개념을 갖게 하기 위해서 총알이 벽을 뚫고 통과하는 자료를 제시하는 것은 타당하다.

① ㄱ   ② ㄷ   ③ ㄱ, ㄴ   ④ ㄴ, ㄷ   ⑤ ㄱ, ㄴ, ㄷ

정답 ③

해설

ㄱ. POE(Prediction-Observation-Explanation)는 예측과 관찰 사이에서 발생한 갈등을 설명 단계에서 해결하기 위해 활발한 토의를 활용하는 수업 방식이다. 예측 단계 → 관찰 단계 → 설명 단계의 과정을 거친다. 이 수업은 전형적인 POE에 해당한다.

ㄴ. 학생 A는 '전자의 크기가 모두 다르기 때문에 전자들의 일부가 발견되었다.'는 보조 가설을 통해 자신의 주장을 정당화하였다.

ㄷ. 양자역학의 터널링 현상은 전자의 파동성 때문에 발생하는 현상이다. 총알이 벽을 뚫고 통과하는 입자성 실험과는 연관성이 없다.

(4) 물질이 뜨겁거나 차가운 것은 물질 고유의 성질이다.

2015-A 서술형 2

04 다음 <보기>는 열과 온도에 대해 교사와 영희가 나눈 대화의 일부이다.

> ─< 보기 >─
>
> 영희: 선생님, 물질마다 고유한 온도가 있다고 생각해요. 예를 들면, 철과 솜은 온도가 다르잖아요.
> 교사: 물질의 속성에 따라 온도가 결정된다고 생각하는구나. 왜 그렇게 생각하니?
> 영희: 철을 만져 보면 차고, 솜을 만지면 따뜻한 느낌이 들어요.
> 교사: 그러면, 온도계를 이용하여 철과 솜의 온도를 측정해 볼까? (철과 솜의 온도를 각각 측정한다.)
> 영희: 어, 이상하네요. 온도계를 이용하여 철과 솜의 온도를 측정해 보니 철과 솜의 온도가 같아요. 왜 그렇죠?
> 교사: 두 물체가 접촉해 있으면 온도가 같아질 때까지 온도가 높은 물체에서 온도가 낮은 물체로 열이 이동하는 거지. 같은 장소에 오래 둔 철과 솜은 각각 주위의 공기와 온도가 같게 되어 열평형 상태가 되지. 따라서 철과 솜의 온도는 같아.
> 영희: 아하! 공기와 철, 공기와 솜 사이의 열 이동에 의해 열평형 상태가 되어 철과 솜의 온도가 같아지는 거군요. 그런데, 손으로 만졌을 때 왜 철이 더 차게 느껴지죠?
> 교사: (㉠   )

인지갈등 모형에 따르면 영희에게 두 유형의 인지갈등이 일어나고 있다. 두 유형의 인지갈등에 대해 <보기>의 대화를 근거로 각각 설명하시오. 그리고 괄호 안의 ㉠에서 교사가 설명해야 할 핵심 과학개념 하나를 쓰시오. [5점]

정답

1) ① 선개념과 선개념으로 설명하지 못하는 자연현상 사이의 갈등이다. 철은 차갑고 솜은 따뜻하다는 기존 개념과 철과 솜의 온도가 같다는 새로운 현상과의 갈등이다.
   ② 과학 개념과 선개념으로 설명 가능한 현상 사이의 갈등이다. 철과 솜의 온도가 같다는 과학 개념과 손으로 만졌을 때 솜보다 철이 더 차갑다는 기존 현상과의 갈등이다.
2) ㉠ 열전도도(열전도율)

해설

인지갈등 수업 모형은 다음과 같다.

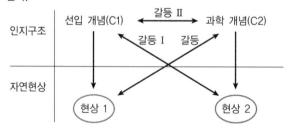

학생은 '물질이 뜨겁거나 차가운 것은 물질 고유의 성질이다'라는 선개념(오개념)을 가지고 열전도도라는 개념을 설명해야 한다. 철의 온도가 손의 온도보다 낮은 상태면 열전도도가 높아 손의 열이 이동하여 차가워진다.

(5) 열전도가 높은 물질이 단열에 유리하다.

2022-A05

05 다음 <자료 1>은 중학교 '열과 우리 생활' 단원을 수업하기 전에 학생들의 열에 관한 개념을 조사하기 위해 실시한 평가 문항과 이에 대한 학생의 응답에 관한 정보의 일부이다. <자료 2>는 <자료 1>의 결과를 바탕으로 교사가 계획한 수업의 학생 활동지이다. 이에 대하여 <작성 방법>에 따라 서술하시오. [4점]

< 자료 1 >

[문항 1] 더운 여름, 찬물을 담아 시원하게 유지하기에 적절한 컵은?
① 종이컵　　　　② 플라스틱 컵　　　　③ 스테인리스 컵　　　　④ 스타이로폼 컵

[문항 2] 추운 겨울, 뜨거운 물을 담아 따뜻하게 유지하기에 적절한 컵은?
① 종이컵　　　　② 플라스틱 컵　　　　③ 스테인리스 컵　　　　④ 스타이로폼 컵

[문항 3] 80℃의 물에 손이 잠깐만 닿아도 화상을 입지만, 80℃의 건식 사우나실 안에서는 화상을 입지 않는 이유는?
(답 :　　　　　　　　　　　　　　　　　　　)

응답률이 가장 높은 선택지 : 문항 1 - ③ ; 문항 2 - ④

< 자료 2 >

[활동 1] 단열 효과 알아보기

(가) 냉장고에서 꺼낸 찬물을 종이컵, 플라스틱 컵, 스테인리스 컵, 스타이로폼 컵에 각각 200mL씩 담는다.
(나) 온도계를 꽂아 온도를 측정한다.
(다) 15분 후, 각 컵에 든 물의 온도를 측정하여 온도 변화를 비교한다.

종이컵　　　플라스틱 컵　　　스테인리스 컵　　　스타이로폼 컵

관찰 결과	물의 온도 변화가 가장 작은 컵은?
결론	(1) 물의 온도 변화 과정에서 열은 어디에서 어디로 이동하는가? (2) 단열이 가장 잘 되는 컵은?

[활동 2] 열과 입자의 운동 생각해 보기

(가) 그림과 같이 부피가 같은 두 개의 밀폐된 단열 상자중 A에는 80℃의 물이, B에는 80℃의 공기가 채워져 있고, 얼음 조각이 하나씩 들어 있다고 하자.
(나) A 내부의 얼음 조각 주위에 물 입자를, B 내부의 얼음 조각 주위에 공기 입자를 그려 넣어 보자.
(다) A, B 내부에 있는 물 입자와 공기 입자의 무엇을 다르게 그려야 할까?

(답 :　　　㉠　　　)

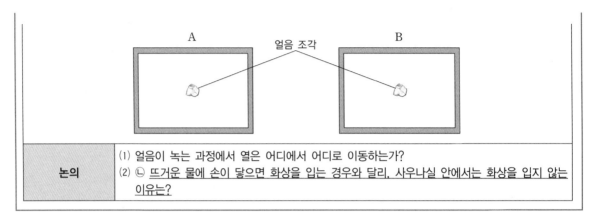

	(1) 얼음이 녹는 과정에서 열은 어디에서 어디로 이동하는가?
논의	(2) ⓒ 뜨거운 물에 손이 닿으면 화상을 입는 경우와 달리, 사우나실 안에서는 화상을 입지 않는 이유는?

───────────────< 작성 방법 >───────────────

- <자료 1>에 제시된 [문항 1]과 [문항 2]의 응답 결과를 통해 알 수 있는 단열에 관한 학생의 오개념을 제시할 것
- <자료 1>에 나타난 오개념을 수정하기 위한 <자료 2>의 [활동 1]이 개념 변화에 효과적이지 않을 수도 있다. 이를 라카토스(I. Lakatos)의 긍정적 발견법 관점으로 설명할 것
- <자료 1>의 [문항 3]에 관한 내용을 이해시키기 위한 <자료 2>의 [활동 2]에서 ㉠에 해당하는 내용을 쓰고, 입자 그리기 활동이 밑줄 친 ㉡을 학습하는 데 효과적인 이유 1가지를 쓸 것

정답

1) 열전도도가 높은 물질이 보냉에 유리하고, 열전도도가 낮은 물질이 보온에 유리하다.
2) 학생은 견고한 핵(열전도도가 높은 물질은 차가운 성질을 가지고 있고, 열전도도가 낮은 물질은 뜨거운 성질을 가지고 있다.)에 보호대(차가운 물체는 온도가 낮은 곳에서 온도가 높은 곳으로 냉기가 이동한다.)를 설정하여 [활동 1]을 설명할 수 있다.
3) ㉠ 입자 간의 거리, ㉡ 열의 양은 온도뿐만 아니라 열을 전달하는 매개체의 양에도 영향을 받는다는 사실을 설명할 수 있다.

해설

1) 열전도도가 높은 물질이 차가운 성질을 가지고 있어 보냉에 유리하고, 열전도도가 낮은 물질이 뜨거운 성질을 가지고 있어 보온에 유리하다고 생각한다. 즉, 물체 본연의 차가움, 뜨거움의 성질을 가지고 있다고 생각한다.
2) 이미 알려진 현상을 설명하고 새로운 사실을 예측하는 새로운 가설을 핵에 첨가하는 일, 기존의 이론을 좀 더 넓은 범위에까지 적용해서 설명할 수 있도록 기존의 이론을 수정하는 것이 긍정적 발견법이다. [활동 1]의 선지에서 '물의 온도 변화 과정에서 열은 어디에서 어디로 이동하는가?'라는 물음에서 열은 고온에서 저온으로 이동하는 현상을 이해시키려고 하고 있다. 그런데 학생은 견고한 핵(열전도도가 높은 물질은 차가운 성질을 가지고 있고, 열전도도가 낮은 물질은 뜨거운 성질을 가지고 있다.)에 보호대(차가운 물체는 온도가 낮은 곳에서 온도가 높은 곳으로 냉기가 이동한다.)를 설정하여 스테인리스 컵은 차가운 성질을 가지고 있으므로 냉기를 이동시켜 온도가 올라가는 반면, 스타이로폼은 냉기를 잘 이동시키지 못하므로 온도가 덜 떨어진다고 생각할 수 있다. 이를 근본적으로 해결하기 위해서는 온도계를 설치하여 온도가 물질마다 동일하다는 것을 확인시켜 줄 필요가 있다. 즉, 스테인리스나 스타이로폼은 자체로 차가움이나 뜨거움을 가지고 있는 것이 아니라 주위 온도와 열평형 상태에 도달하면 온도가 동일하고, 열은 항상 고온에서 저온으로 이동하는 것을 설명해 주어야 한다. 이를 설명하기 위해서는 열량의 개념이 필요하다.
3) 열량 $Q = mc\,T$는 열용량과 온도에 영향을 받는다. 따라서 열용량 개념을 입자 간의 거리로 비유하여 설명하는 것이 효과적이다.

⑹ **추가 오개념**

① **횡파의 성질**

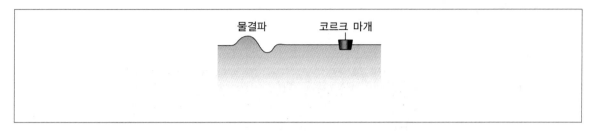

㉠ **오개념** : 물결파의 파동을 따라 오른쪽으로 움직인다.

㉡ **정개념** : 결합된 매질들의 구성 입자가 에너지를 받아서 진동 에너지가 주위로 퍼지고 매질은 진행하지 않고 위아래로 진동한다.

② **파동의 회절** : 방파제와 나란한 파도가 방파제의 틈을 지날 때 파도의 모양

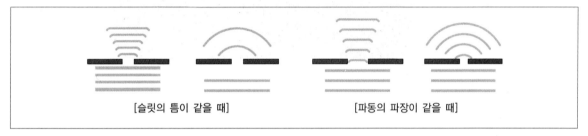

㉠ **오개념** : 파동의 형태가 달라지지 않고(평면파 유지) 틈을 지나 조금씩 폭이 넓어진다고 생각

㉡ **정개념** : 호이겐스 원리를 통해 점파원의 중첩에 의해서 곡선 형태의 파동으로 퍼져나간다.

③ **빛의 반사** : 평면거울에서 멀리 떨어져 있을 때 상반신만 보였다. 이때 앞뒤로 이동할 때 거울에 비치는 상의 모습

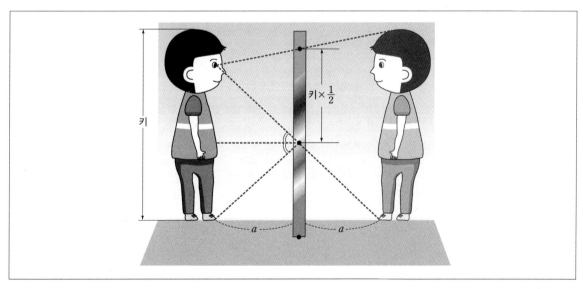

    ㉠ **오개념**: 뒤로 갈수록 보이는 신체 영역이 더 커진다. → 뒤로 가면 자신의 상이 작아져서 거울에 들어 갈 수 있는 상의 영역이 더 넓어진다고 생각한다.

    ㉡ **정개념**: 빛의 반사 성질에 의해서 거울에 보이는 신체 영역은 변하지 않는다.

④ **빛의 산란과 반사**: 연기 속이나 안갯속을 통과하는 레이저 빛은 직선처럼 보인다.

    ㉠ **오개념**: 레이저 빛이 연기 속을 직진하고 있기 때문이다.

    ㉡ **정개념**: 레이저 빛이 직선처럼 보이는 이유는 연기(안개) 입자에 의해서 산란하면서 관측자의 눈에 도달하기 때문이다. 즉, 눈에 들어온 레이저 빛은 직선이 아니라 입자를 만나 산란하여 꺾이는 과정으로 진행하게 된다.

    눈에 보이는 레이저 빛이 지나는 경로라고 생각하는 이유는 빛이 반사하거나 산란하면서 여러 곳으로 퍼져나가는 것이 아니라 특정한 영역에만 국한적으로 존재한다고 잘못 생각하는 것이다. 오개념을 바로 잡기 위해서는 산란과 반사에 대한 과정을 이해하고 물체 혹은 빛이 보이는 과정을 이해할 필요가 있다.

MEMO

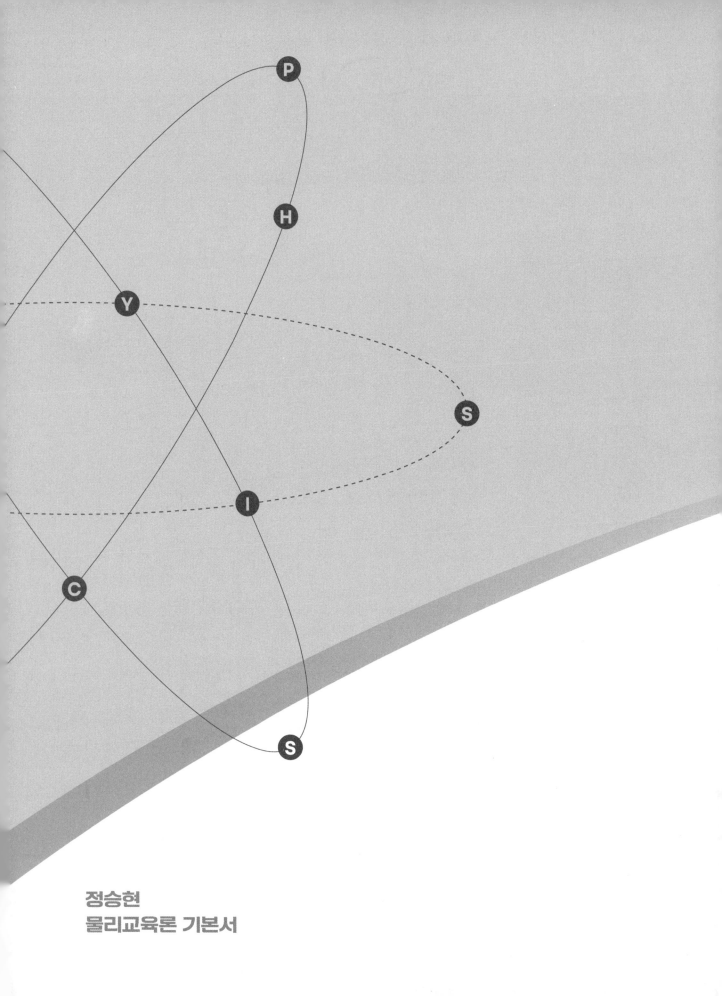

정승현
물리교육론 기본서

정답 및
해설

Chapter **01** 과학 지식의 형성 과정과 변화

✎ 본문_23~38p

01

정답

1) 미생물의 자연발생설
2) 생명력이 작용하기 위해서는 생명의 기(氣)가 있는 공기가 필요하다.
3) 검증이 불가능한 임시변통 가설 때문에 반증이 불가능, 자연발생설이 틀린 지 혹은 밀봉의 여부, 가열의 상태 등의 매개변인 때문인지 검증이 불가능하기때문에 반증 사례가 나와도 이론이 폐기되지 않는다.

해설

이러한 반증주의가 안고 있는 문제는 다음과 같다.
① 관찰이 이론에 의존하는 특성 → 귀납주의도 이러한 특성을 가지고 있다.
② 반증된 사실이 이론 또는 보조가설인지 아니면 다른 매개변인인지 진위를 확인할 방법이 없다. 반증 사례가 나와도 이를 근거로 이론이 폐기되지 않을 수 있다.
③ 과학적 이론이 임시변통적(ad hoc) 가설 때문에 반증되지 않는 문제점

참고 사항

임시변통적(ad hoc) 가설 : 과학적 증거가 없거나 검증이 불가능한 가설

02

정답

1) ㉠ 포퍼(K. Popper)의 반증주의 관점,
   ㉡ 라카토스(I. Lakatos)의 연구프로그램 이론 관점
2) 내부 저항이 존재한다면 가변 저항이 커질 경우 전구와 가변 저항의 합성 저항이 증가하게 되므로 전구의 단자 전압이 증가하게 된다. 따라서 밝기가 더 밝아지게 된다.

해설

학생 A는 어떤 과학 이론이든 단 한 번의 결정적인 실험에 의해서 반증된다는 포퍼(K. Popper)의 반증주의 관점에 가깝다. 반면에 학생 B는 보조 가설이 실험에 따라 수정, 보완될 뿐 견고한 핵심 이론인 옴의 법칙이 맞다가 주장하므로 라카토스(I. Lakatos)의 연구프로그램 이론 관점에 해당한다.

내부 저항이 없다면 가변 저항의 크기에 관계없이 모두 전지의 기전력이 걸리게 되므로 밝기의 변화는 없다. 하지만 내부 저항이 존재한다면 다른 결과가 발생한다. 기전력 ε, 내부 저항 r, 전구의 저항 R, 가변 저항 R_x라 하자. 수식으로 보면 전구와 가변 저항의 합성 저항은 $R' = \dfrac{RR_x}{R+R_x}$ 이다. 그러면 전체 전류는 $I = \dfrac{\varepsilon}{r+R'}$ 이고, 전구의 단자 전압은 $V_R = \dfrac{R'}{r+R'}\varepsilon$ 이다. 저항의 직렬 연결 시 단자 전압은 내부 저항 r과 합성 저항 R'이 기전력을 서로 분할해서 가지며 저항에 비례하게 걸리게 된다. 그런데 가변 저항이 증가하게 되면 $R' = \dfrac{RR_x}{R+R_x}$ 이 증가하고, 따라서 전구에 걸리는 단자 전압이 증가하게 된다. 그러면 밝기에 비례하는 전구의 소비 전력은 $P = \dfrac{V_R^2}{R}$ 이므로 더 밝아지게 된다.

저항의 직렬 연결과 병렬 연결 시 단자 전압과 전류의 관계에 대해 사전에 숙지하는 게 필요하다.

03

정답

1) ㉠ 귀납적 사고, ㉡ 가설 연역적 사고, 차이점 : 귀납적 사고는 사례나 관찰을 통해 일반적인 결론을 도출하는 추론 방식이며, 가설 연역적 사고는 가설을 설정하여 검증하는 추론 방식이다.
2) 입자설이 이중슬릿 실험을 통해 파동성으로 대체되었다. 파동성은 20세기 초까지 반증되지 않았다.

해설

자료 1의 답안
• 활동 1 : 종이 텐트가 아래로 가라앉는다. 종이 텐트 내부의 압력이 낮아지기 때문이다.
• 활동 2 : 물이 분사된다. 빨대의 내부 압력이 낮아져서 물이 위로 올라오게 된다.
• 활동 3 : A4 용지가 위로 올라온다. 위의 압력이 낮아지기 때문이다.
• 활동 4 : 탁구공이 위로 뜨게 된다. 컵의 입구 쪽이 압력이

낮아지기 때문이다.

포퍼는 과학 활동은 기본적으로 검증이 아니라 반증을 바탕으로 이루어지는 활동이라고 주장했다.

04

정답 ②

해설

ㄱ. 쿤의 과학 혁명 모델에서 기존 이론 체계를 완전히 대체하는 것은 패러다임 전환이 일어나는 과학 혁명 단계이다.

ㄴ. 포퍼의 반증주의에 의하면 반증 사례가 나오면 일반화된 명제가 폐기되고 새롭게 대체된다. (나)의 경우에는 라카토스 연구 프로그램의 긍정적 발견법에 해당한다.

ㄷ. 기존의 이론으로 설명할 수 없는 변칙 사례의 등장으로 새로운 이론의 탄생을 설명하는 쿤의 과학 혁명 구조와 일치한다.

05

정답

1) 반증주의, 반증 사례가 제시되자 즉시 기각되었다.

2) 정상 과학 단계, 수수께끼 풀이 활동으로 패러다임을 정교화하기 때문이다.

해설

포퍼의 반증주의에 의하면 반증 사례가 나오면 일반화된 명제가 폐기되고 새롭게 대체되지만 완벽히 대체되지 않을 가능성도 있다고 한다.

쿤의 과학 혁명의 단계: 전과학 → 정상과학 → 패러다임 위기 → 과학 혁명 → 새로운 정상과학

정상 과학 단계에서는 수수께끼 풀이 활동으로 패러다임을 정교화한다.

06

정답 ③

해설

정상과학은 여러 패러디임 중 과학 문제를 쉽고 효과적으로 해

결하거나 자연현상을 명료하게 설명하는 가설이 패러다임으로 수용된 단계이다. 그리고 이 시기 정상과학 단계에서 수수께끼 풀이가 실행된다. 수수께끼 풀이 활동에는 사실적 조사, 패러다임 지지, 패러다임 정교화, 이론적 문제 해결이 있다.

ㄱ. 양자역학의 체계가 정립되고 이론적 문제 해결(비정상 제만 효과)과 패러다임 정교화(파울리 배타원리)가 진행되었으므로 수수께끼 풀이에 해당한다.

ㄴ. 물질파 이론이 정립된 후 전자의 파동성이 실험으로 검증되었으므로 패러다임 지지에 해당한다.

ㄷ. 에테르를 전제한 빛의 전파에 관한 이론의 문제점을 지적하는 것이기에 수수께끼 풀이 활동보다는 변칙 사례를 제시하는 것에 가깝다. 참고로 에테르를 전제한 고전적인 빛의 전파이론은 특수 상대론의 등장으로 사라지게 된다.

07

정답 ⑤

해설

ㄱ. 뉴턴의 이론을 옹호하기 위한 몇 가지 시도가 있었고 반증되었으나 한동안 미해결된 문제로 남아있었으므로 옳은 설명이다.

ㄴ. 뉴턴의 중력이론이 패러다임으로 형성되었고, 이에 변칙 사례(수성 궤도의 근일점 이동)가 나타났을 때 이를 패러다임을 지지하기 위한 시도로 '벌컨(Vulcan)'을 가정하였으므로 정상과학 내 수수께끼 풀이 활동의 하나로 볼 수 있으므로 맞는 답이다. 수수께끼 풀이 활동에는 사실적 조사, 패러다임 지지, 패러다임 정교화, 이론적 문제 해결이 있다.

ㄷ. 라카토스의 이론에서 전진적(Progressive) 연구 활동과 퇴행적(Regressive) 연구 활동이 존재한다. 아인슈타인 이론은 기존의 이론으로 설명이 어려운 현상을 설명하고, 또한 다른 부가적인 것들을 예측 할 수 있었으므로 전진적(Progressive) 연구 활동에 해당한다.

08

정답

1) A : 독립변인을 제시하지 않음, B : 검증 불가능한 독립변인(어떤 힘)을 제시, C는 각운동량의 보존이라는 독립변인으로부터 자전거가 쓰러지지 않음을 종속변인으로 설명하였으므로 가설이 타당하다.

2) ⓒ 정상과학 단계에서 수수께끼 풀이

해설

1) 가설은 명확한 독립변인과 종속변인과의 관계로 표현되어야 검증이 가능하다.

변인은 독립변인과 종속변인으로 나뉜다.

① 독립변인: 실험 결과나 변인에 영향을 미치는 변인이다. 독립변인은 조작변인과 통제변인으로 나눌 수 있다.

ⓐ 조작변인: 독립변인 중에서 가설을 검증하기 위해서 값을 변화시키는 변인이다.

ⓑ 통제변인: 조작변인을 제외한 나머지 독립변인들로 값을 변화시키지 않고 유지시키는 변인이다. 조작변인 외에 다른 변인이 실험에 영향을 미친다면, 그 실험 결과가 오직 그 조작변인에 의한 결과라고 확정할 수 없다. 다른 변인이 영향을 미치지 못하게끔 연구자가 통제하는 변인이 통제변인이다. 이처럼 조작변인 외에 나머지 변인들을 일정하게 유지시키는 행위를 '변인 통제'라 한다.

② 종속변인: 독립변인에 의해 영향을 받아서 값이 변하는 변인이다. 즉, 독립변인의 결과이자 실험 결과값이다. 독립변인에 종속적이기 때문에 종속변인이라 한다.

2) 정상과학은 여러 패러다임 중 과학 문제를 쉽고 효과적으로 해결하거나 자연현상을 명료하게 설명하는 가설이 패러다임으로 수용된 단계이다. 그리고 이 시기 정상과학 단계에서 수수께끼 풀이가 실행된다. 수수께끼 풀이 활동에는 사실적 조사, 패러다임 지지, 패러다임 정교화, 이론적 문제 해결이 있다.

09

정답

해설 참고

해설

단계와 사례는 다음과 같다.

1) 정상과학: 빛을 전달하는 매질인 에테르 설명 부분
2) 위기: 마이컬슨·몰리의 실험 결과 간섭무늬 발견 못함. 에테르 존재 증명 못함. 푸앵카레는 에테르 발견 불가능 및 에테르 존재 의심
3) 과학혁명: 아인슈타인 상대성 이론 발표 부분
4) 새로운 정상과학: 상대성 이론이 예측하는 중력장에서 휘는 빛. 중력 적색편이, 수성의 근일점 이동 확인

마지막으로 과학지식 발달에 미친 영향은 정상과학 시기에 수수께끼 풀이를 통해 패러다임을 정교화했다는 것이다.

10

정답

1) ⓐ 두 이론 중 한 이론에서 예상한 것과 일치
2) 보호대를 통해 견고한 핵을 반증으로부터 보호한다.
3) ⓒ 변칙 사례

해설

라카토스 연구 프로그램에서는 견고한 핵을 보충하는 보조 가설이나 초기조건 및 관찰 자료에 대한 가정에 해당하는 보호대를 통해 핵을 반증으로부터 보호한다고 되어있다.

토머스 쿤(Thomas Kuhn)의 관점에서는 정상 과학에 위배되는 변칙 사례가 등장하였다면 이를 심각히 여기고 이를 해결하기 위해 새로운 이론 체계를 제안한다.

참고 사항

쿤의 과학 혁명의 단계: 정상과학 - 위기 - 과학혁명 - 새로운 정상 과학

11

정답

1) 긍정적 발견법
2) 러더퍼드 유핵 모형의 변칙 사례를 만났을 때 보호대를 수정하고 보완하여 견고한 핵의 자연현상을 설명하고, 새로운 사실을 예측하게 하여 확증 사례로 만들었다.

해설

긍정적 발견법	변칙 사례를 만났을 때 이를 해결하기 위해 보호대를 수정하고 보완하여 견고한 핵의 자연현상을 설명하고 예측할 수 있도록 보강한다. 변칙 사례도 확증 사례화하여 설명력을 높이고 이론을 확장 및 정교화한다.
부정적 발견법	변칙 사례를 만났을 때 이를 인정하지 않고 해결하려 하지 않으며 연구 프로그램을 계속 유지한다. 기존이론의 특수 사례로 예외 처리하거나 임시변통 가설을 내놓는다. ⓔ 멘델레예프 주기율표에 존재할 수 없는 아르곤(Ar)이 발견되자 원소가 아니라고 주장

12

정답 ①

해설

사례 (가)의 경우 개념이 완전히 대체되어 핵의 변화가 일어났다.

사례 (나)의 경우 핵심 개념은 유지하고 저항이 온도에 비례한다는 보조 가설이 추가되었으므로 긍정적 발견법에 의한 보호대의 변화이다.

13

정답

해설 참고

해설

구분	해당하는 사례의 학생(들)	발견법에 따른 설명
긍정적 발견법	민수	견고한 핵을 유지하기 위해 보호대(크기에 따른 공기저항)를 추가하여 반증 사례를 설명한다.
부정적 발견법	영희	'예외적인 경우'라는 보조 가설을 첨가하여 반증 사례를 배척하여 견고한 핵을 유지한다.

개념 변화가 일어나지 않는 이유 : 영희는 새로운 상황을 예외로 규정하여 선개념과 새로운 현상 사이에 인지갈등이 일어나지 않았다.

민수는 선개념과 새로운 현상 사이 갈등이 일어났지만 보호대를 추가함으로써 이를 해결하였다.

14

정답

1) 핵 : 태양 중심설, 보호대 : 행성의 타원 궤도
2) ㉠ 변칙 사례, ㉡ 수수께끼 풀이 활동

Chapter 02

과학적 사고 방법과 과학의 목적

본문_ 50~58p

01

정답

1) (C)
2) ① 철수의 친구들이 철수와 다른 이론을 가지고 있어서 철수와 다르게 관찰했다(관찰의 이론 의존성).
   ② 관찰 자체가 부정확했기 때문이라고 볼 수 있다.

해설

1) 대전제(모든 물체의 낙하 가속도가 일정하다고 판단)로부터 이끌어 가는 연역이 필요한 단계는 (C)이다.
2) 귀납주의는 유한한 관찰과 관찰의 부정확성이 내포된다는 한계점이 있다. 그리고 관찰이 이론에 의존하는 경향이 있다.

02

정답 ②

해설

귀추법의 정의는 '관찰 단계(동일 현상 관찰) → 인과적 의문 생성 단계(상호 공통점 연결) → 가설 생성 단계(현상의 가설 생성)'이다.
동일 현상을 문제에 적용하여 설명하였으므로 귀추적 사고에 해당된다.

03

정답 ⑤

해설

ㄱ. 귀납적 일반화는 다수의 관찰 사실로부터 일반화된 과정이 필요하다. 단 하나의 관찰 사실로 얻은 명제는 귀납적 일반화가 아니다.

ㄴ. 대전제 : 금속은 대전체에 끌려온다.
소전제 : 알루미늄은 금속이다.
결론 : 알루미늄은 대전체에 끌려온다.
전형적인 연역적 방법이다.

ㄷ. 후건 긍정의 오류는 다음과 같다.
A이면 B이다.
B이다.
따라서 A이다.
전건은 과학적 사실이나 가설이고, 후건은 실험 및 관측적 사실이다.
A(금속이 대전체에 끌려오는게 맞다)면 B(알루미늄 막대가 대전체에 끌려올 것)이다.
B(알루미늄 막대가 대전체에 끌려옴)이다.
A(금속이 대전체에 끌려오는게 맞다)이다.

04

정답 ⑤

해설

ㄱ. 데이터의 경향성을 보고 데이터 사잇값을 예측하는 것을 내삽, 데이터 범주 외의 값을 예측하는 것을 외삽이라 한다.

ㄴ. 그래프를 그린 것을 자료 변환이라 하고, 이를 해석하는 것을 자료 해석이라고 한다.

ㄷ. 한 개의 용수철로 실험하여 경향성을 파악하고 이를 모든 용수철로 확장 해석하는 것은 성급한 일반화에 해당한다. 실제 수식으로 보면 맞는 말이긴 하지만 한 개의 용수철 데이터로 수식을 이끌어 낼 수 없다.

$$\frac{1}{2}kA^2 = \frac{1}{2}mv^2$$

$$A^2 = T^2v^2 \rightarrow \frac{A}{T} = v$$

그렇다면 평균 속력은 $v_{평균} = \frac{4A}{T}$ 이다.

05

정답 ②

해설

ㄱ. 학생 A의 가설은 조작변인(자석의 속력)과 종속변인(유도 전류의 세기)의 관계로 서술되어 있다.

ㄴ. 귀추법의 정의는 '관찰 단계(동일 현상 관찰) → 인과적 의문 생성 단계(상호 공통점 연결) →가설 생성 단계(현상의

가설 생성)'이다.
솔레노이드의 자기장과 전류의 관계와 솔레노이드에 자석을 넣고 뺄 때 유도 전류의 관계에서 동일 현상을 관찰하고 그 공통점을 연결시켜 가설을 생성하였으므로 귀추적 추론에 해당한다.
ㄷ. 전자기 유도는 자기장 선속의 시간변화가 유도전류의 세기를 결정한다. 자석의 속력이 클수록, 또는 자석의 세기가 셀수록 자기장 선속의 시간 변화가 커지므로 둘 다 맞는 말이다.

06

정답
1) 가설-연역적 탐구 방법
2) 가설을 바탕으로 실험을 통해 가설을 검증
3) ① 과학 활동의 윤리성: 140회 실험 자료 중 '~거짓'으로 적은 것
   ② 과학 문제해결에 대한 개방성: 실험적인 '문제가~' 타당하게 제외

해설
1~2) 관찰, 실험, 직관으로 가설을 설정하고 이를 검증하는 방식인 전형적인 가설-연역적 탐구 방법이다.
3) 과학 활동의 윤리성이란 생명 존중, 연구 진실성, 지식 재산권 존중 등과 같은 연구 윤리를 준수하는 것을 말한다. 그리고 과학 문제 해결에 대한 개방성은 데이터, 결과, 방법, 아이디어, 기법, 도구, 재료 등을 공유해야 하며, 다른 연구자들의 비판을 수용하는 한편, 새로운 아이디어에 대해 열려 있는 것을 의미한다. 실험적인 문제가 있거나 측정 결과의 오차가 매우 큰 경우 타당한 이유를 근거로 증거에서 제외하는 것이 이에 해당한다.

07

정답
1) ① 각운동량 보존 법칙에 의해 '회전하는 팽이는 세차 운동을 한다'는 과학적 근거에 기반하여 작성되었다.
   ② 부메랑의 비행 모습과 팽이의 운동 유사성을 바탕으로 부메랑의 기울어진 각도(조작변인), 진행 방향의 휘어짐(종속변인)이라는 변인 간의 관계성으로 기술되어 있다.
   ③ 문제 현상에 대한 잠정적인 답의 형태로 기술되어 있다.

2) 부메랑이 공기 중에서 진행하면 볼록한 부분이 베르누이 정리에 따라 힘을 받아서 진행 방향이 휘어진다.
3) 양쪽 면이 평평한 부메랑과 기존의 부메랑과의 비교 실험을 한다.

해설
1) 과학적 가설의 조건
   ① 탐구 문제에 대한 잠정적인 답의 형태로 기술: '전자가 파동성을 가진다면 회절무늬 현상이 관찰될 것이다'와 같이 완성된 과학적이고 구체적인 명제 형태로 기술되어야 한다.
   ② 변인 또는 현상 간의 관계성: 조작변인과 종속변인 간의 관계 혹은 두 개 이상의 현상 간의 관계가 명확해야 한다.
   ③ 과학적 근거 기반: 이를 설명할 수 있는 이론적 근거에 기반하여야 한다.
   ④ 검증 가능성: 실험적으로 검증이 가능해야 한다.
2) 귀추적 추론이므로 베르누이 정리라는 과학적 근거를 바탕으로 설명이 가능한 유사한 현상 즉, 비행기 양력에 기초하여 가설을 작성하면 된다.
3) 볼록한 부분이 힘을 받는다는 근거에 기술되어 있으므로 양쪽이 평평한 부메랑을 실험하여 차이점을 파악하면 검증할 수 있다.

08

정답
1) ㉠ 변인 통제
2) 반복된 실험의 평균으로부터 자석의 세기와 유도 전류의 세기 사이의 관계에 대한 규칙성을 찾기 때문에 귀납법이다.
3) 유한 개의 관찰 사실로부터 전체를 일반화하는 데서 오는 오류 가능성, 관찰이 불가능한 추상적인 지식에는 적용할 수 없다.

해설
1) 속력을 일정하게 유지하는 것은 시간변화량을 동일하게 하기 위한 것이므로 변인 통제에 해당한다.
2) 귀납법은 유한한 관찰로 일반화를 유도하기 때문에 자체적으로 오류의 가능성을 내포하고 있다. 또한 직접적 관찰이 어려운 개념적 지식에는 귀납법을 적용하기 어렵다는 한계점을 지니고 있다. 예를 들어 뉴턴이 물체 사이의 중력을 논할 때 '중력'이라는 전혀 관찰할 수 없는 대상을 논하고 있다. 이는 과학적 진실이 관찰 가능한 사실로 환원될 수 있는 것이어야 한다는 귀납적인 논리와는 어긋나는 것이다.

09

정답 ⑤

해설

ㄱ. 최소 눈금이 mm 단위일 때 유효숫자는 최소 눈금의 $\frac{1}{10}$ 까지 고려한다. 따라서 10.20cm가 유효숫자를 고려한 값 이다.

ㄴ. 학생 A의 측정 시간이 18초이므로 이때의 유효숫자는 2개 로 봐야 한다. 그래서 평균값은 18이 된다.

ㄷ. 자료 변환은 1차 비례 관계의 그래프를 나타내는 과정이다. 따라서 실의 길이와 주기의 제곱과의 관계를 그래프로 나 타내는 활동의 주된 탐구 과정은 '자료 변환'이다.

ㄹ. 외삽(extrapolation)은 측정 데이터의 규칙성을 토대로 측 정 데이터의 범위를 벗어난 값을 예측하는 것이다.
내삽(interpolation)은 측정 데이터의 규칙성을 토대로 측 정 데이터의 사이값을 예측하는 것을 말한다. (3)의 과정은 자료 수집, (4)의 과정은 자료 변환, (5)의 과정은 자료 해석 이다.

Chapter
03

과학 학습 이론

✒ 본문_78~88p

01

정답 ③

해설

ㄱ. 상징적 표현 양식은 지식을 부호, 단어, 공식, 명제 등을 이용해 추상적으로 표현하는 것을 말하므로 올바른 설명이다.

ㄴ. ⓒ은 탐구 과정 II '문제 인식 및 해결 방법 탐색'에 해당한다.

ㄷ. 건전지의 내부 저항이 없다면 전구에는 전지의 기전력이 단자 전압으로 걸리게 된다. 그러면 $V = n\varepsilon = IR$이 만족하므로 전류와 전압이 비례하게 된다. 그런데 건전지의 내부 저항이 고려되면 $n\varepsilon = I(R+nr) = V+Inr$이고, $I = \dfrac{n\varepsilon}{(R+nr)}$이 된다. 이 값을 구해보면 전류와 단자 전압을 나누면 전구의 저항이 증가하는 것을 알 수 있다. 즉, 건전지 내부저항의 요소보다 전구 자체의 저항이 증가한 이유가 더 크다.

02

정답

1) 근접 발달 영역(ZPD)

2) 영상적 표현 양식 : 열화상 카메라로 색의 변화를 시각적으로 인식
작동적 표현 양식 : 열의 이동방식을 도구나 신체를 이용하여 행위에 의해 파악

3) 비유물과 목표물이 모두 일대일 대응관계가 아닐 수 있다.

해설

1) 실제적 발달 수준과 잠재적 발달 수준 사이의 영역에 해당하는 근접 발달 영역이다.

2) 브루너의 표현 양식

작동적 표현 양식	피아제의 전조작기인 4~5세로서 행위에 의해 사물을 파악해 가는 초보적인 형태
영상적 표현 양식	구체적 조작기에 해당하는 것으로서 자연계의 사물을 시각이나 청각을 통해 인식하는 단계
상징적 표현 양식	모든 사물을 언어적, 개념적, 논리적으로 파악할 수 있는 단계로서 형식적 조작기에 해당

3) 비유의 한계점
① 오개념을 불러올 수 있다.
② 비유물과 목표물이 모두 일대일 대응 관계가 있는 것은 아니다.
③ 친숙하다고 다 좋은 비유가 될 수 없다.

03

정답

1) 공통된 학습 내용 : 자기장 속에서 전류가 흐르는 도선이 받는 힘

2) 학습 내용의 폭과 깊이 : 9학년에서는 자기장 속에서 전류가 흐르는 도선이 받는 힘의 개념에 대해 이해하고, 물리 I에서는 힘의 크기와 방향에 영향을 주는 요인까지 학습한다. 그리고 물리 II에서는 평행한 두 도선 사이의 힘과 운동하는 전자가 받는 힘까지 학습한다.

해설

나선형 교육과정은 과학의 기본개념을 학년에 따라 반복적으로 제시하는 교육과정이다. 로렌츠힘에 해당하는 자기장 속에서 전류가 흐르는 도선이 받는 힘에 대해 학년이 올라감에 따라 단순히 반복하는 것이 아니라 영역의 폭이 넓어지고 깊어진다.

04

정답

실제적 발달 수준 : 자기장의 세기가 변화하면 유도 전류가 발생한다.
잠재적 발단 수준 : 자기장 세기가 일정하더라도, 자기장 선속이 변화하면 유도 전류가 발생한다.
시범 실험의 역할 : 근접 발달 영역 내에서 비계 설정을 통해 실제적 발달 수준을 잠재적 발단 수준으로 끌어올리는 역할
시범 실험 예시 : 세기가 일정한 자기장 영역 내에서 금속 고리의 면적을 시간에 따라 변화시켜 유도 전류가 발생함을 보여준다.

해설

수식적 이해를 하면 논리를 쉽게 이끌어낼 수 있다.

$V = -N\dfrac{\Delta\Phi}{\Delta t}$; $N = 1$일 때

$|V| = \dfrac{d\Phi}{dt}$

$= \dfrac{d(BA\cos\theta)}{dt}$

$= \left(\dfrac{dB}{dt}\right)A\cos\theta + \left(\dfrac{dA}{dt}\right)B\cos\theta + \left(\dfrac{d\theta}{dt}\right)BA\sin\theta$

유도 전류가 발생하는 방법은 3가지가 존재한다.
1. 자기장이 시간에 따라 변화
2. 자기장 영역의 면적이 시간에 따라 변화
   ① 주어진 자료처럼 도선이 자기장 영역을 벗어날 때
   ② 자기장 영역에서 도선의 면적이 시간에 따라 증가하거나 감소할 때
3. 자기장과 도선이 이루는 각의 시간에 따라 변화할 때
   주어진 상황에서 학생은 1의 상황을 인지하고 있다. 그리고 도움을 얻어 3의 상황을 배웠다.
   그러면 나머지 2의 상황을 모르고 있는데 자기장 영역에서 금속 고리가 회전할 때 유도 전류가 발생된다고 했으므로 통제 변인이 자기장 영역 내임을 알 수 있다. 그러므로 문제에 주어진 2 - ① 상황보다 시범 실험으로 보다 적절한 것은 2 - ②이다.

05

정답

병위적 학습, 마찰력을 학습한 후에 일반성과 포괄성의 수준이 동등하여 수평적 관계에 있는 자기력을 학습하기 때문이다.

해설

오수벨의 학습 유형에는 하위적 학습과 상위적 학습 그리고 병위적 학습이 있다.
하위적 학습에는 파생적 포섭과 상관적 포섭이 존재한다. 파생적 포섭이란 학습한 개념이나 명제에 대해 구체적인 예시나 사례를 학습(피아제의 동화에 해당)하는 것이다. 상관적 포섭이란 새로운 아이디어 학습을 통해 이전 개념이나 명제가 수정이나 확장 또는 정교화되는 것(피아제의 조절에 해당)을 말한다. 상위적 학습은 이미 가진 개념을 종합하면서 새롭고 포괄적인 명제나 개념을 학습하는 것을 말한다. 병위적 학습은 새로운 개념이 사전에 학습한 개념과 수평적(병렬적) 관계를 가질 때를 말한다.

종류		예시
하위적 학습	파생적 포섭	젖을 먹이는 포유류 중 소, 돼지, 개를 학습한 후 고양이도 포유류임을 아는 과정
	상관적 포섭	포유류는 육지에만 사는 줄 알았는데 고래도 포유류임을 알고 기존 개념을 수정하는 과정
상위적 학습		어류, 조류, 포유류 개념을 학습한 후 동물이라는 개념으로 통합하는 과정
병위적 학습		중력을 학습한 이후에 전기력을 학습하는 과정 저항과 전류의 개념을 학습한 후 전압에 대해 학습하는 과정

06

정답 ③

해설

ㄱ. (가)에서는 선개념과 자연현상 사이에서 인지갈등이 일어나지 않았다.

ㄴ. 동화는 이미 갖고 있는 도식 또는 체계에 의해 새로운 대상이나 사건을 해석하고 이해하는 인지 과정이고, 조절은 기존의 인지구조로 새로운 대상을 받아들일 수 없는 경우에 기존의 구조를 변형시키는 과정을 말한다. 그러므로 탁자가 밀도 있는 힘이 있다는 사실을 새롭게 받아들였으므로 조절에 해당한다.

ㄷ. 선행 조직자는 학습자가 이미 아는 것과 꼭 알아야 할 것 사이에 놓여 있는 간격을 연결하는 것이다. 오수벨 학습이론에서 비교 선행 조직자는 학습자의 인지구조 속에 새로운 학습 과제와 유사한 선행 지식이 있을 때 사용하는 학습 자료이다. 기존 개념과의 유사성과 차이점을 비교하여 파악하도록 하는 인지적 다리 역할을 한다.

참고로 이런 수업 방식은 클레멘트(Clement, 1987)가 학생들의 오개념을 수정하는 한 방법으로 사용한 연결 비유 전략이다.
① 목표물(목표 개념) : 익숙하지 않은 개념 → 수직 항력
② 정착자(anchor) : 직관적으로 이해되는 개념이나 상황 → 용수철이 책을 위로 미는 힘
③ 연결자(bridging case) : 정착자와 목표물 특징을 모두 가지는 사례 → 탄성계수가 더 큰 용수철 위에 책을 올려놓는 상황

07

정답 ⑤

해설

ㄱ. 학생이 기본적으로 이해하는 수준에서 간이 망원경의 원리를 도움을 받아 잠재적 발달 수준으로 도달하였으므로 A는 그 사이인 근접 발달 영역에 있다.

ㄴ. 사회적 구성주의에 기반한 비고츠키 학습 이론은 사회적 상호작용을 통해 지식이 형성되고 발달한다고 보았는데 이러한 과정은 근접 발달 영역(ZPD)에서 일어난다고 하였다.

ㄷ. 학습된 내용을 반복하는 강화에 중심을 둔 행동주의 학습 이론과는 대변되게 개념에 대한 이해와 구조가 어떻게 생겨나는지를 언어를 통한 사고와 반성으로 학습한 이론이다.

참고 사항

비고츠키 학습 이론 구성
① 실제적 발달 수준 : 학생이 독자적으로 문제를 해결할 수 있는 수준
② 잠재적 발달 수준 : 교사나 능력 있는 또래의 도움을 받아 문제를 해결할 수 있는 수준
③ 근접 발달 영역(ZPD) : 실제적 발달 수준과 잠재적 발달 수준 사이의 영역
④ 비계 설정 : 학습자가 잠재적 발달 수준에 도달하기 위해 교사가 제공하는 도움이나 지원

08

정답

1) 근접 발달 영역(ZPD) : 실제적 발달 수준과 잠재적 발달 수준 사이 영역
2) 목적
  ① 실제적 발달 수준을 확인하고, 잠재적 발단 수준에 적합한 학습을 유도
  ② 근접 발달 영역에서 비계 설정을 통해 학습을 촉진
3) 운동을 지속시키는 힘이 감소하기 때문이다.

해설

근접 발달 영역(ZPD)이란 학생이 독자적으로 문제를 해결함으로써 결정되는 실제적 발달 수준과 교사나 능력 있는 또래의 도움을 받아 문제를 해결함으로써 결정되는 잠재적 발달 수준 사이의 영역을 말한다.

교사가 의도한 언어적 상호작용의 목적은 첫째, 자유 낙하에서 중력이 작용한다는 사실확인을 통해 실제적 발달 수준을 확인하고 최고점에서 중력이 작용한다는 잠재적 발달 수준에 적합한 학습을 유도하고 있다. 둘째는 연직 투상운동과 자유 낙하운동의 비교학습인 비계 설정을 활용하여 근접발달영역에서 학습을 촉진하고 있다.

학생은 정지하면 힘이 작용하지 않는다는 오개념을 가지고 있기 때문에 속력이 줄어드는 이유로 운동을 지속시키는 힘이 감소하기 때문이라고 답할 것이다.

09

정답

물이 공기보다 압축되기 어렵다는 점을 이용하여 물이 공기보다 용수철 상수가 큰 물질로 볼 수 있다는 것을 설명

해설

선행 조직자는 학습자가 이미 아는 것과 꼭 알아야 할 것 사이에 놓여있는 간격을 연결하는 것이다. 오수벨 학습 이론에서 비교 선행 조직자는 학습자의 인지구조 속에 새로운 학습 과제와 유사한 선행 지식이 있을 때 사용하는 학습 자료이다. 기존 개념과의 유사성과 차이점을 비교하여 파악하도록 하는 인지적 다리 역할을 한다.
① 이미 아는 것 : 용수철 상수가 클수록 펄스의 전파 속력이 크다는 것
② 알아야 하는 것 : 소리의 속력이 공기에서보다 물에서 크다는 것
③ 선행 조직자 : 물이 공기보다 압축되기 어렵다는 점을 이용하여 물이 공기보다 용수철 상수가 큰 물질로 볼 수 있다는 것을 설명

10

정답

㉠ 불연속적 에너지 준위, 선행 조직자 : 햇빛이 프리즘을 통과하면 여러 가지 색이 나타나는데, 색에 따라 나뉘어 나타나는 띠를 스펙트럼이라고 하며, 스펙트럼에 나타나는 빛의 색은 파장에 의해 결정되고, 파장은 빛의 에너지와 관련이 있다.

해설

㉠ 여기서는 '불연속'이라는 개념이 핵심이다. 선 스펙트럼과 연속 스펙트럼이 발생하는 이유는 기체의 에너지 준위가 불

연속이고, 고체의 경우에는 연속적인 띠를 형성하기 때문이다.

교과서에도 다음과 같이 언급이 되어있다.

'원자의 불연속적인 에너지 준위를 선 스펙트럼 관찰 결과로부터 유추할 수 있다.'

참고 사항

선행조직자는 초기 스펙트럼의 일반적인 개념을 소개하는 부분이다. 스펙트럼에 대한 사전 개념이 없는 학생들에게 스펙트럼의 전체 정의를 소개하고, 연속 스펙트럼과 선 스펙트럼의 차이를 알게 한다. 따라서 설명 조직자에 해당한다.

11

정답

1) 유용성
2) 귀추적 추론(사고), 동일 현상을 관찰하여 인과적 의문을 해결하였으므로 귀추적 사고에 해당된다.
3) 잠재적 유의미가

과학 교수 · 학습 모형

✏ 본문_ 110~133p

01

정답

1) 귀납적 사고, 발견 학습은 자연현상을 관찰하고 수집한 자료로부터 규칙성을 찾아 기술하도록 하는 귀납적 추리를 통한 개념형성에 목적을 두고 있다.
2) 발생 학습, 새로운 개념은 유용성을 가져야 한다.

해설

브루너의 발견 학습은 학생 스스로 자연현상을 관찰하고 수집한 자료로부터 규칙성을 찾아 기술하도록 하는 귀납적 추리를 통한 개념형성에 목적을 두고 있다.
발생 학습(generative learning) 모형은 각각 예비단계 – 초점 단계 – 도전 단계 – 적용 단계로 구성된다. 학생들의 선개념을 변화시키는 데 효과적인 수업 모형이다.
포스너의 개념 변화 조건은 다음과 같다.
① 기존 개념에 불만족해야 한다.
② 새로운 개념은 이해될 수 있어야 한다(학습자의 언어로 이해 가능).
③ 새로운 개념은 그럴듯해야 한다(기존 개념이 생성한 문제점을 해결할 수 있어야 한다).
④ 새로운 개념은 유용성을 가져야 한다(새로운 상황에 적용 가능).

02

정답

단계 : 개념 적용(concept application), 핵심 문장 : ③

해설

순환학습 모형은 다음 단계를 따른다.
탐색 단계(exploration)에서는 학생들에게 직접적인 경험을 충분히 주는 단계이다. 학생들은 교사의 안내를 최소한으로 받으면서 자유롭게 제시된 학습 자료를 탐색한다. 이 단계의 학습 활동은 학생 스스로에 의해 이루어지고 교사는 학습의 안내자 역할만을 수행한다.
개념 도입 단계(concept introduction)는 학생들이 경험한 일들을 설명하거나 기술하기 위해 과학적 개념을 도입하는 단계로서 학생들이 사용하고 표현한 언어나 명칭을 발표하게 하고, 이를 과학 개념과 연결해 주는 교사 주도 활동 단계이다.

개념 적용 단계(concept application)에서는 탐색 단계와 개념 도입 단계를 통하여 학습한 개념과 원리를 다시 새로운 상황과 문제에 적용하는 단계로 새로운 개념의 적용 가능성의 범위를 확장하여 발전적으로 전개하는 과정이다. 이 단계에서는 다양한 사례에 적용해보고, 새로운 사고 유형을 안정화시킨다.
새로운 상황과 문제에 적용하는 단계에 해당하는 과정은 ③이다.

03

정답

1) 수업 활동 : 실험 결과를 바탕으로 기전력이 발생하는 원리를 설명하고 교사는 유도 기전력이라는 개념을 도입한다.
2) 인지 상태에 대한 설명 : 학생이 알고 있던 사전 지식과 새로운 지식 사이에 조절이 이루어지도록 하여 평형 상태에 이르도록 하는 것이다.

해설

전자기 유도 현상에는 유도 기전력의 크기와 유도 전류의 방향이 중요하다. 활동 1~3 과정을 통해 유도 기전력에 대해 알아보고자 함이다. 순환학습 모형은 탐색(활동 1~2), 개념 도입(활동 3), 개념 적용(활동 4)으로 진행된다. 순환학습 모형은 피아제의 인지 발달 이론에 기초하고 있다. 동화와 조절을 통해 평형상태에 이르게 된다.

04

정답 ③

해설

로슨(Lawson)의 순환학습(Learning Cycle) 모형은 탐색-개념 도입-개념 적용 단계가 있다.

순환학습의 탐색 단계(exploration)에서는 학생들에게 직접적인 경험을 충분히 주는 단계이다. 학생들은 교사의 안내를 최소한으로 받으면서 자유롭게 제시된 학습 자료를 탐색한다. 탐색 단계에서 학생들에게 인지적 갈등을 일으키는 것이 매우 중요하다. 인지적 갈등을 통하여 이를 해소하기 위한 노력을 하게 된다. 이 단계의 학습 활동은 학생 스스로에 의해 이루어지고 교사는 학습의 안내자 역할만을 수행한다.

개념 도입 단계(concept introduction)는 탐색 단계에서 느끼었던 인지적 갈등이 새로운 개념과 원리의 도입을 통해서 해소됨에 따라 인지구조와 외부 자극 사이의 새로운 평형 상태가 형성되는 단계이다. 학생들이 경험한 일들을 설명하거나 기술하기 위해 과학적 개념을 도입하는 단계로서 학생들이 사용하고 표현한 언어나 명칭을 발표하게 하고, 이를 과학 개념과 연결해 주는 교사 주도 활동 단계이다.

개념 적용 단계(concept application)에서는 탐색 단계와 개념 도입 단계를 통하여 학습한 개념과 원리를 다시 새로운 상황과 문제에 적용하는 단계로 새로운 개념의 적용 가능성의 범위를 확장하여 발전적으로 전개하는 과정이다. 이 단계에서는 충분한 시간과 경험을 제공하고 새로운 사고 유형을 안정화시킨다. 과정 (1)~(3)은 탐색에 해당하고, (3)에서는 학생 중심으로 이루어지게 한다. 과정 (4)는 정전기 유도라는 개념 도입 단계이다. 과정 (5)는 새로운 상황에 적용해 보는 개념 적용 단계이다.

05

정답

1) 개념 도입
2) 상의 작도를 통해 물체의 위치에 따라 상이 생기는 위치를 설명한다. 그리고 실상과 허상의 개념을 설명한다. 볼록 렌즈에 의한 상의 위치는 볼록 렌즈의 초점 거리와 물체의 위치에 따라 달라지는데, 이들의 관계식인 렌즈 방정식을 설명한다.

해설

로슨(Lawson)의 순환학습(Learning Cycle) 모형은 탐색-개념 도입-개념 적용 단계가 있다.

순환학습의 탐색 단계(exploration)에서는 학생들에게 직접적인 경험을 충분히 주는 단계이다. 학생들은 교사의 안내를 최소한으로 받으면서 자유롭게 제시된 학습 자료를 탐색한다. 탐색 단계에서 학생들에게 인지적 갈등을 일으키는 것이 매우 중요하다. 인지적 갈등을 통하여 이를 해소하기 위한 노력을 하게 된다. 이 단계의 학습 활동은 학생 스스로에 의해 이루어지

고 교사는 학습의 안내자 역할만을 수행한다.

개념 도입 단계(concept introduction)는 탐색 단계에서 느끼었던 인지적 갈등이 새로운 개념과 원리의 도입을 통해서 해소됨에 따라 인지구조와 외부 자극 사이의 새로운 평형 상태가 형성되는 단계이다. 학생들이 경험한 일들을 설명하거나 기술하기 위해 과학적 개념을 도입하는 단계로서 학생들이 사용하고 표현한 언어나 명칭을 발표하게 하고, 이를 과학 개념과 연결해 주는 교사 주도 활동 단계이다.

개념 적용 단계(concept application)에서는 탐색 단계와 개념 도입 단계를 통하여 학습한 개념과 원리를 다시 새로운 상황과 문제에 적용하는 단계로 새로운 개념의 적용 가능성의 범위를 확장하여 발전적으로 전개하는 과정이다. 이 단계에서는 충분한 시간과 경험을 제공하고 새로운 사고 유형을 안정화시킨다. B단계는 탐색 단계, C단계는 개념 적용 단계이다.

06

정답

1) (나) - (다) - (라) - (가)
2) (나): 참여

해설

5E 수업 모형은 참여-탐색-설명-정교화-평가 단계가 있다.

참여: 학생들의 흥미와 호기심을 유발하기 위해 현상을 보여주고 자신들의 생각을 말하게 하여 사전 개념을 확인한다.

탐색: 학생들이 직접 실험에 참여하고, 교사가 주요 개념과 사전 지식을 명료화한다.

설명: 학생들이 자신이 이해한 것을 설명하게 하고, 교사는 새로운 개념을 정의하고 설명한다.

정교화: 학습한 내용을 새로운 상황에 적용한다.

평가: 학생이 학습한 기능과 지식을 평가한다.

07

정답

1) A: POE 모형, B: 가설-연역적 순환학습 모형
2) 학습한 개념을 새로운 상황에 적용
3) 수업 전에 학생들의 선개념 파악

해설

POE(Prediction-Observation-Explanation)는 예측과 관찰 사이에서의 발생한 갈등을 설명 단계에서 해결하기 위해 활발

한 토의를 활용하는 수업 방식이다. 예측 단계 → 관찰 단계 →
설명 단계의 과정을 거친다.

순환학습 모형은 세 가지 형태가 있다.

순환학습 모형은 탐색(활동 1~2), 개념 도입(활동 3), 개념 적
용(활동 4)으로 진행된다. 순환학습 모형은 피아제의 인지 발
달 이론에 기초하고 있다. 동화와 조절을 통해 평형상태에 이
르게 된다.

경험-귀추적 순환학습은 교사가 준비한 자료나 시범 실험을
보거나 직접 실험을 한 후 이에 대한 인과적 의문을 생성한다
(귀납적 추론). 그리고 그 인과적 의문에 대한 잠정적인 답을
만들고(귀추적 추론), 그 인과적 의문에 대한 잠정적인 답이 관
찰 현상이나 측정 결과를 모두 설명할 수 있는지 토의한다(연
역적 추론).

그리고 관찰, 측정을 통해 규칙성을 귀납법으로 발견하는 서술
형 순환학습 모형, 가설을 세우고 가설을 검증하기 위한 실험
을 설계하는 가설-연역적 순환학습 모형 등이 있다.

08

정답

1) 서술적 순환학습 모형
2) ㉠ 탐색, ㉣ 개념 적용
3) 원점 O를 지나지 않으면 레이저 광원이 반원형 유리의 둥근
   면에서 굴절하게 되어 정확한 실험이 되지 않는다.
4) 입사각이 임계각보다 커야 한다.

해설

1~2) 로슨의 순환학습 모형의 단계는 탐색-개념 도입-개념적
용이 있다. 그리고 순환학습의 3가지 형태는 서술적 순환학
습 모형, 경험-귀추적 순환학습 모형, 가설-연역적 순환학
습 모형이 존재한다.

서술적 순환학습 모형은 관찰, 측정을 통해 규칙성을 귀납
법으로 발견하는 모형이다.

경험-귀추적 순환학습은 교사가 준비한 자료나 시범 실험
을 보거나 직접 실험을 한 후 이에 대한 인과적 의문을 생성
하고 그 인과적 의문에 대한 잠정적인 답을 귀추법을 활용
하여 내는 모형이다. 귀추법을 활용 유무가 서술적 순환학
습 모형과의 차이점이다.

가설-연역적 순환학습 모형은 가설을 세우고 가설을 검증
하기 위한 실험을 설계하는 모형이다.

3) 원점 O를 지난다는 것은 반원형 유리의 곡면을 수직으로 굴
절없이 통과하여 평평한 면에 도달시키기 위함이다. 곡면에
서 굴절되면 이중 굴절이 되어 실험이 잘 진행되지 않는다.

09

정답

POE, 예측 단계

해설

POE(Prediction-Observation-Explanation)는 예측과 관찰
사이에서 발생한 갈등을 설명 단계에서 해결하기 위해 활발한
토의를 활용하는 수업 방식이다.

예측 단계 → 관찰 단계 → 설명 단계의 과정을 거친다.

10

정답 ④

해설

① ㉠은 선개념이지 학습 전에 제공하는 선수 자료인 선행 조
직자가 아니다. 선행 조직자는 학습자가 이미 아는 것과 꼭
알아야 할 것 사이에 놓여있는 간격을 연결하는 것이다.

② 피아제(J. Piaget)의 지능발달 이론에서 동화(assimilation)
와 조절(accommodation)이 있다. 동화는 이미 갖고 있는
도식 또는 체계에 의해 새로운 대상이나 사건을 해석하고
이해하는 인지 과정이고, 조절은 기존의 인지구조로 새로운
대상을 받아들일 수 없는 경우에 기존의 구조를 변형시키는
과정을 말한다. (나)는 동화에 해당한다.

③ (다)는 실험을 통해 '온도에 따라 물체의 저항값이 변한다.'
는 것을 보였기 때문에 아래 표에서 선입 개념으로 설명이
안 되는 현상에 해당한다.

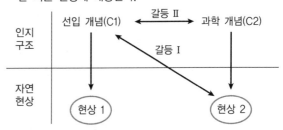

⑤ 포도덩굴 모형은 다음과 같다.

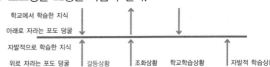

㉠ 갈등 상황 : 선입 개념이 학교에서 학습한 개념과 상충되는
경우

㉡ 조화 상황 : 선입 개념이 학교에서 학습한 개념과 조화되는
경우

ⓒ 학교 학습 상황 : 학교에서 학습한 개념 외에 선입 개념이 형성되지 않는 경우

ⓔ 자발적 학습 상황 : 학교에서 학습한 개념이 없고 선입 개념만 있는 경우

11

정답 ③

해설

이것은 PEOE 모형이다.

- 예상 단계 : (가)
- 설명 1단계 : (나)
- 관찰 단계 : (다)
- 설명 2단계 : (라)

(다)의 과정에서 학생들에게 관찰 결과를 즉시 기록하게 하는 것은 관찰 결과를 기록할 때, 기존 생각의 증거를 왜곡하지 못하게(관찰의 이론 의존성) 즉시 기록하도록 지도하는 것이다. 학생들의 선개념을 바꾸지 않도록 하기 위한 것은 (나) 단계에서 자신의 예상 활동을 토의하는 활동이다.

12

정답

해설 참고

해설

- 예상 단계 : 교사는 점광원이 아닌 광원으로 물체를 비추었을 때 그림자의 모양이 어떻게 될지 학생들에게 질문한다.
- 설명 1단계 : 그림자는 빛이 지나가는 것을 물체가 가려서 생기므로 그림자의 모양은 물체의 모양과 같다.
- 관찰 단계 : 직선 모양의 광원으로 원형인 물체를 비추었을 때 그림자의 모양이 직선 모양이 나오는 걸 관찰한다.
- 설명 2단계 : 직선 모양의 광원은 점광원이 연속해서 붙어있는 것으로 생각할 수 있으므로 그림자의 모양은 광원과 물체의 모양에 따라 결정된다.

13

정답

1) 그림, 글쓰기, 발표 등을 통해 자신의 생각을 명료화하고 교환

2) (라) 갈등 상황에 노출, 학생들의 인지갈등을 유발시킨다.

3) (다) 단계와 (라) 단계에서 도체는 동화가 발생되고, 부도체는 인지갈등이 유발되었다. 단계 (마)와 (바)에서 조절에 의한 인지갈등이 해소되었다. 그리고 (사) 단계와 (아) 단계에서 평형화를 통하여 새로운 인지구조를 형성하였다.

해설

(나) 단계는 생각의 표현 단계, (다) 단계는 명료화와 교환 단계, (라) 단계는 갈등 상황에 노출 단계이다.

피아제(J. Piaget)의 지능발달 이론에서 동화와 조절이 있다. 동화는 이미 갖고 있는 도식 또는 체계에 의해 새로운 대상이나 사건을 해석하고 이해하는 인지 과정이고, 조절은 기존의 인지구조로 새로운 대상을 받아들일 수 없는 경우에 기존의 구조를 변형시키는 과정을 말한다. 그리고 계속적인 동화와 조절의 과정을 통해 새로운 인지구조를 형성하는 평형 상태에 도달한다.

14

정답 ②

해설

발생 학습(generative learning) 모형은 각각 예비 단계 → 초점 단계 → 도전 단계 → 적용 단계로 구성된다.

(가)는 예비 단계로 학생들의 선개념을 조사한다.

(나)는 초점 단계로 학습 동기와 흥미를 유발시킨다.

(다)는 도전 단계로 학생들이 다양한 의견을 발표 및 토의하게 한다.

(라)는 적용 단계로 학습한 과학 개념을 토대로 문제를 해결하거나 새로운 상황에 적용해보는 단계이다.

15

정답 ①

해설

ㄱ. 하슈웨(M. Hashweh)의 개념변화 모형에 의하면, ㉠과 ㉡의 갈등은 학생의 사전개념과 실제 세계와의 갈등이다. ㉠

이 사전개념(오개념)이고 ⓒ이 실제 현실에서 일어나는 현상이니 맞는 선지이다.

ㄴ. 피아제(J. Piaget)의 지능발달 이론에서 동화(assimilation)와 조절(accommodation)이 있다. 동화는 이미 갖고 있는 도식 또는 체계에 의해 새로운 대상이나 사건을 해석하고 이해하는 인지 과정이고, 조절은 기존의 인지구조로 새로운 대상을 받아들일 수 없는 경우에 기존의 구조를 변형시키는 과정을 말한다. 이 경우에는 선개념으로 실제 현상을 설명할 수 없는 경우를 통해 과학 개념에 도달하는 과정이므로 조절(accommodation)에 해당한다.

ㄷ. 포섭에는 하위적 학습과 상위적 학습 그리고 병위적 학습이 있다.

하위적 학습에는 파생적 포섭과 상관적 포섭이 존재한다. 파생적 포섭이란 학습한 개념이나 명제에 대해 구체적인 예시나 사례를 학습(피아제의 동화에 해당)하는 것이다. 상관적 포섭이란 새로운 아이디어 학습을 통해 이전 개념이나 명제가 수정이나 확장 또는 정교화되는 것(피아제의 조절에 해당)을 말한다. 상위적 학습은 이미 가진 개념을 종합하면서 새롭고 포괄적인 명제나 개념을 학습하는 것을 말한다. 병위적 학습은 새로운 개념이 사전에 학습한 개념과 수평적(병렬적) 관계를 가질 때를 말한다.

종류		예시
하위적 학습	파생적 포섭	젖은 먹이는 포유류 중 소, 돼지, 개를 학습한 후 고양이도 포유류임을 아는 과정
	상관적 포섭	포유류는 육지에만 사는 줄 알았는데 고래도 포유류임을 알고 기존 개념을 수정하는 과정
상위적 학습		어류, 조류, 포유류 개념을 학습한 후 동물이라는 개념으로 통합하는 과정
병위적 학습		중력을 학습한 이후에 전기력을 학습하는 과정 저항과 전류의 개념을 학습한 후 전압에 대해 학습하는 과정

16

정답

ⓐ 운동 방향(접선방향)으로 힘이 존재한다.
ⓑ 관성 좌표계에서 원심력이 실제 작용하는 힘이다.
ⓒ A, C, 갈등 상황

해설

ⓐ, ⓑ 등속 원운동이므로 물체가 등속운동 하기 위해서는 운동 방향에 나란한 방향의 힘이 존재해서는 안 된다. 따라서 관성 좌표계에서 물체에 작용하는 알짜힘은 운동 방향에 수직한 구심력뿐이다. 그런데 임피투스(기동력)적 사고는 운동 방향으로 힘이 존재한다는 오래된 오개념이고, 원심력은 가속계에서 드러나는 힘이다.

ⓒ A, C는 원심력을 가속좌표계가 아닌 관성좌표계에서도 실제한다고 착각하고 있다. 이는 오개념(선개념)이 학교에서 학습한 내용과 상충하는 경우인 갈등 상황에 해당된다.

17

정답

1) 발생 학습
2) 유용성을 가져야 한다.
3) 연역적 사고
4) 일반 상대론(중력)에 의한 시간 지연

해설

1) 발생 학습은 개념 변화에 효과적인 학습 모형이고, 〈자료 1〉은 예비, 초점, 도전, 적용(응용) 단계로 구성되어 있다.

2) 적용 단계에서는 새로운 상황에 적용되는지 알아본다. 즉, 개념 변화 조건 중 유용성에 해당한다.
   포스너의 개념 변화 조건은 다음과 같다.
   ① 기존 개념에 불만족해야 한다(인지갈등 유발).
   ② 새로운 개념은 이해될 수 있어야 한다(학습자의 언어로 이해 가능).
   ③ 새로운 개념은 그럴듯해야 한다(기존 개념이 생성한 문제점을 해결할 수 있어야 한다).
   ④ 새로운 개념은 유용성을 가져야 한다(새로운 상황에 적용 가능).

3) 대전제인 광속 불변의 원리로 출발하여 시간 팽창, 길이 수축 현상을 설명하는 과정은 전형적인 연역적 사고에 해당한다. 이는 실험을 통한 귀납적 사고 방법과 대비된다.
   대전체 : 빛의 속력은 관측자에 관계없이 일정하다.
   소전제 : 시간과 공간은 절대적이지 않고 상대적이다.
   결론 : 그러므로 시간 팽창, 길이 수축이 발생한다.

4) 실제 GPS는 특수상대론에 의한 시간 지연 현상보다 중력에 의한 시간 지연 현상이 더 크다. 그러므로 일반 상대론인 중력에 의한 시간 지연 현상이 고려되어야 한다.

18

정답

인지구조 사이의 갈등(선입 개념과 과학 개념 사이의 갈등)

해설

주장 A는 오개념(선개념)이고 주장 B는 올바른 과학 개념이다. 이 둘 사이의 갈등 유형에 해당한다.

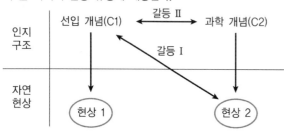

19

정답

1) ① 선개념과 선개념으로 설명하지 못하는 자연현상 사이의 갈등이다. 철은 차갑고 솜은 따뜻하다는 기존 개념과 철과 솜의 온도가 같다는 새로운 현상과의 갈등이다.

② 과학 개념과 선개념으로 설명 가능한 현상 사이의 갈등이다. 철과 솜의 온도가 같다는 과학 개념과 손으로 만졌을 때 솜보다 철이 더 차갑다는 기존 현상과의 갈등이다.

2) ㉠ 열전도도(열전도율)

해설

인지갈등 수업 모형은 다음과 같다.

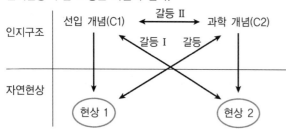

학생은 '열전도도가 높은 물질이 차가운 물체이다.'라는 선개념(오개념)을 가지고 있으므로 열전도도라는 개념을 설명해야 한다.

20

정답

1) 비계 설정
2) 선개념과 과학 개념 사이의 갈등

해설

비고츠키는 사회적 상호작용을 통해 지식이 형성되고 발달된다고 보았는데 이러한 과정은 근접 발달 영역(ZPD)에서 일어난다고 하였다.

근접 발달 영역(ZPD)이란 학생이 독자적으로 문제를 해결함으로써 결정되는 실제적 발달 수준과 교사나 능력 있는 또래의 도움을 받아 문제를 해결함으로써 결정되는 잠재적 발달 수준 사이의 영역을 말한다.

학습의 목적은 실제적 발달 수준을 확인하고, 잠재적 발단 수준에 적합한 학습을 유도, 근접발달영역에서 비계설정을 통해 학습을 촉진하는 것이다.

인지갈등 수업에서 갈등 상황은 다음과 같다.

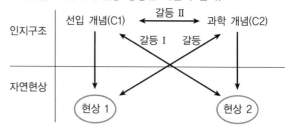

일을 에너지 전달로 생각하는 것(선입 개념)과 힘의 크기와 이동한 거리의 곱이라고 생각하는 것(과학 개념) 사이의 갈등이다. 여기서 선개념에 해당하는 일을 에너지 전달로 생각하는 것의 주체와 대상을 보면 벽이 선수에게 에너지를 전달한다고 되어 있다. 이는 명백히 잘못된 개념에 속한다. 예를 들어 자동차에 물체가 매달려 가속운동 한다면 자동차의 에너지가 물체에 전달되는 것이 맞다. 이때 자동차의 연료 에너지가 소모된다. 하지만 지구에서 자유 낙하하는 물체의 운동 에너지가 증가하는 것을 지구가 물체에 에너지를 공급하였기 때문에 지구의 에너지가 감소한 것이라고 주장하면 잘못된 것이다. 이는 퍼텐셜 에너지의 개념을 도입해서 설명해야 한다. 문제의 상황에서는 사람의 팔 근육 에너지가 작용 반작용 법칙에 의해서 벽을 통해 사람에게 다시 운동 에너지 형태로 전달된다고 보는 것이 올바른 해석이다.

21

정답

첫째 단계 활동 : '문제로의 초대' 단계로 호기심을 유발하고 문제를 인식하는 단계이다. 실생활에서 운동량 변화량과 충격량 관계를 적용해 볼 수 있는 자동차 에어백 유무에 따른 사고 사례를 제시한다.

마지막 단계 활동 : '실행' 단계로 의사결정을 실천에 옮기거나 사회에 영향력을 행사하는 단계이다. 따라서 에어백 장착을 의무화하는 캠페인에 참여하거나 법안을 건의한다.

해설

STS 수업 모형의 단계는 '문제로의 초대 → 탐색 → 해결 방안 모색 → 실행' 단계로 구성된다. 과학과 기술 그리고 사회가 긴밀하게 영향을 주고받음을 토대로 그 관계에 대한 교육을 뜻한다.

Chapter 05 과학 교수·학습 전략

✎ 본문_151~157p

01

정답 ③

해설

V도는 아래와 같다.

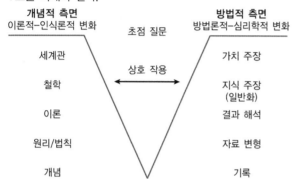

사건(실험방법) 및 사물(실험준비물)

ㄱ. 초점 질문은 실험의 궁극적인 목표에 해당하며, 새로운 지식이 구성되는데 필요한 실험의 방향을 결정짓는다. 따라서 변인과 변인 간의 관계를 질문 형태로 진술한다. 따라서 올바른 질문이다.
ㄴ. 힘, 돌림힘, 길이, 무게는 원리가 아니라 개념에 해당한다.
ㄷ. 자료 변환을 통해 자료 해석을 하여 얻은 지식 주장은 '평형이 되었을 때, 막대의 중심에서 추까지의 길이와 추의 무게를 곱한 양은 수평 막대 양쪽의 경우 거의 같다'라는 돌림힘의 평형조건 내용이 들어가는 것이 타당하다.

02

정답 ④

해설

① 비고츠키 이론에서는 실제적 발달 수준과 잠재적 발달 수준 사이의 근접 발달 영역에서 수업이 이루어져야 한다고 강조한다.
② 모집단은 전문가 집단으로 각자의 소주제를 분할하여 학습한 후 다시 모집단으로 가서 토의하는 협동학습 모형은 직소 I모형이다.
③ (나)는 모집단이다.

④ (다)에서 학습하고, (라)에서 모집단으로 돌아와 구성원들에게 다시 설명하여야 하므로 개인별 책무성이 요구된다.
⑤ 연료전지는 화학 에너지를 활용하고, 태양전지는 광전효과를 통해 설명된다.

03

정답

1) 위쪽 요철의 움직임을 아래쪽 요철이 방해하는 상황
2) 새로운 개념은 유용성을 가져야 한다, 학생 A는 두 상황의 유사점을 들어 이해했지만, 학생 B의 경우 요철의 경우는 튀어나온 부분에서만 힘을 받지만, 상자는 바닥 면 전체에서 힘을 받기 때문에 다른 경우라고 생각한다.
3) 바닥과 상자 전체가 톱니처럼 맞물린 상황, 또는 구둣솔 두 개가 서로 맞물린 상황

해설

클레멘트(Clement, 1987)는 학생들의 오개념을 수정하는 한 방법으로 연결 비유 전략을 고안하였다.
목표물(목표 개념) : 익숙하지 않은 개념
정착자 : 직관적으로 이해되는 개념이나 상황
연결자 : 정착자와 목표물 특징을 모두 가지는 사례
비유의 조건은 다음과 같다.

① 정착자(A)가 이해 가능해야 한다.
② 연결자(B)가 그럴듯해야 한다(타당성 필요).
③ 정착자(A)가 목표물(C)에 적용 가능해야 한다.
포스너의 개념 변화 조건은 다음과 같다.
① 기존 개념에 불만족해야 한다.
② 새로운 개념은 이해될 수 있어야 한다(학습자의 언어로 이해 가능).
③ 새로운 개념은 그럴듯해야 한다(기존 개념이 생성한 문제점을 해결할 수 있어야 한다).
④ 새로운 개념은 유용성을 가져야 한다(새로운 상황에 적용 가능).
B의 경우 요철의 상황이 마찰력의 크기와 방향의 상황에 적용이 안 되는 것이다. 클레멘트는 이를 해결하기 위해서 연결자가 필요하다고 제안한 것이다. 학생의 오개념(마찰력은 아래

방향으로 작용함)이 기존 개념이고, 정착자를 새로운 개념이라고 하자. 그리고 목표개념이 새로운 상황이다. 그런데 학생 B의 경우 정착자와 목표개념 사이에 적용되지 않는다. 클레멘트는 이를 위해 아래와 같은 톱니 모형이나 구둣솔 모형의 연결자가 필요하다고 생각했다. 연결자를 통해 정착자와 목표물 사이의 적용을 끌어내는 것이다.

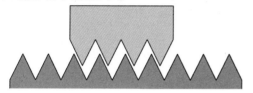

04

정답

1) 직소 Ⅰ(Jigsaw Ⅰ)모형
2) 의사소통, 과정 ③~④의 경우 소집단 내에서 발표하고, 토의한 후 토의한 내용을 정리한다고 되어 있고 또한, 서로의 생각을 이해하고 존중하며 토의한다고 되어 있다. 이 과정에서는 의사소통 능력이 중요시된다.

해설

1) 협동 학습 모형 중 직소 Ⅰ(Jigsaw Ⅰ)모형은 모집단을 구성하여 구성원 수에 맞게 학습 과제를 소주제로 분할하여 할당한다. 직소 Ⅰ은 구성원의 적극적 행동이 다른 집단 구성원의 보상을 도와주기 때문에 협동적 역동성이 존재하고, 구성원간의 상호의존성과 협동심을 유발하지만, 학습자가 학습 내용의 전체를 알기 어렵고, 개별적 보상이 이루어지기 때문에 협력이 이루어지지 않을 수 있는 단점이 있다. 이에 직소 Ⅰ모형을 사용할 때에는 학습자 간의 의사소통 능력을 증진하는 훈련이 선행되어야 한다.
2) 기초 탐구 과정은 관찰, 분류, 측정, 예상, 추리, 의사소통이 있다. 적극적인 상호 작용을 위해서는 의사소통 능력이 요구된다.

05

정답 ②

해설

ㄱ. 수업이 신소재의 기본 성질과 이용 사례에 대한 조사이므로 초전도체도 해당된다.

ㄴ. 전문가 수와 학습 과제 수가 일치하므로 5명이다.
ㄷ. 직소 모형의 전형적인 특징이다.
ㄹ. 각 주제별로 전문가 집단을 구성해 학습 후 모집단에 돌아가 수업하므로 직소 모형에 해당한다.

06

정답 ③

해설

ㄱ. 형식적 조작기는 추상적 사고가 가능함으로 경험하지 못한 사고 실험에는 논리적으로 추리할 수 있는 능력이 있다. 따라서 적용이 가능하다.
ㄴ. 갈릴레이의 관성은 '아무런 힘이 존재하지 않으면 물체는 현재의 운동상태를 유지한다'고 하였는데 중력이 존재하므로 완전한 개념이라고 할 수 없다.
ㄷ. 하나의 사건으로 동일시하는 것은 귀납적 오류이다.
ㄹ. 다양한 사례로부터 일반화하는 과정은 귀납적 추론이고, 데이터의 밖에 있는 것을 추측하는 것이 외삽이다. ⓜ의 활동에는 이 둘이 필요하다.

07

정답

1) 사고 실험
2) 기존(현재) 개념에 불만족할 것
3) ⓛ 수평으로 던진 상태, ⓒ A와 B가 동시에 떨어진다.

해설

포스너의 개념 변화 조건은 다음과 같다.
① 기존 개념에 불만족해야 한다.
② 새로운 개념은 이해될 수 있어야 한다(학습자의 언어로 이해 가능).
③ 새로운 개념은 그럴듯해야 한다(기존 개념이 생성한 문제점을 해결할 수 있어야 한다).
④ 새로운 개념은 유용성을 가져야 한다(새로운 상황에 적용 가능).

과학 교육 평가

✎ 본문_ 172~179p

01

정답

1) 파생적 포섭, 굴절 현상의 통합 개념의 구체적 예시에 해당하는 볼록 렌즈를 배우고 난 이후 동일 현상인 신기루를 배우는 것이므로 동화가 발생하기 때문이다.

2) ⓛ: 두 개념 사이의 관계를 서술하는 명제가 타당한가?
ⓒ: 교차 연결

02

정답 ④

해설

ㄱ. 이 실험은 빗면에서 수레의 가속도가 일정함을 확인하기 위한 실험이다. '수레의 속력이 일정하게 증가한다'와 '가속도의 크기가 일정하다'라는 말은 같은 말이므로 [실험 결과]의 정답에 해당한다.

ㄴ. 여러 가지 운동에서 가속도의 측정을 다룬다.

ㄷ. 일정한 시간 간격의 종이테이프를 붙이는 것은 자료 변환에 해당한다. 그리고 이를 해석하고 결론을 도출하는 것이 자료 해석과 일반화이다. 이 실험은 자료 변환까지의 전반적인 내용이 자세히 설명되어 있고 이후 자료 해석과 일반화에 초점이 맞춰져 있다.

ㄹ. 빗면에서 수레의 가속도가 일정함을 확인하기 위한 실험이다. 힘과 가속도가 비례함을 확인하기 위해서는 질량을 통제변인으로 두고 힘이 일정하게 증가하는 실험을 수행하여야 한다.

참고 사항

빈칸에 들어가는 답은 다음과 같다.
(1) 0.1
1초에 60타점이고 6타점 간격으로 구간을 잘랐으므로 각 구간의 시간 간격은 0.1초가 된다.
(2) 50cm/s
평균 속력 $= \dfrac{\text{이동 거리}}{\text{걸린 시간}}$이다.

따라서 $\dfrac{5\text{cm}}{0.1\text{s}} = 50\text{cm/s}$

(3) 수레의 가속도의 크기는 일정하다.
이 실험은 빗면에서 수레의 가속도의 크기가 일정함을 알아보기 위한 실험이다.

03

정답 ①

해설

ㄱ. 20분 내에 열평형 상태에 도달하여야 하므로 단열이 우수한 스티로폼보다 유리 시험관을 선택하는 것이 올바르다.

ㄴ. 채점표는 총체적(holistic) 채점표와 분석적(analytical) 채점표로 나뉜다. 총체적 채점표는 여러 개의 채점 준거를 하나의 포괄적 채점 준거로 묶어 구성하고, 분석적 채점표는 채점 준거를 세부적으로 설정하여 나열하고 각 채점 준거마다 정당한 점수를 부여하도록 구성한다.
예를 들면 총체적 채점표는 다이빙 수영선수 10, 9, 8, … 등의 점수를 부여할 때 적용된다. 전문가의 주관적 판단이 고려된다.
이 문제의 채점표는 분석적 채점표에 해당한다.

ㄷ. 이것은 가설-연역적 사고능력을 평가하기보다는 실험설계, 측정, 자료 변환 및 해석을 평가한다.

04

정답

㉠ 등가속도

ⓛ 측정

ⓒ 이동 거리와 속력의 제곱을 그래프로 나타냄

ⓔ 그래프를 이용하여 이동 거리와 속력의 제곱이 정비례함을 확인하고 이를 해석한다.

해설

㉠ 이 실험은 등가속도 운동에 관한 수업이다. 일과 에너지의 관계식에서 $\dfrac{1}{2}mv^2 = fs$이다. 여기서 f는 마찰력의 크기이다. 여기서 $s \propto v^2$이므로 등가속도 직선 운동 공식

$2as = v^2$을 통해 수레의 가속도가 일정함을 알 수 있다.

ⓒ 기초 탐구 기능 중 측정에 해당한다.

ⓒ 자료 변환은 1차 비례 관계를 확인하기 위한 과정이므로 이동 거리와 속력의 제곱을 그래프로 나타내는 것이 핵심이다.

ⓔ 그래프를 이용하여 이동 거리와 속력의 제곱이 정비례함을 확인하고 이를 해석하는 과정이 자료 해석의 핵심이다.

05

정답 ①

해설

ㄱ. 성적 하위 집단 전원이 A를 맞다고 하였기 때문에 달에서 중력이 지구보다 작다는 것을 이미 알고 있다.

ㄴ. '라'에 답한 학생은 공간에 상관없이 불변하는 관성 질량의 의미 파악을 하는지 확인할 필요가 있다.

ㄷ. 정답은 '다'이다.

변별도지수(discrimination index) $DI = \dfrac{R_u - R_L}{f}$

(R_u = 상위집단의 정답자 수, R_L = 하위집단의 정답자 수, f = 상위집단 또는 하위 집단의 인원수)이므로

$DI = \dfrac{20 - 5}{50} = 0.3$이다. 여기서 f는 상위집단과 하위집단을 동일 인원수로 나누기 때문에 상위집단 혹은 하위집단의 인원수에 해당한다.

06

정답

1) A, B에서 장력의 크기보다 중력의 크기를 더 크게 그렸는가?, O에서 중력의 크기보다 장력의 크기를 더 크게 그렸는가?

2) 채점자가 일관성과 객관성을 유지할 수 있으며, 학생들의 이해 수준을 보다 정확하게 평가할 수 있다.

해설

1) 벡터는 크기와 방향 성분을 가지고 있다. 항상 벡터양에 대해 실험할 때는 이 두 가지를 파악해야 한다. 단진자에서 장력의 방향은 항상 중심을 향한다. 그리고 중력은 항상 아래 방향이다. 그리고 아래 그림을 통해 단진자의 크기를 알아보자.

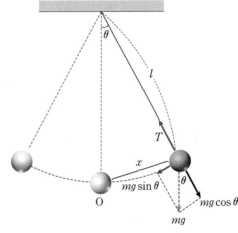

$$T = mg\cos\theta + ml\omega^2 = mg\cos\theta + \frac{mv^2}{l}$$

A, B지점에서는 속력 $v = 0$인 정지 상태이므로 장력은 중력보다 크기가 작다. O지점에서는 $\theta = 0$, $v > 0$이므로 장력이 중력보다 크기가 더 크다.

2) 분석적 채점표는 채점 준거를 세부적으로 설정하여 나열하고 각 채점 준거마다 정당한 점수를 부여하도록 구성한다. 따라서 채점자가 일관성과 객관성을 유지할 수 있으며, 학생들의 이해 수준을 보다 정확하게 평가할 수 있다.

정승현
물리교육론 기본서

초판인쇄 | 2025. 1. 10.　**초판발행** | 2025. 1. 15.　**편저자** | 정승현

발행인 | 박 용　**발행처** | (주)박문각출판　**등록** | 2015년 4월 29일 제2019-000137호

주소 | 06654 서울특별시 서초구 효령로 283 서경 B/D　**팩스** | (02)584-2927

전화 | 교재 문의 (02) 6466-7202, 동영상 문의 (02) 6466-7201

이 책의 무단 전재 또는 복제 행위는 저작권법 제136조에 의거, 5년 이하의 징역 또는 5,000만 원
이하의 벌금에 처하거나 이를 병과할 수 있습니다.

ISBN 979-11-7262-399-9 | 979-11-7262-398-2(SET)

정가 25,000원

저자와의
협의하에
인지생략